中国通信学会普及与教育工作委员会推荐教材

21世纪高职高专电子信息类规划教材 · 移动通信系列
21 Shiji Gaozhi Gaozhuan Dianzi Xinxilei Guihua Jiaocai

电路与信号基础

汪英 主编
吴泳 刘军华 副主编

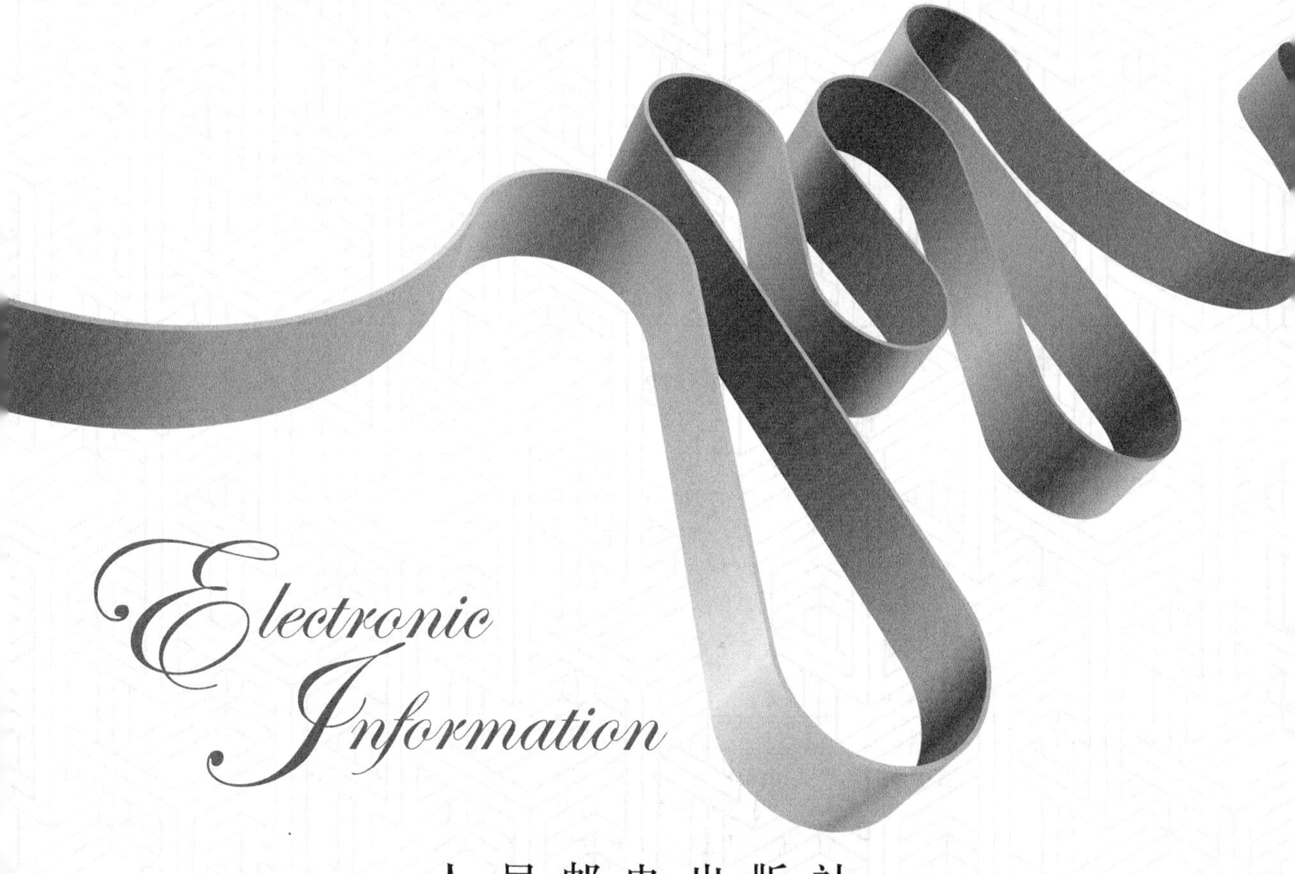

Electronic Information

人民邮电出版社
北京

图书在版编目（CIP）数据

电路与信号基础 / 汪英主编. -- 北京 : 人民邮电出版社, 2013.8(2021.9重印)
21世纪高职高专电子信息类规划教材
ISBN 978-7-115-32696-6

Ⅰ. ①电… Ⅱ. ①汪… Ⅲ. ①电路分析—高等职业教育—教材②信号分析—高等职业教育—教材 Ⅳ. ①TM133②TN911.6

中国版本图书馆CIP数据核字(2013)第178111号

内容提要

本书系统地介绍了电路与信号分析的基本概念、基本理论和基本分析方法。全书采用模块化的内容结构，共分 7 个模块，内容包括电路的基本概念和基本定律、直流电路的基本分析方法、正弦稳态电路分析、互感与理想变压器、信号的频谱分析、瞬态电路的复频域分析、电路与信号实验。

本书内容全面，紧密结合相关理论与实践应用，实用性强，模块 1～6 均配有大量典型例题和一定数量的精选习题，可适合不同层次读者的需求。

本书可作为通信、电子、电气、自动化、计算机类高等职业技术学院及其他大专院校的教材，也可供电类各专业自学者使用，还可供有关工程技术人员和高校教师参考。

◆ 主　　编　汪　英
　副 主 编　吴　泳　刘军华
　责任编辑　刘　博
　责任印制　彭志环　杨林杰

◆ 人民邮电出版社出版发行　　北京市丰台区成寿寺路 11 号
　邮编　100164　　电子邮件　315@ptpress.com.cn
　网址　http://www.ptpress.com.cn
　固安县铭成印刷有限公司印刷

◆ 开本：787×1092　1/16
　印张：12.25　　2013 年 8 月第 1 版
　字数：302 千字　　2021 年 9 月河北第 9 次印刷

定价：32.00 元

读者服务热线：(010) 81055256　印装质量热线：(010) 81055316
反盗版热线：(010) 81055315
广告经营许可证：京东市监广登字20170147号

前　言

为了适应现代电路与信号理论的发展和高等职业教育课程体系改革的需要，我们在总结多年教学实践经验的基础上，组织专业教师编写了《电路与信号基础》一书。本书采用模块化的内容结构，全面介绍了电路与信号分析的基本概念、基本理论和基本分析方法，全书共分 7 个模块：模块 1 重点对电路的基本概念和基本定律进行了介绍；模块 2 详细介绍了直流电路的基本分析方法；模块 3 详细介绍了正弦稳态电路分析；模块 4 介绍了互感与理想变压器；模块 5 系统地介绍了信号的频谱分析；模块 6 介绍了瞬态电路的复频域分析；模块 7 是电路与信号实验。

本书较好地体现了“理论够用，能力为本，面向应用性技能型人才培养”的职业教育培训特色。在内容上，力求做到基本理论以够用为度，不片面追求理论推导的严密性，省略了不必要的数学推导和证明，而着重体现了理论的针对性和应用性；在教材内容的安排上，既遵循电路与信号理论本身的系统和结构，又注意适应学生的认知规律，采取了先直流后交流、先稳态后瞬态、先时域后变换域的顺序，使之符合由浅入深、循序渐进的认知规律；在内容叙述上，力求做到概念清晰，论述简明，注重分析问题和解决问题的方法。本书作为专业教材，根据专业需要，课时为 60～90 课时。本书精选了较多的例题和思考题，便于自学，可作为大专院校的教材或教学参考书，也可供有关工程技术人员使用。

本书由湖南邮电职业技术学院的 5 位教师共同编写，模块 1、2 由吴泳老师编写，模块 3、4 由汪英老师编写，模块 5、6 由胡湘炎老师编写，模块 7 由毕敏安、刘军华老师编写。汪英老师负责全书的统稿工作并担任主编，吴泳、刘军华老师担任副主编。

由于编者水平有限，书中难免有错误和不妥之处，敬请读者指正。

编　者

2013 年 5 月

目 录

模块 1
电路的基本概念和基本定律

【本模块问题引入】我们在日常的生产、生活中要接触和使用各种各样的电路系统，而理论意义上的“电路”是实际电路的高度近似和抽象，能客观全面地反映实际电路系统的主要特性并得出科学的结论，那么“电路”用什么样的元件符号来描述各种实际的元器件？这些元件符号又表征什么样的电学特性？“电路”中用什么样的变量来描述元件和系统的电学特征？“电路”是处理“信号”的，信号是如何分类的？用什么方式来描述信号及信号的变化？这都是我们必须知道的基本内容。

【本模块内容简介】本模块共分 5 个任务，包括电路与信号的基本概念、电路分析中的基本变量、电路的基本元件、电源、基尔霍夫定律。

【本模块重点难点】重点掌握电路与信号的基本概念、3 个基本元件（R、L、C）的伏安关系、基尔霍夫定律；难点是电流、电压的参考方向及关联参考方向的意义，电源的分类及性质。

任务 1　电路与信号的基本概念

【问题引入】电路的应用与我们的生产、生活密不可分，“电路”的定义到底是什么？如何构成？功能怎样？电路中包含哪些基本元件模型？电路中传输和处理的“信号”又该如何定义？如何表示？就让我们从这些基本的概念开始本课程的学习吧。

【本任务要求】

1. 识记：电路的概念、信号的概念、基本元件模型。
2. 领会：电路的组成和作用。
3. 应用：准确判断电路中的支路、节点、回路和网孔。

1. 电路

电路就是电流通过的路径。实际电路是由若干电气元器件(如电阻器、电容器、电感线圈、变压器、电源和开关等)按照一定的方式组合起来并能完成某种特定功能的整体。

图 1.1.1（a）所示为一个简单的实际电路，这是一个由干电池和小灯泡通过两根连接导线组成的照明电路。本书讨论的对象不是实际电路而是实际电路的电路模型。什么是实际电路的电路模型呢？我们将组成实际电路的元器件加以理想化和模型化，保留元器件主要的电磁性能，忽略其微不足道的性能，并用一个抽象的模型元件来表征其主要性能，这

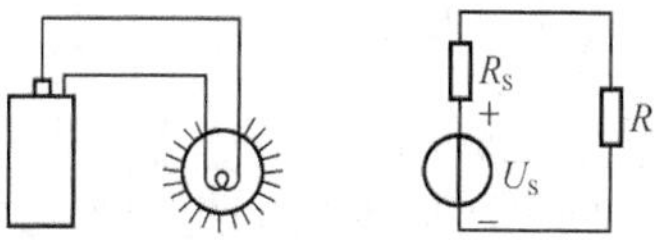

（a）　　（b）

图 1.1.1　实际电路与电路模型图

就是理想元件，实际电路的电路模型就是由理想元件相互连接而成的。图 1.1.1（a）所示电路的电路模型如图 1.1.1（b）所示。图中的电阻元件 R 作为小灯泡的模型，反映了将电能转换为热能和光能这一物理现象；干电池用电压源 U_s 和电阻元件 R_s 的串联组合作为模型，分别反映了电池内储化学能转换为电能以及电池本身耗能的物理过程。

今后，我们在电路分析中所涉及的各种元件均指理想元件。理想元件是组成电路模型的最小单元，是具有某种确定电磁性质并有精确数学定义的基本结构。

最常用的 3 种理想元件为：只表示消耗电能并转变成热能特性的电阻元件；只表示存在和储存磁场能量特性的电感元件；只表示存在和储存电场能量特性的电容元件。根据元件对外端子的数目，理想元件可分为二端、三端、四端元件等。

图 1.1.2 所示是电路中几种基本理想元件的符号图形。

由理想元件组成的电路称为电路模型或电路图。电路分析的对象就是电路模型，图 1.1.1（b）及图 1.1.3 所示均为电路模型。

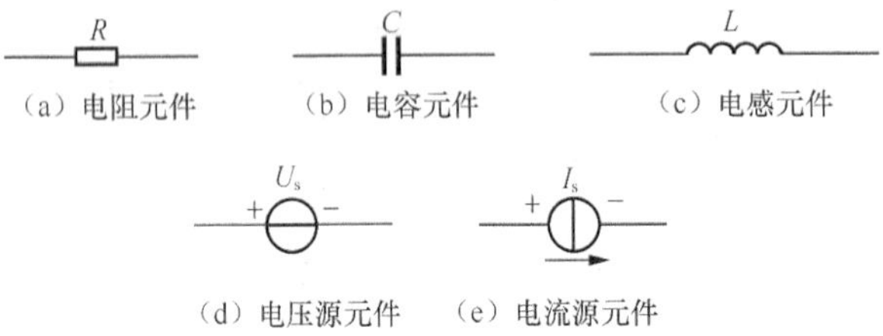

图 1.1.2　几种基本的理想元件

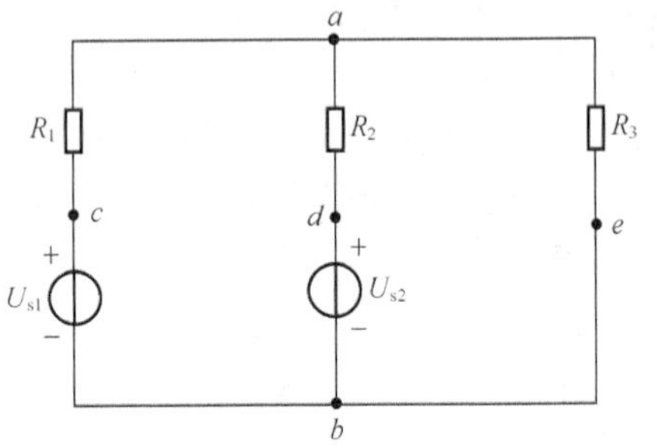

图 1.1.3　电路的名词定义

接下来，让我们了解有关电路图中的几个名词。

（1）支路：电路中通过同一电流的分支叫作支路，图 1.1.3 中的 *acb*、*adb* 和 *aeb* 都是支路，其中支路 *acb* 和 *adb* 是由两个元件串联组成的。支路 *acb*、*adb* 中有电源，称为含源支路；支路 *aeb* 中没有电源，则称为无源支路。

（2）节点：3 条或 3 条以上支路的连结点叫作节点，如图 1.1.3 中的 *a* 点和 *b* 点。

（3）回路：电路中的任一闭合路径称为回路，如图 1.1.3 中的 *adbca*、*aebda* 和 *aebca* 都是回路，该电路共有 3 个回路。显然，闭合电路至少有一个回路，只有一个回路的最简单的电路叫单回路电路。

（4）网孔：内部不含有支路的回路叫作网孔。图 1.1.3 中的回路 *adbca*、*aebda* 就是网孔，而回路 *aebca* 就不是网孔。

电路分析是在电路结构和元件参数已知的情况下，确定电路输入（又称激励）与输出（又称响应）之间的关系，本书重点讨论线性、时不变、集总参数电路的基本理论和分析方法，对于非线性、时变、分布参数电路不研究。

2．信号

在我们的生产、生活中，信息可以用语言、文字或图像等来表示，而信号是一种带有信息的随时间变化的物理量。信息可以转变成相应的随时间变化的电压或电流，这种携带着信息的随时间变化的电压或电流，就是电信号。本书所说的信号就是这种电信号。信号是运载信息的工具，而电路起着传递、处理信号的作用。

信号分为规则信号与不规则信号。规则信号（又称确定信号）是指按一定规则变化的、可以用一个确定的数学函数式或波形来描述的信号。因此本书认为“规则信号”、“函数”这两个名词具有相同的含义。否则称为不规则信号（又称随机信号）。规则信号据其变化时有无重复性的特点可分为周期信号和非周期信号；按它的存在时间是否为连续的特点又可分为连续时间信号和离散时间信号，如图 1.1.4 所示。

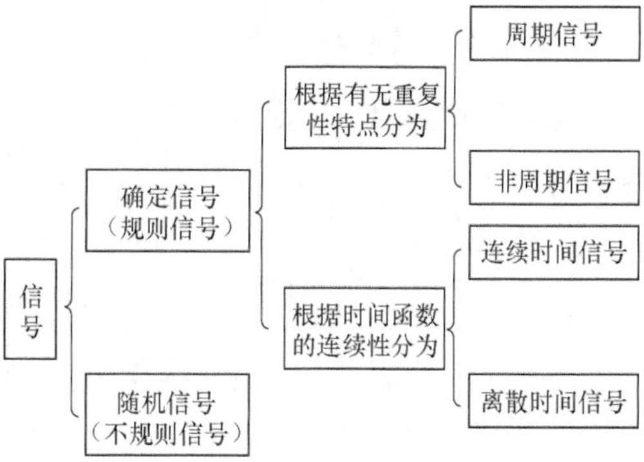

图 1.1.4　信号的分类

图 1.1.5 给出了几种常见信号的波形图。

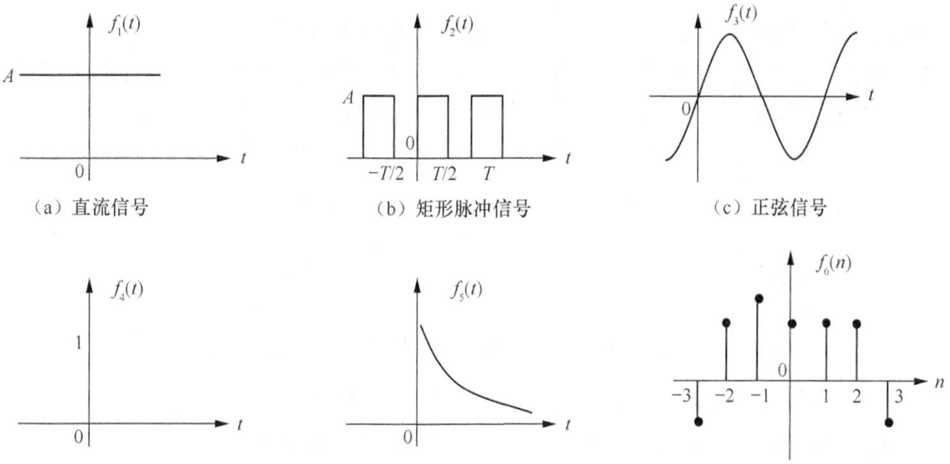

（a）直流信号　（b）矩形脉冲信号　（c）正弦信号

（d）单位阶跃信号　（e）单边指数信号　（f）离散时间信号

图 1.1.5　常见信号

信号的特性首先表现为它随时间变化的规律，即“时间特性”；另外也可以表现为它所包含的频率成分的分布规律，即“频率特性”。不同的信号有不同的时间特性与频率特性，其时间特性与频率特性之间又有着密切的联系。信号分析即分析信号的时(间)域特性与频(率)域特性以及两者之间的内在关系。

任务 2　电路的基本变量

【问题引入】任何一个物理系统的描述和分析都离不开物理变量，电路分析中常用的基本变量有哪些？这些变量的大小如何定义？方向如何确定？这些抽象化的变量又对应着实际电路系统的哪些物理特征呢？这就是本任务要和大家一起来解决的问题。

【本任务要求】

1. 识记：电流、电压、电功率。

2. 领会：电流的参考方向、电压的参考方向。

3. 应用：准确判断元件上的电压、电流参考方向是否为关联；对元件上的电功率进行准确计算并判断该元件是吸收功率还是释放功率。

1．电流及其参考方向

电荷有规则的运动称为电流。

用来衡量电流大小的物理量是电流强度，其定义是：在单位时间内通过导体横截面的电量。电流用 i 表示，即

$$i = \frac{\mathrm{d}q}{\mathrm{d}t} \tag{1.2.1}$$

在国际单位制中，电流、电荷和时间的单位分别为安培（A）（简称安）、库仑（C）（简称库）和秒（s）。

电流不仅有大小，而且有方向。大小和方向均不随时间而变化的电流称做直流电流，用大写字母 I 表示，即 $I = \frac{q}{t}$。

习惯上规定正电荷在电路中运动的方向为电流的真实方向。在仅含一个电源的简单电路中，根据上面的规定很容易判断电流的真实方向，但对多个电源组成的复杂电路或交流电路中（电流的方向随时间不断变化），无法标出其实际方向。为了便于计算，引入了“参考方向”，这是个任意假设的电流方向，又称正方向，在电路中用箭头表示，如图 1.2.1 所示。

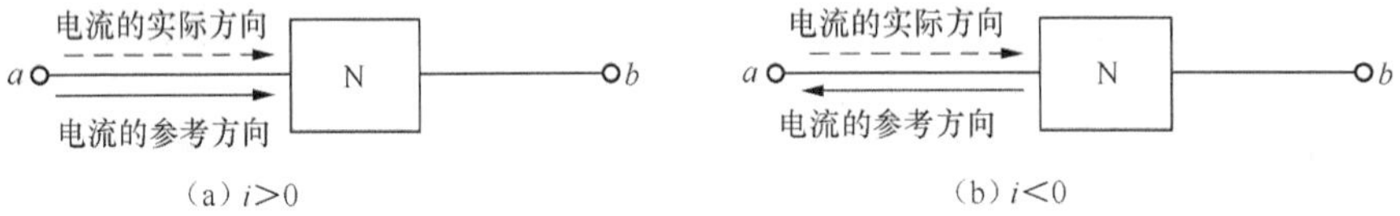

图 1.2.1　电流的参考方向（图中方框 N 代表一个元件或一段电路）

当参考方向标定后，就以参考方向作为分析计算的依据。这时电流已是一个代数量，根据计算结果，若电流 i 为正值，即 $i>0$，表明所标电流的参考方向与真实方向一致；若电流 i 为负值，即 $i<0$，表明所标电流参考方向与真实方向相反。显然，在未标注电流参考方向的情况下，电流的正负是没有意义的，也是没办法计算的，所以在分析电路时，必须首先标注电流的参考方向，且一经标注，在计算过程中就不能再改变了。

电流的参考方向除用箭头表示外，也可以用双下标表示，图 1.2.1（a）中的电流 i 可表示为 i_{ab}，它表示电流 i 的参考方向由 a 指向 b。而图 1.2.1（b）i_{ba} 则表示电流从 b 流向 a。对于同一真实电流而言，标注的参考方向不同，计算结果相差一个“-”号，即

$$i_{ab} = -i_{ba} \quad 或 \quad I_{ab} = -I_{ba} \tag{1.2.2}$$

2．电压及其参考极性

电路中 a、b 两点间的电压等于单位正电荷由 a 点移到 b 点所获得或失去的能量。电压也称电位差，用字母 u 表示。

$$u = \frac{\mathrm{d}w}{\mathrm{d}q} \tag{1.2.3}$$

其中，能量的单位为焦耳（J），电压的单位为伏特（V）。

电压不仅有大小，而且有方向，大小和方向均不随时间而变化的电压称做直流电压，用大写字母 U 表示，即 $U = \frac{w}{q}$。

式（1.2.3）中，如果正电荷由 a 移动到 b 获得能量，则 a 点为低电位，即负极；b 点为高电位，即正极，由 a 到 b 为电压升（电位升）。如果正电荷由 a 移动到 b 失去能量，则 a 点为高电位，即正极；b 点为低电位，即负极，由 a 到 b 为电压降（电位降）。这说明式（1.2.3）的电压 u 可正可负，和电流一样，也是一个代数量，因此也和电流一样需要给电压标注参考极性。参考极性用“+”、“-”号表示，标注在支路或元件的两端，其中“+”号表示高电位，“-”号表示低电位，如图 1.2.2 所示。

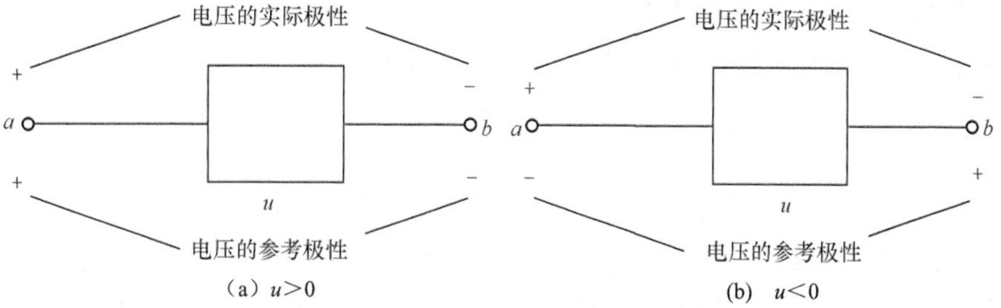

图 1.2.2　电压的参考方向（图中方框代表一个元件或一段电路）

当选定了电压的参考极性后，就可以分析计算了。当计算结果的电压 u 为正值时，即 $u>0$ 时，表明电压的真实极性与参考极性一致；当电压 u 为负值，即 $u<0$ 时，表明电压的真实极性与参考极性相反。显然，在未标注电压参考极性的情况下，电压的正负是没有意义的，也是没办法计算的。今后在求解电压时，必须首先标注电压的参考极性，且一经标注，在计算过程中就不可再改变了。

电压的参考极性还可用双下标表示，图 1.2.2（a）中的电压 u 可表示为 u_{ab}，它表示电压参考极性为 a“+”、b“-”。而图 1.2.2（b）中可用 u_{ba} 表示 b“+”、a“-”。对于同一真实电压极性而言，标注的参考极性不同，计算结果相差一个“-”号，即

$$u_{ab}=-u_{ba} \quad 或 \quad U_{ab}=-U_{ba} \tag{1.2.4}$$

把电路中任一点与参考点（规定电位能为零的点）之间的电压，称为该点的电位。也就是单位正电荷在该点对参考点所具有的电位能。参考点的电位为零可用符号“⏚”表示，也可用符号“⊥”表示：前者表示用大地作为参考点，后者表示用若干导线连接的公共点或机壳作为参考点。电位的单位与电压相同，用 V（伏特）表示。

电路中两点间的电压也可用两点间的电位差来表示。

$$u_{ab}=u_a-u_b \tag{1.2.5}$$

电路中两点间的电压是不变的，电位随参考点（零电位点）选择的不同而不同。

3. 关联参考方向

在电路分析中，原则上电流与电压的参考方向是可分别地任意选定，但是为了分析上的方便起见，电流与电压的参考方向往往选得一致，即电流的参考方向从电压参考极性的“+”极性端流入，如图 1.2.3（a）所示。参考方向的这种选择，称为关联参考方向。在电流、电压参考方向选择一致的情况下，电路图中往往只要标出其中任一个参考方向即可认为另一个参考方向已确定而可省略不标，如图 1.2.3（b）、（c）所示。

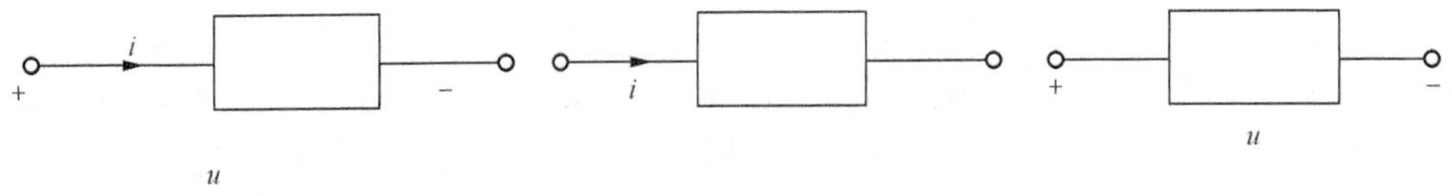

（a）完整表示法　　（b）简化表示法　　（c）简化表示法

图 1.2.3　关联参考方向

4．电功率及其正、负号的意义

单位时间里一段电路所吸收的能量，称作该段电路吸收的电功率，简称功率，用字母 p 表示，即

$$p=\frac{\mathrm{d}w}{\mathrm{d}t} \tag{1.2.6}$$

功率的单位为瓦特，简称瓦（W）。

电路吸收的功率可用电压与电流表示。在一段电路上，若电压与电流采用关联参考方向，该段电路吸收的功率为

$$p=\frac{\mathrm{d}w}{\mathrm{d}t}=\frac{\mathrm{d}w}{\mathrm{d}q}\cdot\frac{\mathrm{d}q}{\mathrm{d}t}=u\cdot i \tag{1.2.7}$$

在直流情况下有

$$P=UI \tag{1.2.8}$$

因电流、电压都是代数量，所以功率也是代数量。若计算结果的功率为正值，即 $p>0$，则表明这段电路吸收功率；反之，若功率为负值，即 $p<0$，表明这段电路产生功率。

若电压与电流为非关联参考方向时，则该段电路吸收的功率应改为

$$p=-ui \tag{1.2.9}$$

在直流情况下为

$$P=-UI \tag{1.2.10}$$

按上两式计算结果，仍然是当 p（或 P）>0，电路吸收功率；当 p（或 P）<0，电路产生功率。

例 1.2.1　已知图 1.2.4 所示电路中，有电流 $I_1=I_2=2\text{A}$，$I_3=3\text{A}$，$I_4=-1\text{A}$，电压 $U_1=3\text{V}$，$U_2=-5\text{V}$，$U_3=-8\text{V}$，$U_4=8\text{V}$，试计算各段电路的功率，并说明它们实际是吸收功率还是产生功率。

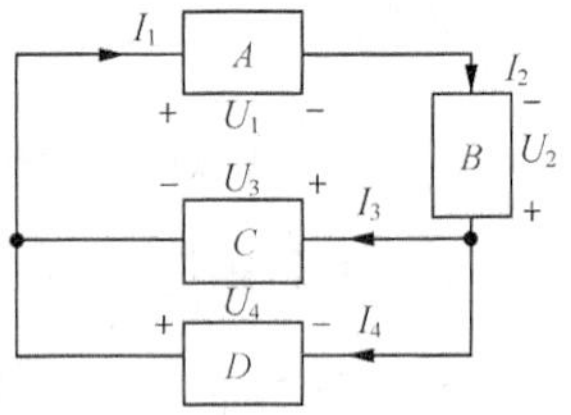

图 1.2.4　例 1.2.1 图

解：A 段电路上，U_1 与 I_1 方向关联，故有

$$P_\text{A}=U_1I_1=3\times2=6\ \text{W}$$

$P_\text{A}>0$，表明 A 为吸收功率。

B 段电路上，U_2 与 I_2 方向非关联，故有

$$P_\text{B}=-U_2I_2=-(-5)\times2=10\ \text{W}$$

$P_B>0$，表明 B 为吸收功率。

C 段电路上，U_3 与 I_3 方向关联，故有

$$P_C=U_3I_3=(-8)\times3=-24\text{ W}$$

$P_C<0$，表明 C 为产生功率。

D 段电路上，U_4 与 I_4 方向非关联，故有

$$P_D=-U_4I_4=-8\times(-1)=8\text{ W}$$

$P_D>0$，表明 D 为吸收功率。

由于能量守恒，电路中功率也一定是平衡的，即整个电路吸收的功率一定是等于它产生的功率，即有

$$\sum P_{吸收}=\sum P_{产生}$$

或者写成为

$$\sum P=0$$

如上例中，有

$$\sum P_{吸收}=6+10+8=24\text{ W}=\sum P_{产生}$$

或者

$$\sum P=6+10+8-24=0$$

任务 3　电路的基本元件

【问题引入】电路分析中用理想电路元件（模型元件）来表征实际电路的元器件，电路中有哪些基本的模型元件？它们各自的特性是什么？这种特性如何用数学表达式来表示？这种特性又描述了实际元器件的哪些物理过程？本任务中就让我们来认识这些将伴随着我们整个课程学习的“基本元件”吧。

【本任务要求】

1. 识记：电阻、电容、电感元件的伏安特性。
2. 领会：电气设备的额定值、动态元件的功率与储能。
3. 应用：根据基本元件的伏安特性计算电流值或电压值。

电路元件均指理想元件。理想元件的特性可由其端子上的电压电流关系——VCR（Voltage-Current Relation）来表征。

1. 电阻元件

（1）电阻元件的伏安特性、欧姆定律

电阻元件是实际电阻器件（如实验室中常用的滑杆电阻器、电灯泡、半导体二极管等所有消耗能量的电路器件）的理想化模型，是一个二端元件。电阻元件的 VCR 可用 u-i 平面上的一条曲线来表示，图 1.3.1（b）、（c）、（d）所示的分别是滑杆电阻器、电灯泡、半导体二极管电阻的 VCR 曲线。

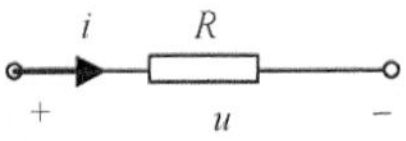

（a）线性电阻的电路符号

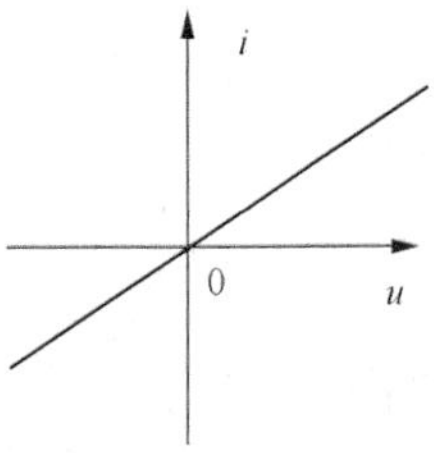

（b）线性电阻的VCR曲线

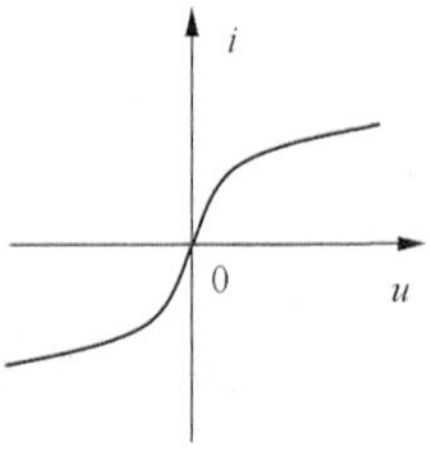

（c）灯泡电阻的VCR曲线

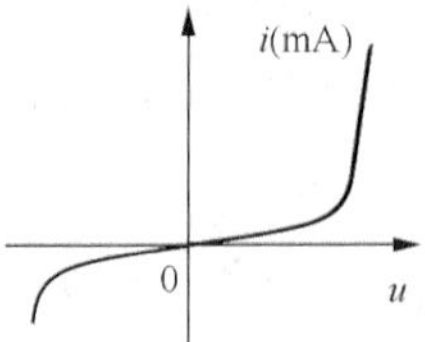

（d）半导体二极管的VCR曲线

图 1.3.1　电阻元件

图 1.3.1（b）所示电阻元件的 VCR 曲线为通过原点的直线，即该电阻元件上电压与电流成正比，因而其 VCR 可用数学式表示为

$$u = Ri \tag{1.3.1}$$

式中 R 是表征该电阻元件阻止电流通过能力的参量，称为电阻量，也称电阻，单位为欧姆（Ω）。式（1.3.1）中的关系就称作欧姆定律。凡是符合欧姆定律的电阻称为线性电阻，其电路符号如图 1.3.1（a）所示。

式（1.3.1）也可表示为

$$i = Gu \tag{1.3.2}$$

其中 $G = \dfrac{1}{R}$，称作电阻元件的电导，单位为西门子（s）。

应注意的是，式（1.3.1）与式（1.3.2）成立的条件是该电阻元件上电压与电流参考方向是选用关联方向。若电压与电流参考方向非关联，则式（1.3.1）与式（1.3.2）前要冠以负号，即为

$$u = -Ri \tag{1.3.3}$$

$$i = -Gu \tag{1.3.4}$$

例 1.3.1　求图 1.3.2 所示的 4 个电阻元件上的电压 U 或电流 I。

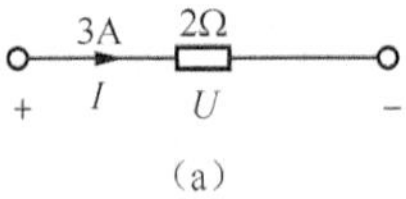

（a）

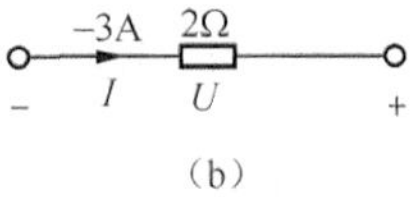

（b）

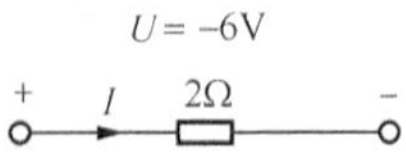

（c）

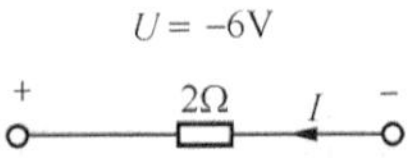

（d）

图 1.3.2　例 1.3.1 图

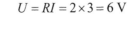

解： 图 1.3.2（a）电阻上，U、I 方向关联，所以有

$$U = RI = 2 \times 3 = 6\ \text{V}$$

图 1.3.2（b）电阻上，U、I 方向非关联，所以有

$$U=-RI=-2\times(-3)=6\ \text{V}$$

图 1.3.2（c）电阻上，U、I 方向关联，所以有

$$I=\frac{U}{R}=\frac{-6}{2}=-3\text{A}$$

图 1.3.2（d）电阻上，U、I 方向非关联，所以有

$$I=\frac{-U}{R}=\frac{-(-6)}{2}=3\text{A}$$

电阻元件是一个只受 u-i 相约束的元件，因此，它在任一瞬间的电压（或电流）只取决于该瞬间的电流（或电压），而与它过去的电流（或电压）无关，所以电阻元件是一个即时的（或静态的）无记忆元件。

电阻元件的两个极端情况是：电阻值为零和无穷大，若 $R=0$，称为短路；若 $R=\infty$，称为开路。

（2）电阻元件的功率

电阻元件的功率为

$$p=ui=Ri^2=Gu^2 \tag{1.3.5}$$

在直流电路中，记为

$$P=UI=RI^2=GU^2 \tag{1.3.6}$$

从上式可看出，电阻元件的功率与通过的电流的平方或端电压的平方成正比，因此，其功率恒大于零。这说明电阻元件是一个只消耗电能而不储存电能的元件，称为耗能元件。电能从电源供给电阻，并转换成其他形式的能量（如光能或热能），而不能再返回电源，称为能量的不可逆转性。

（3）电气设备的额定值

当电流通过电气设备（电器或电路元件）时，设备内的电阻将消耗一定的能量，转变为热能，导致电气设备本身温度增高。对于一个理想的电阻元件，它的电压、电流及功率可以为任意值，但实际使用时，电压、电流及功率均不能超过某个额定值，否则会因过热而烧坏。所谓额定值，就是使该设备安全工作所允许的最大值。各种电气设备一般都在铭牌上标明它们的额定值。根据电压、电流和功率间的关系，额定值不一定全部标出。例如，电灯泡通常只标出额定电压和额定功率，而电阻器则只标明电阻值和额定功率。

例 1.3.2　标有 200 Ω，$\frac{1}{2}$ W 的电阻，在使用时允许的最大电流、电压为多少？

解：由

$$P=RI^2=\frac{U^2}{R}$$

得

$$I=\sqrt{\frac{P}{R}}=\sqrt{\frac{\frac{1}{2}}{200}}=0.05\text{A}$$

$$U=\sqrt{PR}=\sqrt{\frac{1}{2}\times 200}=10\text{V}$$

或
$$U = RI = 0.05 \times 200 = 10\,\text{V}$$

由此可知，允许加在该电阻上的最大电流、电压分别为 0.05A 与 10V。

2. 电容元件

（1）电容量 C

实际电容器是由两个极板中间隔以介质所构成。当电容器的两极板间加一定的电压 u 时，就分别在所加电压的正、负两极板上充得 $+q$ 和 $-q$ 的电荷，并在两极板间形成电场，储藏有电场能量。所以实际电容器的主要物理特性是聚集电荷、建立电场、储藏电场能量。为模拟电容器的这种物理特性，就采用一理想电路元件——电容元件作为其电路模型。电容元件是一个二端元件，其电路符号如图 1.3.3（a）所示。

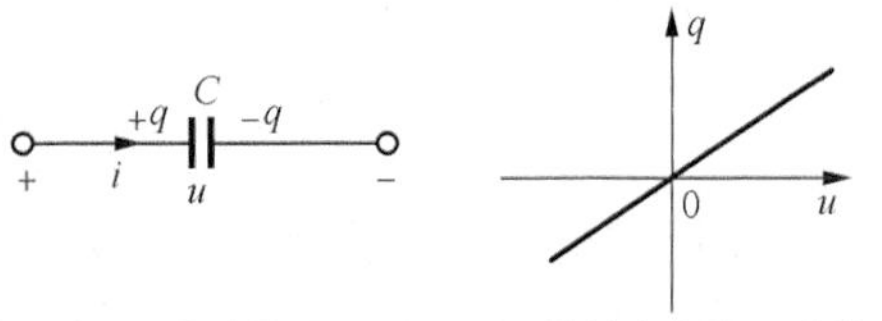

（a）电路符号　（b）线性电容的 q-u 曲线

图 1.3.3　电容元件

任一时刻，电容元件上聚集的电荷 q 与其两极板间的电压 u 有关，可用 q-u 平面上的一条曲线来表示，因此电容元件是一个电荷 q 与电压 u 相约束的元件。若约束电容的 q-u 平面上的曲线为一条通过原点的直线，如图 1.3.3（b）所示，则称它为线性电容，否则称为非线性电容。

由图 1.3.3（b）可知，对于线性电容

$$q = Cu \tag{1.3.7}$$

式中，C 是表征该线性电容聚集电荷能力的参量，称为电容量，也简称为电容，其单位为法拉（F）。常用的单位为微法（μF）和皮法（pF），它们之间的换算关系为：$1\mu\text{F} = 10^{-6}\,\text{F}$，$1\text{pF} = 10^{-6}\mu\text{F} = 10^{-12}\,\text{F}$。

（2）电容元件的 VCR

当电容两端电压 u 变化时，由式（1.3.7）可知，它所聚集的电荷 q 要随着变化，从而会在导线上形成电流。设电容上电流 i 与电压 u 的参考方向关联，如图 1.3.3（a）所示，则有

$$i = \frac{\mathrm{d}q}{\mathrm{d}t} \tag{1.3.8}$$

将式（1.3.7）代入上式，得

$$i = C\frac{\mathrm{d}u}{\mathrm{d}t} \tag{1.3.9}$$

这就是参考方向关联时线性电容元件的 VCR。若电容上电压与电流的方向非关联，则

$$i = -C\frac{\mathrm{d}u}{\mathrm{d}t} \tag{1.3.10}$$

上式表明：

① 某一时刻通过电容的电流 i 取决于该时刻电容两端电压的变化率 $\frac{\mathrm{d}u}{\mathrm{d}t}$，与该时刻电容电压的数值无关，电压变化率越大，则电容电流也越大；

② 如果电容两端电压不随时间变化而为恒定值，即为直流电压，即使电压很高，但是由于变化率为零，电容中电流为零，这时电容相当于开路；

③ 若某一时刻电容电压为零，而电压变化率不为零，此时电流也不为零。

几点说明如下：

① 电容是动态元件。任意时刻的电容电流取决于该时刻电容电压的变化率，因此称电容为动态元件。

② 电容是惯性元件。电容电压不可能跃变，用公式表示为

$$u_C\left(t_{0+}\right)=u_C\left(t_{0-}\right) \tag{1.3.11}$$

即：电容元件的两端电压 u_c 不会发生突变。

为什么？式（1.3.9）表明，如果某一时刻电容电流为有限值，则该时刻的电容电压只能是连续变化而不能跃变，因若某时刻的电容电压发生跃变，则该时刻的电容电流 $i=c\dfrac{\mathrm{d}u}{\mathrm{d}t}=\infty$ 而不是有限值了。实际电路中的电容电流不可能为无限大，所以电容电压不可能跃变，用公式表示为

$$u_C\left(t_{0+}\right)=u_C\left(t_{0-}\right)$$

因此电容又是个惯性元件。

③ 电容是记忆元件

对式（1.3.9）两边从 $-\infty$ 到 t 积分，得

$$u\left(t\right)=\frac{1}{C}\int_{-\infty}^{t}i\left(\tau\right)\mathrm{d}\tau \tag{1.3.12}$$

这就是电容元件 VCR 的积分形式。上式表明，某一时刻 t 的电容电压值并不决定于同一时刻的电流值，而与从 $-\infty$ 到 t 时刻的全部时间里的电流值有关，即与电容中电流过去的全部历史有关。电容电压能记忆过去电流的作用历史，因此电容是个电流记忆元件。

（3）电容元件的功率与储能

在关联参考方向下，电容元件瞬时功率为

$$P_C=u_Ci_C=Cu_C\frac{\mathrm{d}u_C}{\mathrm{d}t}\begin{cases}\text{大于0　从外电路吸收功率，电容储存电能}\\\text{小于0　向外电路释放功率，电容释放电能}\end{cases}$$

电容元件在某一时刻的储能只取决于该时刻的电容电压值。

$$W_c(t)=\frac{1}{2}cu^2(t) \tag{1.3.13}$$

3. 电感元件

（1）电感量 L

实际电感器是在不同材料的芯子上绕以导线构成不同形状的线圈。电感线圈的主要物理特性是当线圈通过电流时产生磁链 ψ（它等于各线匝磁通的总和 $N\Phi$），如图 1.3.4（a）所示，并在周围建立起磁场，储存磁场能量。电感元件（简称电感）是体现这一特性的理想化模型，其模型符号如图 1.3.4（b）所示，也是一个二端元件。

电感元件上任一时刻的磁链 ψ 与其流过的电流 i 有关，并可用 ψ-i 平面上的一条曲线来描述，即电感元件是一个受磁链与电流相约束的元件。若在 ψ-i 平面上的曲线为一条过原点

的直线，如图 1.3.4（c）所示，则此电感为线性电感。当电感中磁链与电流的参考方向满足右手螺旋法则，如图1.3.4（a）所示时

$$\psi = Li \tag{1.3.14}$$

其中磁链ψ的单位为韦伯（Wb），L 为表示此线性电感产生磁链能力的参量，称为电感量，单位为亨利（H）。

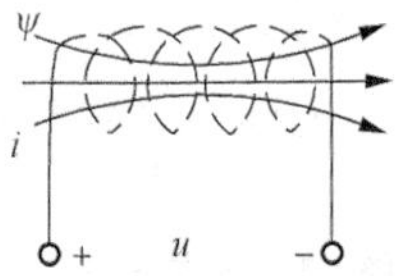

（a）电感线圈及其磁通

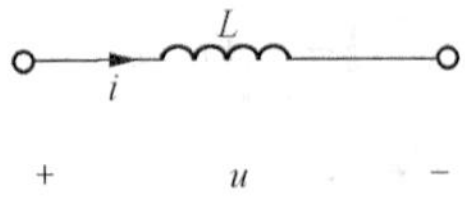

（b）电路符号

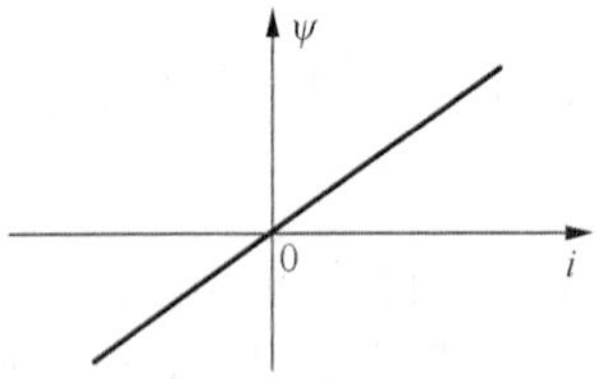

（c）线性电感的ψ−i曲线

图 1.3.4　电感元件

（2）电感元件的 VCR

由式（1.3.14）可知，当电感电流变化时，磁链也要跟着变化。根据电磁感应定律，线圈两端将产生感应电压。如图 1.3.4（a）所示，有

$$u = \frac{d\psi}{dt} = L\frac{di}{dt} \tag{1.3.15}$$

这就是电感元件 VCR 的微分形式。显然这一关系式是在电感电压、电感电流为关联参考方向下得到的，如图 1.3.4（b）所示。若电感电压、电感电流为非关联参考方向时，上式前面应冠以负号。

几点说明如下。

① 电感元件为动态元件

电感电压的大小与电感电流的变化率成正比，只有变化的电流，才会产生电感电压，具有动态特性，所以电感元件又称为动态元件。当电感电流恒定时（即直流电流），则电感电压为零，此时电感相当于短路。

② 电感元件为惯性元件

电感电流在任一时刻不能跃变的特性称为惯性特性，用公式表示为

$$i_L(t_{0+}) = i_L(t_{0-}) \tag{1.3.16}$$

即，流过电感元件的电流 i_L 不会发生突变。

为什么？式（1.3.15）表明，如果某一时刻电感电压为有限值，则该时刻的电感电流只能是连续变化而不能跃变，因若某时刻的电感电流发生跃变，则该时刻的电感电压为无穷大而不是有限值了。实际电路中的电感电压不可能为无限大，所以电感电流不可能跃变，用公式表示为

$$i_L(t_{0+}) = i_L(t_{0-})$$

因此电感又是个惯性元件。

③ 电感元件为记忆元件

对式（1.3.15）两边从$-\infty$到 t 积分得

$$i(t) = \frac{1}{L}\int_{-\infty}^{t} u(\tau)d\tau \tag{1.3.17}$$

就是电感元件 VCR 的积分形式。此式说明，某一时刻 t 的电感电流值并不决定于这一时刻的电感电压，而是与 t 时刻以前的全部电压有关，即电感电流能记忆过去电压的作用历史，具有记忆特性，因此电感元件也称为电压记忆元件。

（3）电感元件的功率与储能

在图 1.3.4（b）所示的关联参考方向下，电感元件瞬时功率是

$$P_L = u_L i_L = i_L L \frac{di_L}{dt}\begin{cases}\text{大于0　从外电路吸收功率，电感储存能量}\\ \text{小于0　向外电路释放功率，电感释放能量}\end{cases} \tag{1.3.18}$$

电感元件的磁场储能与电感电流的平方成正比，即

$$w_L(t) = \frac{1}{2}Li^2(t) \tag{1.3.19}$$

任务 4　电源

【问题引入】电路的正常运行离不开它的心脏——电源，电源既可以视为整个电路系统的动力之源，又可以当作系统的输入信号（激励）。电源如何分类？每种类型的电源有什么不同的特性？用什么符号表示？分别对应着实际应用中的何种电源设备？本任务中我们将一起来认识各种电源。

【本任务要求】

1. 识记：电源的分类、各种独立源和受控源的符号模型。
2. 领会：独立源和受控源的基本特性。

电路中的电源分为独立源和受控源两大类。

1. 独立源

独立源又可分为独立电压源和独立电流源两种。

（1）独立电压源（又称理想电压源）

理想电压源是从电压源抽象出来的一种理想化的电路元件。表征这种电源性质的唯一参数是其端电压 U_s。理想电压源的图形符号及外特性曲线如图 1.4.1 所示，图中的“+”、“−”号表示参考极性。

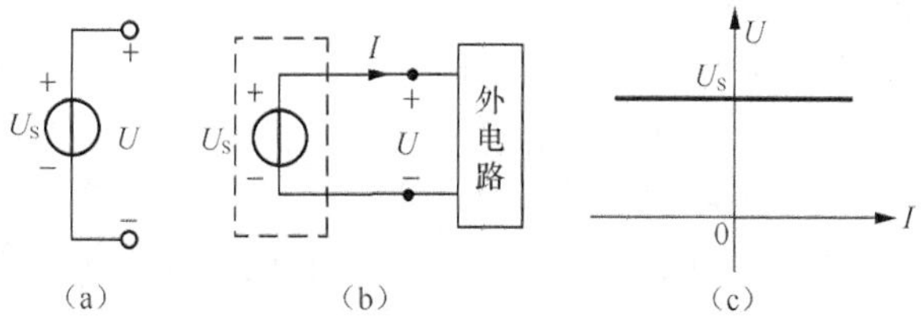

图 1.4.1　理想电压源

理想电压源具有以下特点：

① 电源的端电压 U 是恒定值 U_s 或函数 $u_s(t)$，与流过的电流无关；

② 流过理想电压源的电流大小和方向不由它本身所确定，而由与其相联接的外电路确定。

理想电压源的特性用图 1.4.2 所示的 3 个电路来说明。电压源所接外电路不同，流过电压源的电流也不同，即说明电流是由外电路所决定的，电压源本身的电压是恒定的。

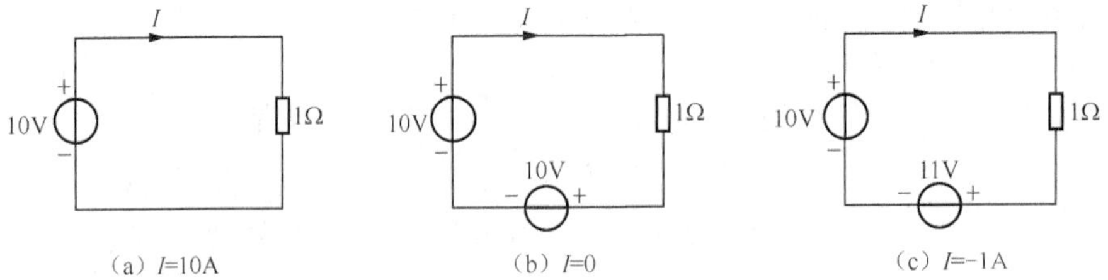

图 1.4.2　电压源的特性说明

理想电压源实际上是不存在的，只有理论上的意义。电池、蓄电池和电子直流稳压电源等，当其内阻小到可以忽略不计时，即可近似为一个理想电压源。

当独立电压源开路时，输出的电流为零，但端电压仍保持为 U_s 或 $u_s(t)$；当独立电压源的源电压为零时，此独立电压源相当于一条短路线。

（2）独立电流源（又称理想电流源）

当一个二端元件接入任一电路后，由该元件流入电路的电流总能保持恒定值 I_s 或是按一定规律随时间变化的函数 $i_s(t)$，而与其两端的电压无关，则该二端元件称为独立电流源。它是光电池、晶体管输出器等实际电源的理想化模型。

图 1.4.3（a）中虚线框内是独立直流电流源的图形符号，其中箭头表示源电流的参考方向。图 1.4.3（a）是独立直流电流源与外电路相联接的电路图；图 1.4.3（b）则表示图 1.4.3（a）所示的独立直流电流源的伏安特性（VCR）。

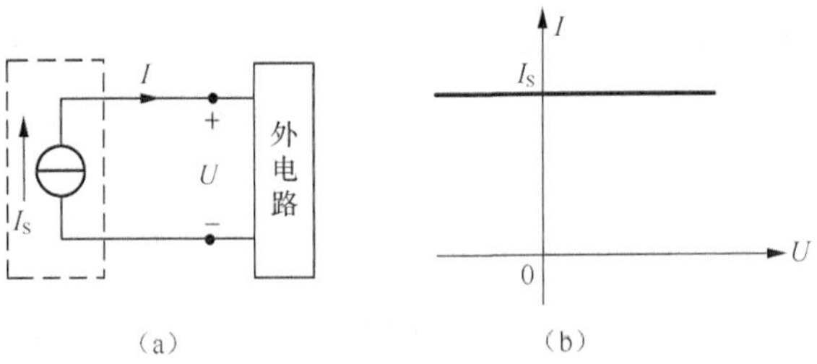

图 1.4.3　独立电流源

独立电流源具有如下两个重要的性质：

① 独立电流源输出的电流是恒定值 I_s 或是函数 $i_s(t)$，与两端的电压无关；

② 独立电流源端电压的大小和极性完全由与其相联接的外电路决定。

电流源的特性用图 1.4.4 所示的 3 个电路来说明。电流源所接外电路不同，其两端电压也不同，即说明电压是由外电路所决定的，电流源本身的电流是恒定的。

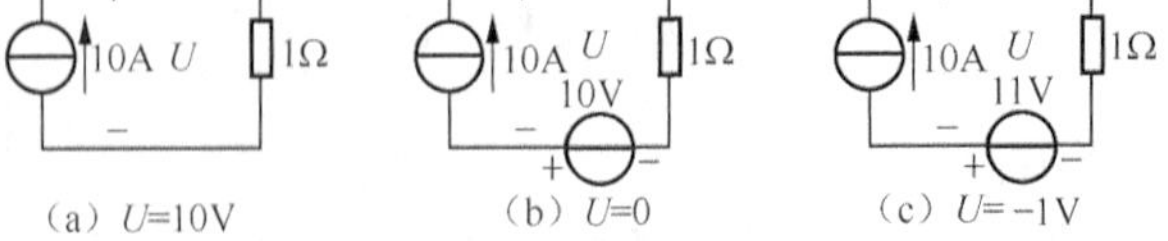

图 1.4.4　电流源的特性说明

电流为零（即 $I_s=0$ 或 $i_s(t)=0$）的独立电流源在电路中相当于开路。

2. 受控源

受控源为非独立源，不能单独地为电路提供能量。它是实际应用电路中某部分的电压或电流受另一部分电压或电流控制这样一种物理特性的元件模型。如半导体三极管，它的集电极电流 i_c 就受基极电流 i_b 的控制。又如直流发电机发出电压的大小受励磁电流的控制。这种物理过程的模拟就需要受控源这一理想元件。

受控源是一个四端元件，又称双口元件，它有两个控制端（又称输入端），两个受控端（又称输出端），其模型符号用菱形符号表示，以示与独立源相区别。

受控源可分为 4 种类型：电压控制电压源（VCVS）、电流控制电压源（CCVS）、电压控制电流源（VCCS）和电流控制电流源（CCCS）。4 种受控源的模型符号如图 1.4.5 所示。当控制系数 μ、γ、g、β 为常数时，受控量（输出）与控制量（输入）成正比。这样的受控源将是本书要讨论的线性时不变受控源。

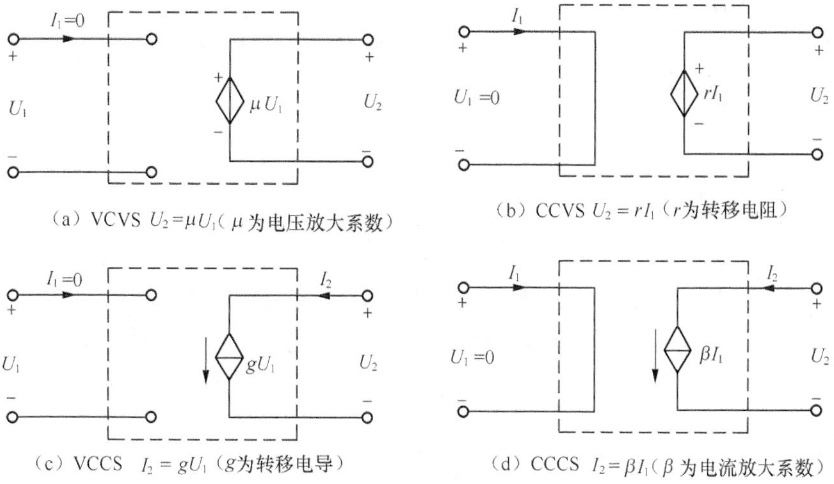

图 1.4.5　受控源的四种模型

当受控源作为电路元件出现在电路图中时，不一定如图 1.4.5 所示那样画在一个方框中，一般只要在图中画出受控源的符号并标明控制量的位置和参考方向即可。

受控源与独立源一样都能对外电路提供电压或电流，也可以对外电路供出能量，但是两者在电路中的作用是不同的。独立电压源的源电压与独立电流源的源电流的变化规律是由电源本身特性所决定的，可以独立地对外电路供出能量，代表外界对电路的作用，是作为电路的输入或激励存在的，由于独立源的存在才在电路中各支路产生电压和电流；而受控电压源的源电压或受控电流源的源电流是受电路中某一支路的电压或电流控制的，它不能独立地对外供出能量。当电路中无独立源时，各支路的电压或电流均为零（即控制量为零），此时受控源的作用也为零。换言之，受控源的存在与否，完全取决于控制量的存在与否。

任务 5　基尔霍夫定律

【问题引入】各种电路千差万别，在分析电路时，有没有一个普遍规律是各种电路在任何情况下都必须遵循的？答案是肯定的，这就是基尔霍夫定律。本任务中，我们一起来认识电路分析的基石——基尔霍夫电流定律（KCL）和基尔霍夫电压定律（KVL），这可是我们在以后的电路分析中“以不变应万变”的法宝。

【本任务要求】

1. 识记：KCL、KVL 的数学表达式。
2. 领会：基尔霍夫定律所反映的电路拓扑结构间的约束关系。
3. 应用：运用基尔霍夫定律计算电路中的电流值或电压值。

基尔霍夫定律是电路的基本定律，是分析和计算电路的基本依据。它描述了电路的拓扑结构对电路中各支路电流和电压的约束关系。

基尔霍夫定律包括两条：基尔霍夫电流定律（简写为 KCL）和基尔霍夫电压定律（简写为 KVL）。

1. 基尔霍夫电流定律（KCL）

（1）KCL 的内容

在电路的任一节点处，任一时刻流出（或流入）该节点的所有支路电流的代数和恒为零。

KCL 的数学表达式为

$$\sum i=0 \tag{1.5.1}$$

在直流情况下，为

$$\sum I=0 \tag{1.5.2}$$

此处，对电流的“代数和”可做这样的规定：以流出节点的电流为“正”，流入节点的电流为“负”。当然也可做相反的规定。但一经确定，便不能再随意改动。

如图 1.5.1 所示，对节点 a 而言，其 KCL 方程为 $-i_1-i_2+i_3=0$；对节点 b 点而言，其 KCL 方程为 $-i_3-i_4+i_5=0$。

将上式移项 $$i_3+i_4=i_5$$

故 KCL 也可表述为：对电路中的任一节点，在任一时刻，流入节点的支路电流总和 $\sum i_{\text{in}}$ 恒等于流出节点的支路电流总和 $\sum i_{\text{out}}$。即

$$\sum i_{\text{in}}=\sum i_{\text{out}} \tag{1.5.3}$$

（2）KCL 应用举例

例 1.5.1 图 1.5.2 中 A 点是电路中的一个节点。若已知汇聚在 A 点的支路电流分别为 I_1=1A，I_2=−2A，I_3=3A，I_4=−4A，求 I_5 的大小。

解：选取流出节点的电流为“正”，流入为“负”，列节点 A 的 KLC 方程为

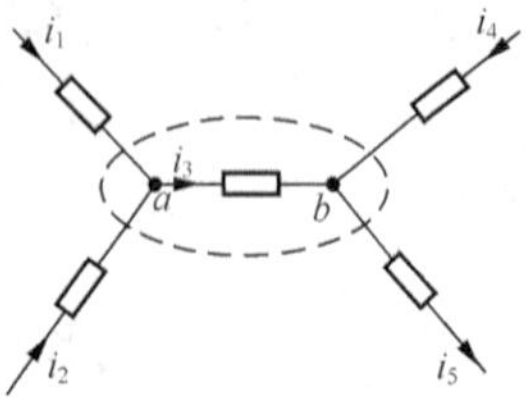

图 1.5.1 KCL 用图

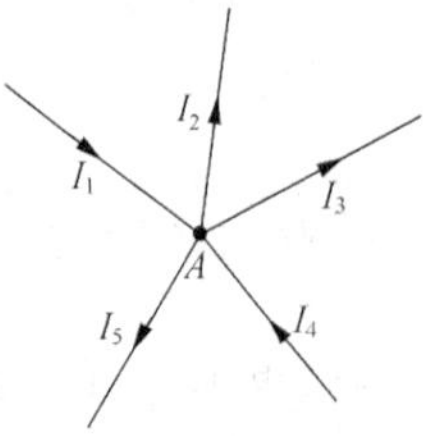

图 1.5.2 例 1.5.1 图

$$-I_1+I_2+I_3-I_4+I_5=0$$

即

$$I_5=I_1-I_2-I_3+I_4=1-(-2)-3+(-4)=-4\text{A}$$

I_5＝−4A，这说明 I_5 的大小为 4A，而它的真实方向与图中所示的参考方向相反。

（3）KCL 的推广

KCL 不仅对一个节点有效，还可推广为包括几个节点的任意一个假想的封闭面，如图 1.5.1 中的虚线所示。这个封闭面又称为广义节点。对该封闭面而言，KCL 方程为

$$-i_1-i_2-i_4+i_5=0 \tag{1.5.4}$$

例 1.5.2　在图 1.5.3 中，已知 I_2＝6A，I_3＝4A，R_7＝5Ω，试计算 R_7 上的电压 U_7。

解：由于 U_7＝R_7I_7，因此欲求 U_7，关键在于求 I_7，而 I_7 和未知大小的 R_5 及 R_6 支路电流有约束关系，所以用节点 b 的 KCL 不行。选取包围节点 b、c、d 在内的封闭曲面（如图 1.5.3 虚线所示），对这个广义节点列 KCL 方程为

$$I_2+I_3+I_7=0$$

$$I_7=-I_2-I_3=-6-4=-10\text{A}$$

所以

$$U_7=R_7I_7=5\times(-10)=-50\text{V}$$

2．基尔霍夫电压定律（KVL）

（1）KVL 的内容

在电路的任一回路中，在任一时刻，按一定方向沿回路绕行一周，回路中各支路电压的代数和恒为零。

KVL 的数学表达式为

$$\sum u=0 \tag{1.5.5}$$

在直流情况下，为

$$\sum U=0 \tag{1.5.6}$$

在这里，对电压的“代数和”做如下规定：若支路电压的参考方向（电位降方向）与回路绕行方向一致，则支路电压取正号；不一致时取负号。例如，图 1.5.4 为某电路中的一个回路，若按顺时针方向绕行，则该回路 *abcda* 的 KVL 方程为

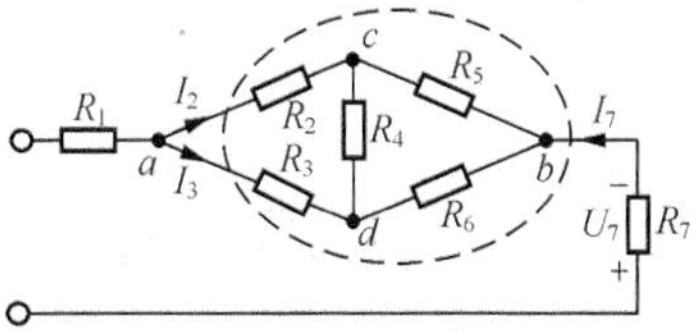

图 1.5.3　例 1.5.2 图

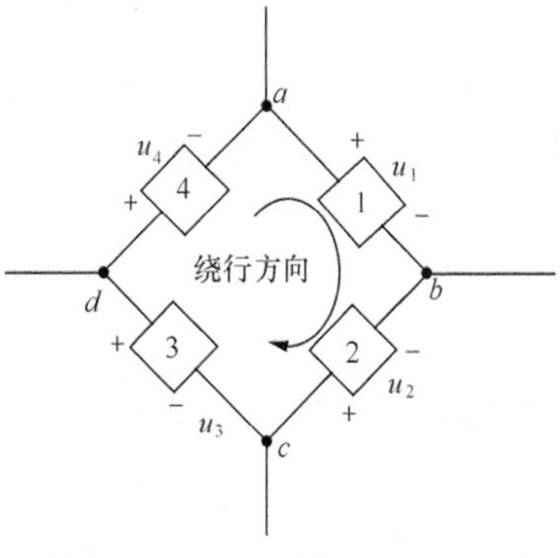

图 1.5.4　电压参考方向与回路方向

$$u_1 - u_2 - u_3 + u_4 = 0 \quad (1.5.7)$$

（2）KVL 应用举例

例 1.5.3 图 1.5.5 中的电路是某复杂电路的一部分。若已知$U_1 = -4\text{V}$，$U_2 = -2\text{V}$，$U_3 = 5\text{V}$，$U_4 = -1\text{V}$，参考方向如图中所示，求未知电压 U_5。

解：选顺时针方向绕行，KVL 方程为

$$U_1 - U_2 + U_3 - U_4 - U_5 = 0$$

所以 $$U_5 = U_1 - U_2 + U_3 - U_4 = -4 - (-2) + 5 - (-1) = 4\text{V}$$

若选取逆时针方向绕行，KVL 方程为

$$U_5 + U_4 - U_3 + U_2 - U_1 = 0$$

所以 $$U_5 = U_1 - U_2 + U_3 - U_4 = 4\text{V}$$

可见选取不同的绕行方向所得到的答案是一样的。

（3）KVL 的推广

KVL 不仅适用于实际存在的电路，也适用于假想的回路。例如在图 1.5.4 中，对假想的回路 abda（节点 b、d 间没有支路直接相连）仍然有 KVL 存在，即

$$u_{ab} + u_{bd} + u_{da} = 0$$

亦即 $$u_{bd} = -u_{ab} - u_{da} = -u_1 - u_4$$

利用 KVL 的推广，可以方便地列出电路中任意两点间的电压表达式，同时也是确定电路中各点电位的有效方法。

例 1.5.4 在图 1.5.6 中，已知 R_1＝20Ω，R_2＝10Ω，R_3＝30Ω，U_{s1}＝20V，U_{s2}＝10V。求电路中 a、d 两点间的电压U_{ad}。

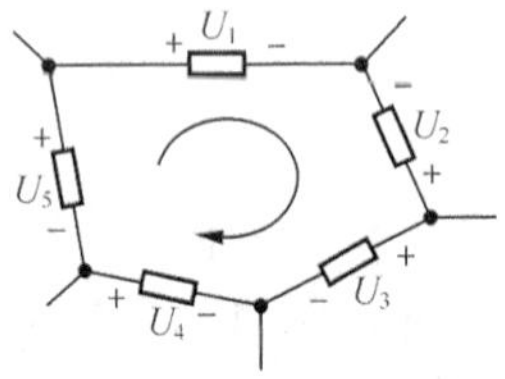

图 1.5.5　例 1.5.3 图

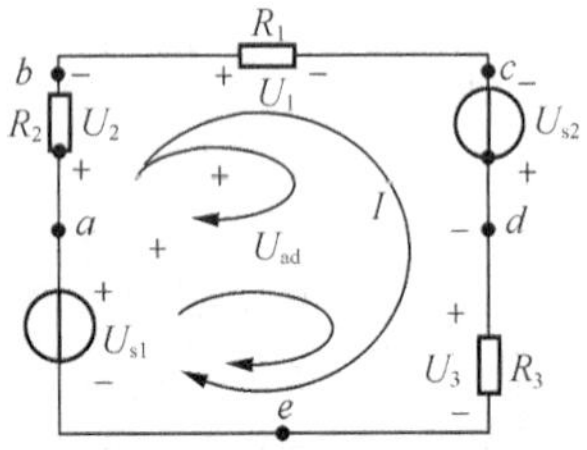

图 1.5.6　例 1.5.4 图

解：设电流 I 与电压 U_1、U_2、U_3、U_{ad} 的参考方向如图 1.5.6 所示。在假想回路 $abcda$ 中，取顺时针绕行方向，列 KVL 方程为

$$-U_{ad} + U_2 + U_1 - U_{s2} = 0$$

即 $$U_{ad} = -U_{s2} + U_2 + U_1$$

根据欧姆定律：$U_1 = R_1 I$　　　$U_2 = R_2 I$

所以 $$U_{ad} = -U_{s2} + R_1 I + R_2 I$$

由题设条件已知 U_{s2}、R_1、R_2，因此关键是求电流 I：对闭合回路 $abcdea$，取顺时针绕

行方向（即 I 的参考方向），列 KVL 方程为

$$-U_{s1}+U_2+U_1-U_{s2}+U_3=0$$

将 $U_1=R_1I$、$U_2=R_2I$ 及 $U_3=R_3I$ 代入上式并整理可得

$$I=\frac{U_{s1}+U_{s2}}{R_1+R_2+R_3}=\frac{20+10}{20+10+30}=\frac{30}{60}=0.5\text{A}$$

将 $I=0.5\text{A}$ 代入 U_{ad} 式中，可得　$U_{ad}=-10+20\times0.5+10\times0.5=5\text{V}$

若在假想回路 *adea* 中，按顺时针方向绕行，列 KVL 方程为

$$U_{ad}+U_3-U_{s1}=0$$

所以　$$U_{ad}=U_{s1}-U_3=U_{s1}-R_3I=20-30\times0.5=5\text{V}$$

可见不论沿哪条路径，所求的两点间的电压值是相同的，故两点间的电压与所选的路径无关。

过关训练

1.1　在习题 1.1 图中，各元件的电压和电流的参考方向已标出。已知：U_1=4V，I_1=2A；U_2=−2V，I_2=−1A；U_3=1V，I_3=1A；U_4=5V，I_4=−3A；U_5=−1V，I_5=4A；U_6=6V，I_6=−5A。试求各元件的功率，并说明它们是吸收功率还是供出功率。

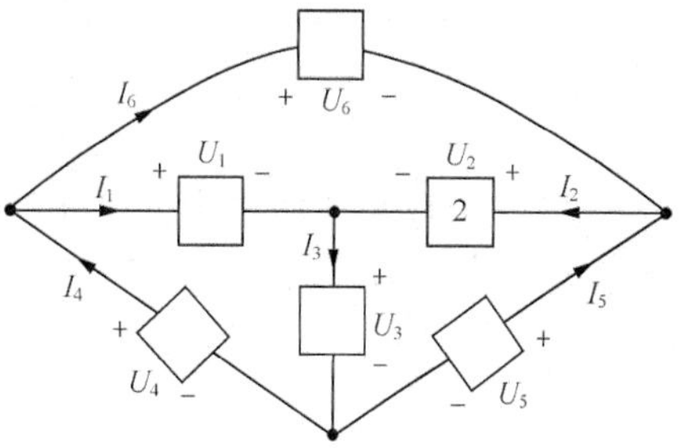

习题 1.1 图

1.2　两个源电压不相等的独立电压源可以并联吗？两个源电流不相等的独立电流源可以串联吗？为什么？

1.3　求习题 1.3 图中电压 U。

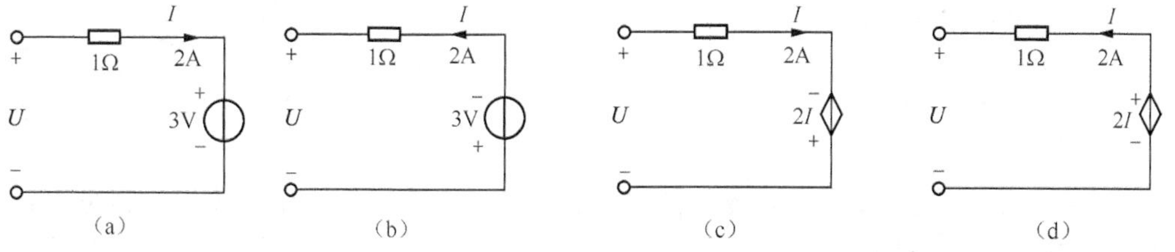

习题 1.3 图

1.4　求习题 1.4 图中各节点处的未知电流。

1.5　求习题 1.5 图中的未知电流（用 KCL 的推广解）。

1.6　求习题 1.6 图所示各局部电路中的未知电流。

1.7　在习题 1.7 图中：

（1）列写出所有回路的 KVL 方程；

（2）如果 U_3=1V，U_4=2V，U_5=3V，求其他的电压值。

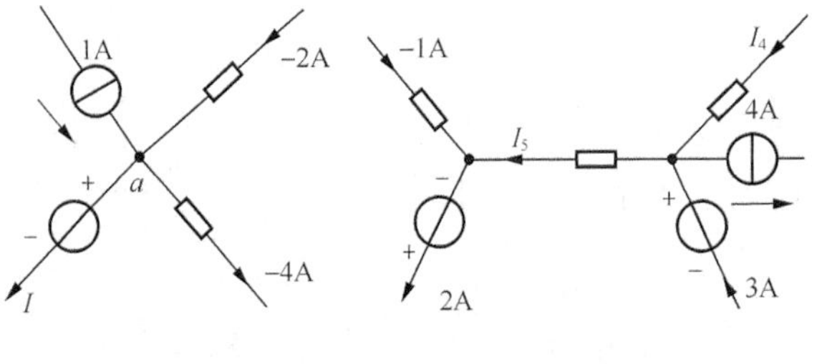

（a）　　　　（b）

习题 1.4 图

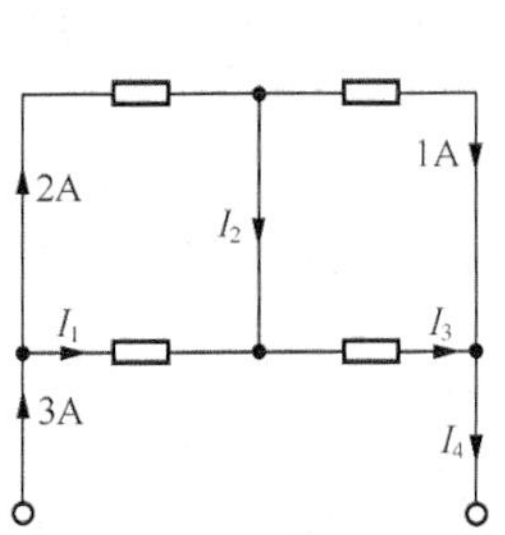

习题 1.5 图

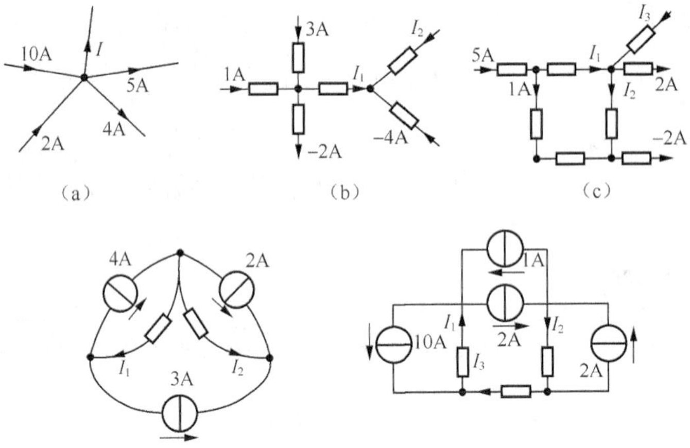

（a）　　（b）　　（c）

（d）　　（e）

习题 1.6 图

1.8　在习题 1.8 图中，已知：$U_1=2V$，$U_2=10V$，U_4=2V，I_1=2A，I_2=1A，I_3=2A，试计算 U_3、U_5、U_6 和 I_4。

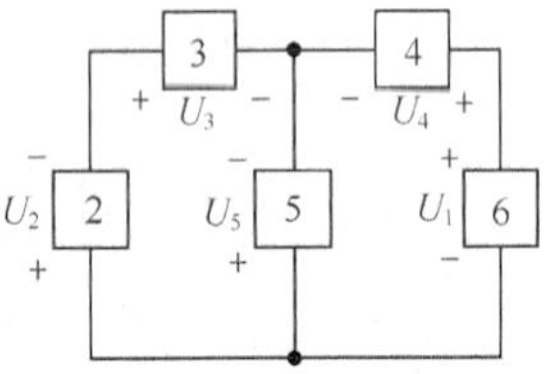

习题 1.7 图

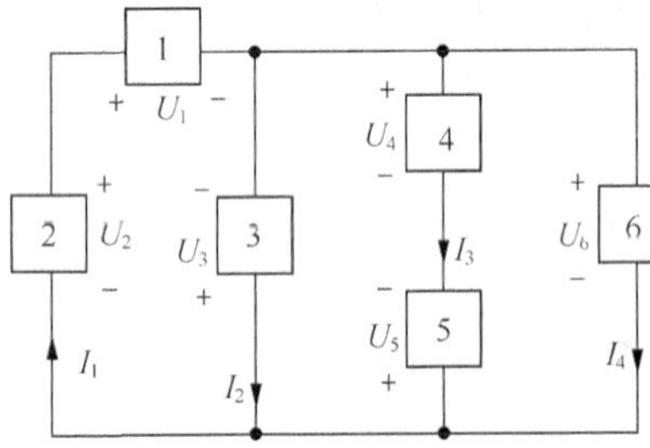

习题 1.8 图

1.9　求习题 1.9 图所示电路各支路的电压和电流，并利用功率平衡校核答案是否正确。

1.10　求习题 1.10 图所示电路中的 U_s 和 I。

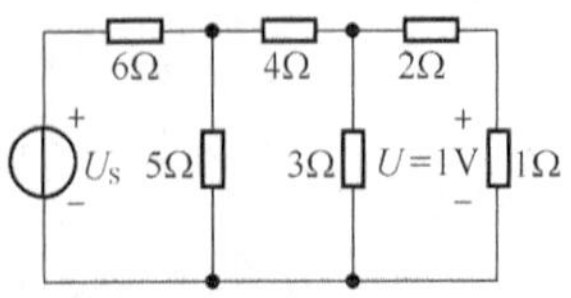

习题 1.9 图

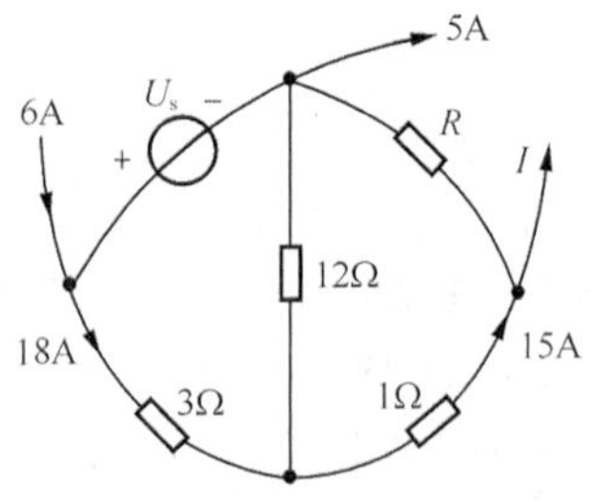

习题 1.10 图

模块 2 直流电路的基本分析方法

【本模块问题引入】直流电路分析是最基本的一种电路分析方法，为后续其他类型的电路分析奠定了基础，什么是直流电路？有何特点？针对直流电路有哪些不同的分析方法？根据电路结构的差异和求解对象的不同，如何选择合适的方法进行分析？这都是我们在本模块中必须解决的问题。

【本模块内容简介】本模块共分 3 个任务，包括直流电路的等效转换分析法、复杂电路的一般分析法、线性电路常用的两个基本定理。

【本模块重点难点】重点掌握节点电位法、网孔电流法、叠加定理、戴维南定理；难点是“电路等效转换”的意义及方法、两种实际电源的模型及特点。

任务 1 直流电路的等效转换分析法

【问题引入】将复杂的电路转换为简单的电路来进行分析，是常用的方法，简单而有效，但这种转换的前提必须是“等效”，“等效”的物理意义是什么？如何将结构复杂的直流电路“等效转换”为简单电路？应遵循哪些规则？本任务中让我们一起来“化繁为简”。

【本任务要求】

1. 识记：实际电流源、实际电压源模型。
2. 领会：“电路等效转换”的含义。
3. 应用：能进行电阻串联、并联及混联的等效转换；能利用含源电路的化简规则将复杂电路等效转换成简单电路。

本模块将介绍直流电路分析方法。直流激励源作用下的电路称为直流电路，组成直流电路的元件只有电源和电阻（因为在直流电路中，电容元件相当于开路，电感元件相当于短路）。

本模块主要讲述的分析方法概括为：利用等效转换的概念分析简单电路；复杂电路的一般分析方法；线性电路分析的基本定理。这些方法不仅适用于直流电路，考虑了交流电路的特点后，对交流电路也适用。

实际应用的直流电路，经常是由多个电阻、激励源和受控源按不同方式联接而成。欲确定某个支路的电流或电压，可以通过对部分电路进行等效转换的方法，将多个元件组成的电路等效化简为简单的包含待求支路的单一回路，从而利用电路的基本定律进行求解。

下面分别介绍不同情形下的等效转换。

1. 电阻串联、并联及混联的等效转换

电阻的等效转换是指按照不同方式联接起来的多个电阻可以用一个电阻等效代换，而不

影响电路中其他部分的电流和电压，即对“外”等效，而对“内”不等效。对“外”等效是指代换前与代换后的两个二端网络的外特性完全相同；对“内”不等效是指代换前后两个网络内部结构及电压、电流完全不同。

（1）电阻的串联

在电路中如果两个或两个以上电阻依次首尾相接，中间没有分支，当接通电源后，每个电阻上通过的是同一个电流，这种联接方式称为电阻的串联。

若 n 个电阻串联，计算等效电阻的一般公式为

$$R_{eq}=\sum_{i=1}^{n}R_i \tag{2.1.1}$$

如图 2.1.1（a）所示，二端网络 N_1 为三个电阻 R_1、R_2、R_3 的串联。图 2.1.1（b）所示的电阻 R_{eq} 是 R_1、R_2、R_3 串联的等效电阻，则有

$$R_{eq}=R_1+R_2+R_3 \tag{2.1.2}$$

若两个电阻 R_1、R_2 的串联如图 2.1.2 示，则 R_1 与 R_2 上的电压 U_1、U_2 与总电压 U 的关系分别为

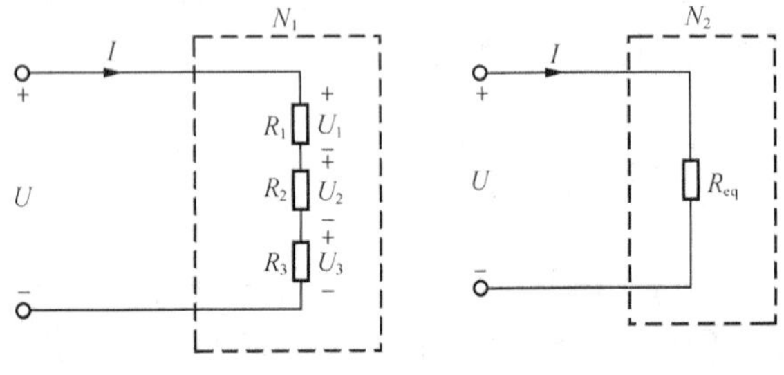

（a）　（b）

图 2.1.1　电阻的串联

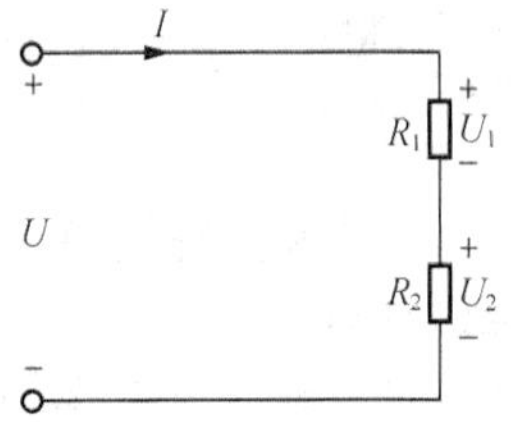

图 2.1.2　两个电阻的串联

$$\left.\begin{aligned}U_1&=\frac{R_1}{R_1+R_2}U\\U_2&=\frac{R_2}{R_1+R_2}U\end{aligned}\right\} \tag{2.1.3}$$

式（2.1.3）为两个电阻相串联时的分压公式。从该式中可推出

$$\left.\begin{aligned}U_1:U_2&=R_1:R_2\\P_1:P_2&=R_1:R_2\end{aligned}\right\} \tag{2.1.4}$$

式（2.1.4）说明，串联电阻上的电压和功率均与各电阻的阻值成正比，即大电阻上分得大电压、大功率。

利用串联电阻的分压特性可以设计制作直流电压表和分压器。

（2）电阻的并联

在电路中如果将两个或两个以上电阻的首端、尾端分别联在一起，当接通电源后，每个电阻的端电压均相同，这种联接方式称为电阻的并联。

当 n 个电阻并联时，计算等效电阻的一般公式为

$$\frac{1}{R_{eq}}=\sum_{i=1}^{n}\frac{1}{R_i} \tag{2.1.5}$$

若两个电阻 R_1、R_2 的并联如图 2.1.3 所示，则有

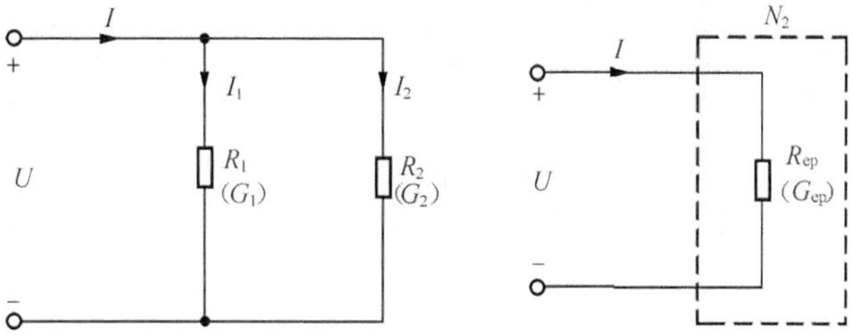

图 2.1.3　电阻的并联

$$\frac{1}{R_{eq}}=\frac{1}{R_1}+\frac{1}{R_2} \tag{2.1.6}$$

$$G_{eq}=G_1+G_2 \tag{2.1.7}$$

或

$$R_{eq}=\frac{R_1R_2}{R_1+R_2} \tag{2.1.8}$$

这就是 R_1 与 R_2 并联的等效电阻。

图 2.1.3 中电阻 R_1 与 R_2 支路中的电流 I_1 与 I_2 分别为

$$\left.\begin{aligned}I_1&=\frac{R_2}{R_1+R_2}I\\I_2&=\frac{R_1}{R_1+R_2}I\end{aligned}\right\} \tag{2.1.9}$$

式（2.1.9）为两个电阻相并联时的分流公式。从该式中可推出

$$\left.\begin{aligned}I_1:I_2&=R_2:R_1\\P_1:P_2&=R_2:R_1\end{aligned}\right\} \tag{2.1.10}$$

式（2.1.10）说明：并联电阻支路中的电流和功率均与各电阻的阻值成反比，即大电阻分得小电流、小功率。

利用并联电阻的分流特性可以设计制作直流电流表和分流器。

（3）电阻的混联

多个电阻元件相联接，其中既有串联，又有并联，这种联接形式称为电阻的混联。由于一般混联电路不易一眼分辨出各元件的串、并联关系，因此要对原电路进行改画。改画的方法为：先在两个端子间找一条主路径（即从头至尾包含电阻个数最多的路径），然后把剩余的电阻按原来的联接端子分别并在主路径相应的端子上。这样，各元件间的串、并联关系便可一目了然，再分别按串、并联法逐步等效化简，从而计算出混联的等效电阻。

例 2.1.1 求图 2.1.4（a）电路中 a、b 两端的等效电阻 R_{eq}。

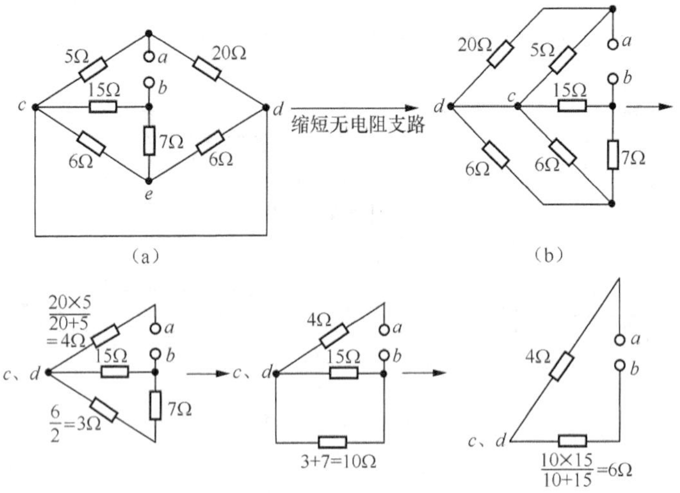

图 2.1.4 例 2.1.1 图

解 缩 c、d 间短路线为一点（即 c、d 为等电位点）。选 a 点经 c、e 至 b 点为主路径，再将剩余的电阻分别并联在主路径相应的端子上，如图 2.1.4（b）所示。在图 2.1.4（b）中，各电阻间的串、并联关系非常清楚。利用各局部之间串、并联等效电阻的公式，便可很容易地计算出 a、b 端子间的等效电阻 R_{eq}。

$$R_{eq} = 4 + 6 = 10\Omega$$

2. 实际电源的两种模型及其等效转换

在第 1 模块中介绍的独立电源（又称理想电源）实际上是不存在的，实际电源也分实际电压源和实际电流源两种。

（1）实际电源的两种模型

① 实际电压源（简称为电压源）

实际电压源用理想电压源 U_s 与电阻 R_s 串联的模型来表示，如图 2.1.5（a）中虚线框内所示，其中 U_s 称为电压源的源电压，R_s 称为电压源的内电阻。

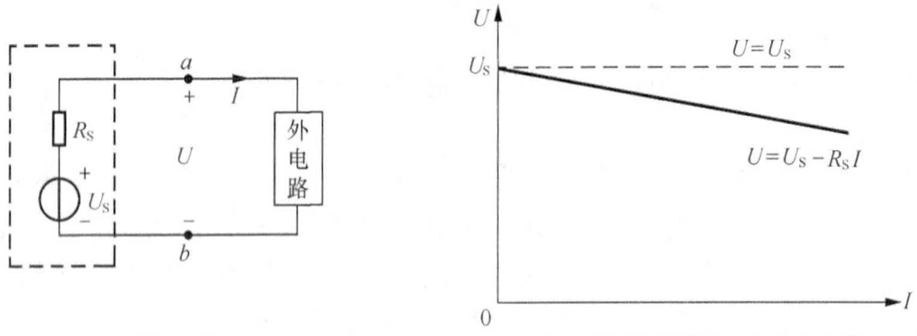

（a）实际电压源　（b）实际电压源的伏安特性曲线

图 2.1.5 电压源模型及其 VCR

在图 2.1.5（a）所示的 U、I 参考方向下，电压源 a、b 端子上的 VCR 为

$$U = U_S - R_S I \tag{2.1.11}$$

上式的伏安关系也可以用 U-I 平面上的一条直线表示，如图 2.1.5（b）所示。可以看出：

a．内电阻愈小，端电压 U 受电流 I 的影响愈小，电压源的特性愈接近理想电压源（$U=U_s$）。或者说，理想电压源是实际电压源的内电阻 R_S 为零时的极限情况；

b．当电流 I 越大，端电压 U 越小。当 $U=0$ 时，即电源的输出端 a、b 短路，有 $I=I_{sc}=U_s / R_s$，I_{sc} 称为电源的短路电流，它在图 2.1.5（b）中对应于特性曲线与横坐标轴的交点；

c．当 $I=0$ 时，即该电源 a、b 端开路，有 $U=U_{oc}=U_s$，U_{oc} 称为电源的开路电压，它在图 2.1.5（b）中对应于特性曲线与纵坐标的交点。

② 实际电流源（简称电流源）

实际电流源可以用理想电流源 I_s 与电阻 R_s 并联的模式来表示，如图 2.1.6（a）中虚线框内所示。其中 I_s 称为电流源的源电流，电阻 R_s 称为电流源的内电阻，内电阻 R_s 也可用内电导 G_s 表示。

在图 2.1.6（a）所示 U、I 参考方向下，电流源 a、b 输出端子上的 VCR 为

$$I = I_S - \frac{U}{R_S} = I_S - G_S U \tag{2.1.12}$$

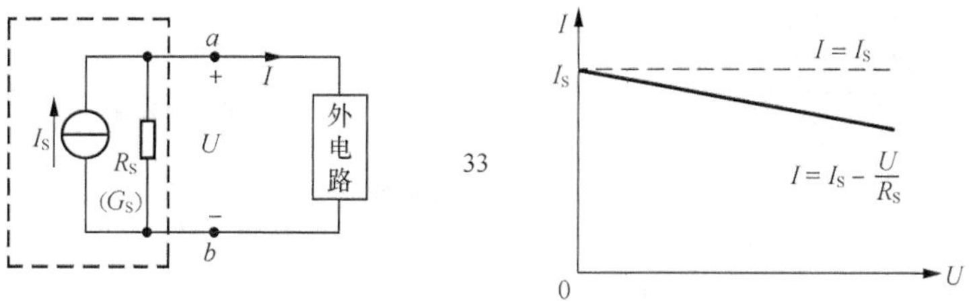

（a）实际电流源　　（b）实际电流源的伏安特性曲线

图 2.1.6　电流源模型及其 VCR

上式的伏安关系也可以用图 2.1.6（b）所示的特性曲线表示。可以看出：

a．内电阻 R_s 愈大，输出电流 I 受输出电压 U 的影响愈小，实际电流源的特性愈接近理想电流源（$I=I_s$），或者说，理想电流源是实际电流源的内电阻为无穷大时的极限情况；

b．输出电流 I 随输出电压 U 的增大而降低。当输出电流 $I=0$，即电流源模型开路时，输出电压即为开路电压：$U=U_{oc}=R_sI_s$；

c．当输出电压 $U=0$，即电流源模型 a、b 端子短路时，输出电流即为短路电流：$I=I_{sc}=I_s$。

最后需要指出的是，一个实际电源既可以看成是电压源，又可以看成是电流源。当电源内阻 R_s 与负载（或外电路的等效电阻）相比较小时，一般采用电压源模型；反之，当电源内阻 R_s 与负载相比较大时，常采用电流源模型。

（2）电压源与电流源间的等效转换

同一实际电源的电压源模型和电流源模型是互为等效的。

① 等效条件：对外等效，对内不等效（即外电路 U、I 保持不变，内电路 R_s 上电压电流不相等）。

等效转换电路图如图 2.17 所示。

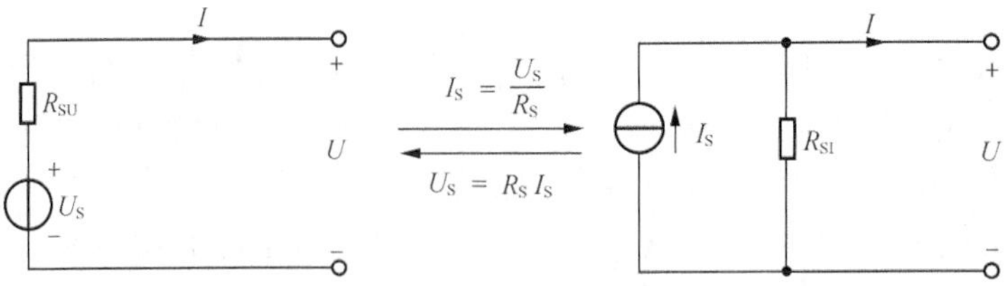

图 2.1.7 两种电源模型的等效转换

② 等效转换公式

用电压源或电流源向同一负载（外电路）供电，若能使负载（外电路）上的电压 U 和电流 I 相同，则这两个电源是等效的。通过它们的伏安特性可以推导出两者的等效转换公式。

对于图 2.1.8（a），根据 KVL，有

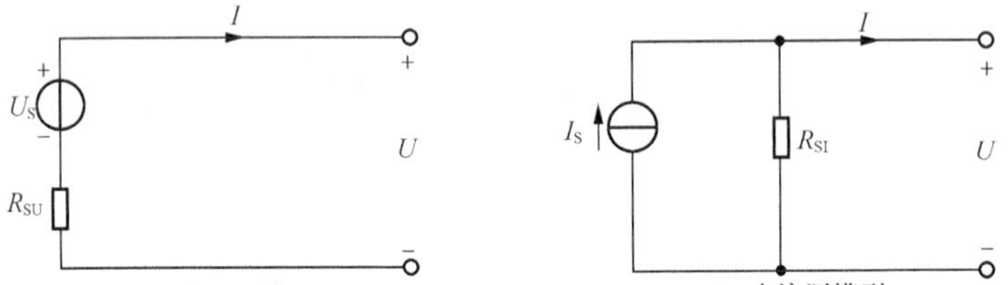

（a）电压源模型 （b）电流源模型

图 2.1.8 两种电源模型

$$U = U_S - R_{SU} I \tag{2.1.13}$$

对于图 2.1.8（b），根据 KCL，有

$$I = I_S - \frac{U}{R_{SI}}$$

即

$$U = R_{SI} I_S - R_{SI} I \tag{2.1.14}$$

比较式（2.1.13）和式（2.1.14），若

$$\left.\begin{aligned} U_S &= R_{SI} I_S \\ R_{SU} &= R_{SI} \end{aligned}\right\} \tag{2.1.15}$$

则这两种电源模型的外部电压、电流关系完全相同，因此，对外电路而言，它们是等效的。（2.1.15）也可以写成另一种形式，即

$$\left.\begin{aligned} I_S &= \frac{U_S}{R_{SI}} \\ R_{SI} &= R_{SU} \end{aligned}\right\} \tag{2.1.16}$$

这意味着，若已知电压源模型的 U_S 和 R_S，则等效电流源模型中的源电流的大小为 $I_s = U_S / R_S$，箭头方向指向源电压 U_S 的正极，并联的内电阻仍为 R_S 不变；若已知电流源模型的 I_S

和 R_S，则等效电压源模型中的源电压大小为 $U_s=R_SI_S$，正极为源电流箭头指向端，串联的内电阻仍为 R_S 不变，如图 2.1.7 所示。

③ 等效转换时应注意以下三点

a．表示同一电源的电压源与电流源的等效转换只对电源的外电路有效，而对电源内部电路并不等效。

b．注意电源转换时 U_S 与 I_S 间对应的参考方向，I_S 的箭头指向 U_S 的正极。

c．理想电压源和理想电流源不能等效转换，因为它们各自具有对方所不可能具有的伏安特性。

（3）含源网络的等效化简

前面已讨论过，由多个电阻元件经串、并、混联构成的二端网络，可以用一个等效电阻代换。同理，由多个电源元件经串、并、混联构成的二端网络，也可以通过电源等效化简的方法用一个等效电源代换。

① 电源等效化简的规则如下。

a．当一个理想电压源与多个电阻或电流源相并联时，对于外电路而言，只等效于这个理想电压源；当一个理想电流源与多个电阻或电压源相串联时，对于外电路而言，只等效于这个理想电流源。

b．n 个电压源相串联，等效于一个电压源。这个电压源的源电压 U_s 等于 n 个电压源的源电压的代数和，即 $U_S=\sum_{i=1}^{n}U_{Si}$。代数和是指 U_{Si} 的极性与 U_S 的极性一致时取正号，否则取负号。等效电压源的内阻 R_s 等于 n 个电压源的内阻之和，即 $R_S=\sum_{i=1}^{n}R_{Si}$。

c．n 个电流源相并联，等效于一个电流源。这个等效电流源的源电流 I_S 等于 n 个电流源的源电流的代数和，即 $I_S=\sum_{i=1}^{n}I_{Si}$。代数和是指 I_{Si} 与 I_S 的方向一致时取正号，否则取负号。等效电流源的内电导 G_S 等于 n 个电流源的内电导之和，即 $G_S=\sum_{i=1}^{n}G_{Si}$，内电阻 $R_S=1/G_S$。

d．n 个电压源并联时，可先将各个电压源等效转换为电流源，然后按规则 c. 进一步化简。源电压不相等的理想电压源不能并联，因与其特性相违背。

e．n 个电流源串联时，可先将各个电流源等效转换为电压源，然后按规则 d. 进一步化简。源电流不相等的理想电流源不能串联，因与其特性相违背。

② 应用含源网络的等效化简规则，可使含有多个电源的复杂电路的分析计算简化，这就是本节所述的等效转换分析法。下面通过例题加以说明。

例 2.1.2　试将图 2.1.9（a）的电路化为最简形式。

解： 图 2.1.9（a）中，12V 理想电压源与 6Ω串联支路，可等效为 2A 理想电流源与 6Ω电阻的并联，而 5A 理想电流源与 3Ω并联的电路保持不变，如图 2.1.9（b）所示；将图 2.1.9（b）中的并联电路合并简化成一个 7A 与 2Ω的实际电流源电路，如图 2.1.9（c）所示；最后将该实际电流源等效转换为 14V 与 2Ω串联的实际电压源电路，如图 2.1.9（d）所示。

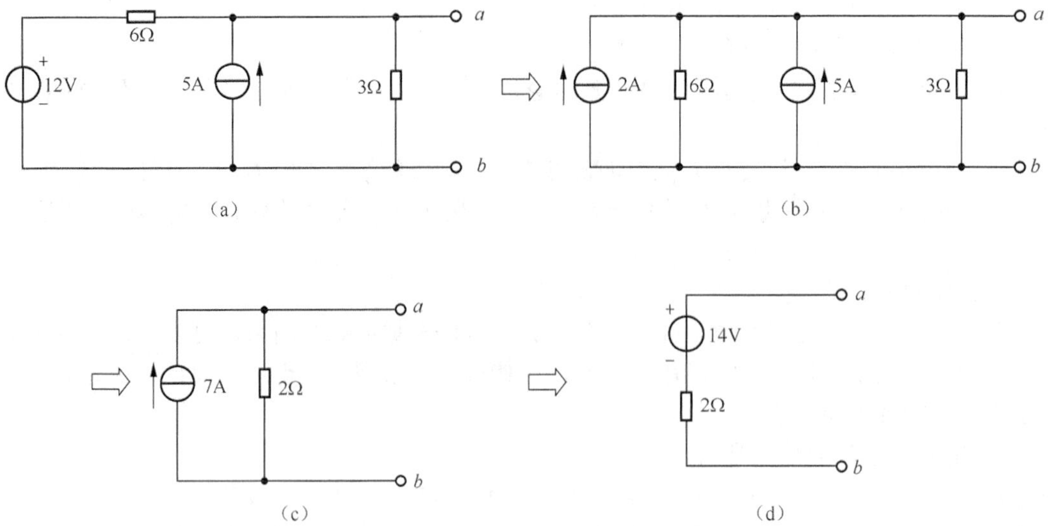

图 2.1.9　例 2.1.2 图

例 2.1.3　试将图 2.1.10（a）中的二端网络化为最简形式。

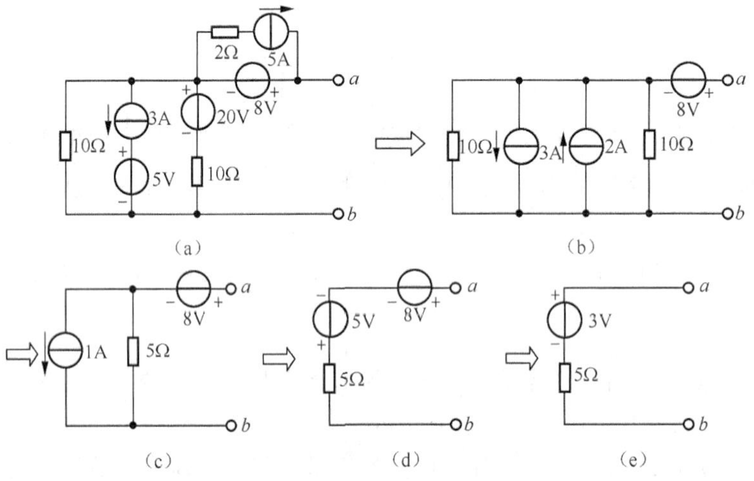

图 2.1.10　例 2.1.3 图

解：图 2.1.10（a）中，8V 理想电压源与 2Ω、5A 理想电流源串联支路的并联，可等效为 8V 理想电压源；3A 理想电流源与 5V 理想电压源串联，可等效为 3A 理想电流源；20V 与 10Ω串联的电压源可等效转换为 2A 与 10Ω并联的电流源，如图 2.1.10（b）所示。将图 2.1.10（b）中两个电流源的并联化简成一个 1A 与 5Ω的电流源，如图 2.1.10（c）所示。再将该电流源等效转换为 5V 与 5Ω串联的电压源，如图 2.1.10（d）所示。最后将图 2.1.10（d）中串联的理想电压源 8V、5V 化简成一个理想电压源 3V，且与 5Ω串联，形成一个电压源的最简形式，如图 2.1.10（e）所示。

任务 2　复杂电路的一般分析方法

【问题引入】如果能够求解出每条支路上的电流，那么对整个直流电路系统的分析可谓"大功告成"，但此时求解的未知量为多个（即所有支路电流），我们能够想到的最直接的办法就是列方程组求解，如何才能快速准确地列出方程组？要是能够避开复杂的推导分析而直接"看图写方程"就更好了，这样的想法可行吗？可行！本任务中我们将总结列写方程组的一般规律，从而轻松掌握复杂电路的一般分析法。

【本任务要求】

1. 识记：节点电位法列写方程的规则、网孔电流法列写方程的规则。
2. 领会："网孔电流"的含义。
3. 应用：运用节点电位法和网孔电流法列写方程组，实现对复杂电路的求解。

复杂电路的一般分析法用于求解复杂电路各个支路的响应，包括支路电流法、网孔电流法和节点电位法。这些方法主要是依据基尔霍夫定律和元件的伏安特性列出电路方程，然后联立求解。这些计算直流电路的基本原理和方法，同样适用于正弦交流电路。

1. 支路电流法

（1）支路电流法的定义

以支路电流作待求量，列节点电流方程（$\Sigma I=0$）和回路电压方程（$\Sigma U=0$），解方程组，从而得到各未知的支路电流。

（2）方程式的建立

我们通过一个具体例子来说明这种方法。

设电路如图 2.2.1 所示，其中各电压源电压及电阻均为已知，求各支路电流。

这个电路有 6 条支路，因此，有 6 个支路电流需要求解。求解 6 个未知量就需要列出六个独立方程。

将 6 个未知的支路电流 I_1、I_2、I_3、I_4、I_5、I_6的参考方向标示在电路图中。这个电路有 4 个节点，对 4 个节点分别运用 KCL，可以得到 4 个方程。

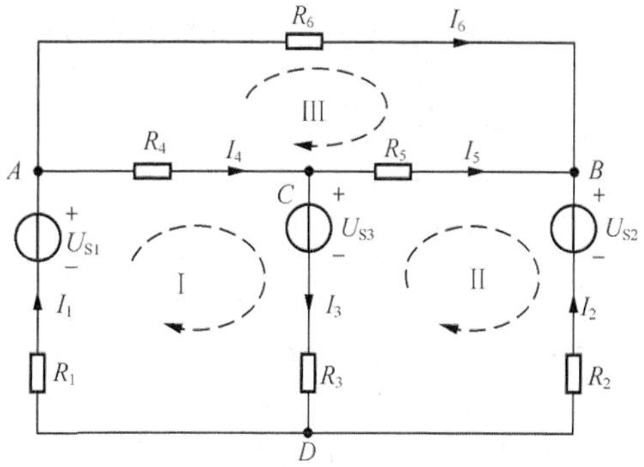

图 2.2.1　支路电流法

$$节点A \quad -I_1+I_4+I_6=0 \tag{2.2.1a}$$

$$节点B \quad -I_2-I_5-I_6=0 \tag{2.2.1b}$$

$$节点C \quad I_3-I_4+I_5=0 \tag{2.2.1c}$$

$$节点D \quad I_1+I_2-I_3=0 \tag{2.2.1d}$$

由式（2.2.1）可知，任意一个节点电流方程可由其他 3 个方程相加得到。如 A、B、C 点 3 个方程相加得 D 点方程，也就是说 4 个节点中只有 3 个独立节点，可列 3 个独立的节点电流方程。如果电路中有 n 个节点，则只有（n−1）个独立节点，因此可列（n−1）个独立的节点电流方程。

6 个未知电流，根据 KCL 只能列（4−1）=3 个独立节点电流方程，另外 3 个方程，必须由 KVL 来列写。

该电路共有 7 个回路，可列 7 个回路电压方程，但现在只缺 3 个，故列写 3 个网孔的电压方程。在列写前首先标出网孔的绕行方向。如图 2.2.1 中的Ⅰ、Ⅱ、Ⅲ网孔。

回路Ⅰ $$R_1I_1+R_4I_4+R_3I_3-U_{S1}+U_{S3}=0 \tag{2.2.2a}$$

回路Ⅱ $$R_5I_5-R_2I_2-R_3I_3+U_{S2}-U_{S3}=0 \tag{2.2.2b}$$

回路Ⅲ $$R_6I_6-R_5I_5-R_4I_4=0 \tag{2.2.2c}$$

这三个方程显然是彼此独立的。至于除此三个方程以外的其他 KVL 方程，则都不再是独立的。由此可见，对于具有六条支路、四个节点的电路，应用 KVL 可以得到而且只能得到三个独立的方程。

总结推广：如果复杂电路中有 b 条支路，n 个节点，独立回路数为 m，则，$m=b-(n-1)$，用支路电流法求解，需列出（$n-1$）个 KCL 方程和 m 个 KVL 方程。列 KVL 方程不一定选网孔，可选任意 m 个独立回路。但网孔肯定是独立回路，所以一般总是列网孔的 KVL 方程。

图 2.2.1 所示的电路共有 6 个未知电流，列写了式（2.2.1a）～（2.2.1c）和式（2.2.2a）～（2.2.2c）共 6 个方程，联立求解该六元一次方程组便可得到各未知的支路电流 I_1、I_2、I_3、I_4、I_5、I_6。

（3）支路电流法的优缺点

支路电流法是求解复杂电路的基本方法，它能求解任何复杂电路。它的优点是直接求解的对象就是支路电流；缺点是联立方程式过多，计算较繁，容易出现错误，故使用较少。

2. 网孔电流法

（1）网孔电流法的定义

以假想的网孔电流作待求量，列、解网孔的 KVL 方程，进而根据已求得的网孔电流与支路电流的关系得到各支路电流。

（2）网孔电压方程式的建立

对图 2.2.2 所示的电路，设想在每个网孔里有一假想的网孔电流沿网孔的边界流动，如图中虚线所示，记为 I_{I}、I_{II}、I_{III}。根据图中的各网孔电流及支路电流的参考方向，可得出

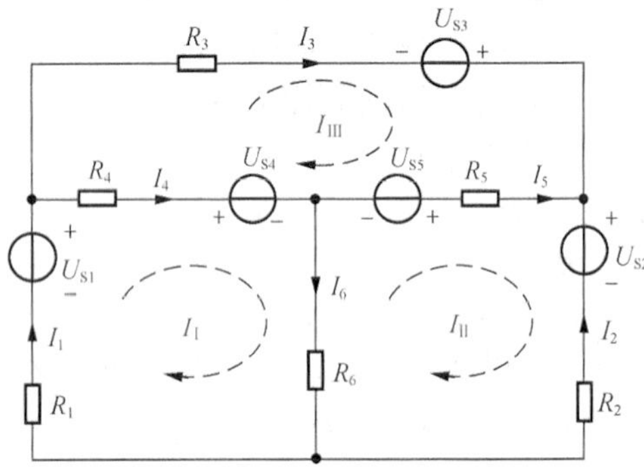

图 2.2.2 网孔电流法

$$\left.\begin{aligned} I_1&=I_{\mathrm{I}}\\ I_2&=-I_{\mathrm{II}}\\ I_3&=I_{\mathrm{III}}\\ I_4&=I_{\mathrm{I}}-I_{\mathrm{III}}\\ I_5&=I_{\mathrm{II}}-I_{\mathrm{III}}\\ I_6&=I_{\mathrm{I}}-I_{\mathrm{II}} \end{aligned}\right\} \tag{2.2.3}$$

由此可见，只要能求出各网孔电流，就能由上述关系求出各支路电流。那么，网孔电流又如何求得呢？

先对每个网孔写 KVL 方程，在列方程时，取网孔电流的参考方向作为绕行方向，于是，由图 2.2.2 电路可得

$$\left.\begin{aligned} &R_1I_1+R_4I_4+R_6I_6-U_{S1}+U_{S4}=0\\ &-R_2I_2+R_5I_5-R_6I_6+U_{S2}-U_{S5}=0\\ &R_3I_3-R_4I_4-R_5I_5-U_{S3}-U_{S4}+U_{S5}=0 \end{aligned}\right\} \tag{2.2.4}$$

将式（2.2.3）代入式（2.2.4），并进行整理，可得

$$\left.\begin{aligned} &(R_1+R_4+R_6)I_{\mathrm{I}}-R_6I_{\mathrm{II}}-R_4I_{\mathrm{III}}=U_{S1}-U_{S4}\\ &-R_6I_{\mathrm{I}}+(R_2+R_5+R_6)I_{\mathrm{II}}-R_5I_{\mathrm{III}}=U_{S5}-U_{S2}\\ &-R_4I_{\mathrm{I}}-R_5I_{\mathrm{II}}+(R_3+R_4+R_5)I_{\mathrm{III}}=U_{S3}+U_{S4}-U_{S5} \end{aligned}\right\} \tag{2.2.5}$$

若将该方程组写成一般形式，则为

$$\left.\begin{aligned} &R_{11}I_{\mathrm{I}}+R_{12}I_{\mathrm{II}}+R_{13}I_{\mathrm{III}}=U_{S11}\\ &R_{21}I_{\mathrm{I}}+R_{22}I_{\mathrm{II}}+R_{23}I_{\mathrm{III}}=U_{S22}\\ &R_{31}I_{\mathrm{I}}+R_{32}I_{\mathrm{II}}+R_{33}I_{\mathrm{III}}=U_{S33} \end{aligned}\right\} \tag{2.2.6}$$

式（2.2.6）中，R_{11}、R_{22}、R_{33} 分别是网孔Ⅰ、Ⅱ、Ⅲ所含支路电阻之和，称为各网孔的自电阻，即

$$\begin{aligned} R_{11}&=R_1+R_4+R_6\\ R_{22}&=R_2+R_5+R_6\\ R_{33}&=R_3+R_4+R_5 \end{aligned} \tag{2.2.7}$$

自电阻的符号恒为“正”。

式（2.2.7）中 $R_{12}=R_{21}$、$R_{13}=R_{31}$、$R_{23}=R_{32}$ 分别是网孔Ⅰ和Ⅱ、Ⅰ和Ⅲ、Ⅱ和Ⅲ之间的互电阻。它们是相邻两网孔公共支路的电阻再冠以正、负号：当公共支路上两个网孔电流的参考方向一致时，取正号；否则，取负号。为了在列写方程时避免错误，通常将各网孔电流的参考方向均取为顺时针（或逆时针）绕向，则此时互电阻一律取负号。式（2.2.5）正是属于这种情况，即

$$\begin{aligned} R_{12}&=R_{21}=-R_6\\ R_{13}&=R_{31}=-R_4\\ R_{23}&=R_{32}=-R_5 \end{aligned} \tag{2.2.8}$$

式（2.2.6）中右端 U_{S11}、U_{S22}、U_{S33} 分别是网孔Ⅰ、Ⅱ、Ⅲ中沿网孔电流方向各电压源电位升的代数和：凡电压源电位升的方向与网孔电流方向一致的取正号；否则，取负号。即

$$\begin{aligned} U_{S11}&=U_{S1}-U_{S4}\\ U_{S22}&=U_{S5}-U_{S2}\\ U_{S33}&=U_{S3}+U_{S4}-U_{S5} \end{aligned} \tag{2.2.9}$$

通过以上讨论并结合式（2.2.6），可归纳出**用网孔电流法列写方程的一般法则为：本网孔的网孔电流乘以自电阻加上相邻网孔的网孔电流乘以互电阻，等于本网孔所有电压源电位升的代数和。**

（3）网孔电流法应用举例

例 2.2.1 电路如图 2.2.3 所示，求 I_1，I_2，I_3。

解：网孔电流如图中所示，列网孔方程

$$(2+12)I_I - 12I_{II} = 15$$

$$-12I_I + (12+4)I_{II} = -10$$

解得：$I_I = 1.5\text{A}$ $\qquad$ $I_{II} = 0.5\text{A}$

由支路电流与网孔电流的关系得

$$I_1 = I_I = 1.5\text{A} \qquad I_2 = -I_{II} = -0.5\text{A} \qquad I_3 = I_I - I_{II} = 1\text{A}$$

例 2.2.2 电路如图 2.2.4 所示，求支路电流 I_1、I_2、I_3。

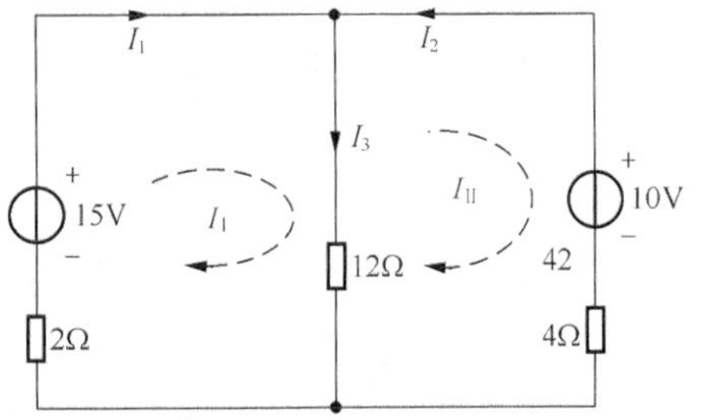

图 2.2.3 例 2.2.1 图

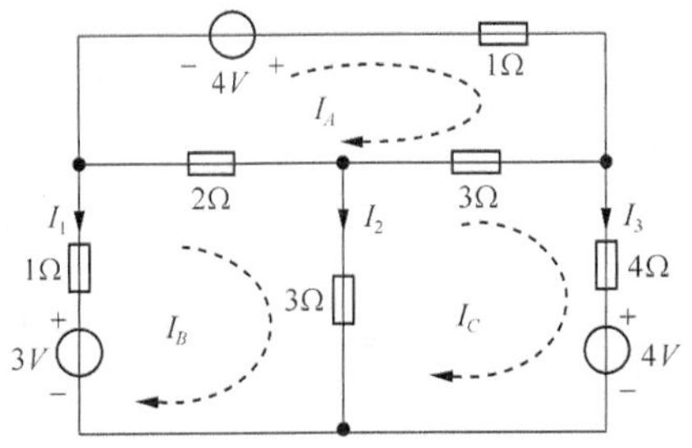

图 2.2.4 例 2.2.2 图

解 设网孔电流 I_A、I_B、I_C 如图 2.2.4 所示，由网孔电流的方向列出网孔方程为

$$6I_A - 2I_B - 3I_C = 4$$

$$-2I_A + 6I_B - 3I_C = 3$$

$$-3I_A - 3I_B + 10I_C = -4$$

解得各网孔电流为

$$I_A = 1.108\text{A} \qquad I_B = 0.984\text{A} \qquad I_C = 0.227\text{A}$$

支路电流为

$$I_1 = -I_B = -0.948\text{A} \qquad I_2 = I_B - I_C = 0.757\text{A} \qquad I_3 = I_C = 0.227\text{A}$$

3．节点电位法

（1）节点电位法的定义

以独立节点的节点电位为待求量，列、解独立节点的 KCL 方程。进而根据已求得的各节点电位（电压）与各支路电流的关系计算各支路电流。

（2）节点电位方程式的建立

在图 2.2.5 所示的电路中，共有四个节点，任选一个节点（如节点 4）为零电位参考点，并设节点 1、2、3 的电位分别为 U_1、U_2 和 U_3。在图中标示的各支路电流的参考方向下，根据欧姆定律可得

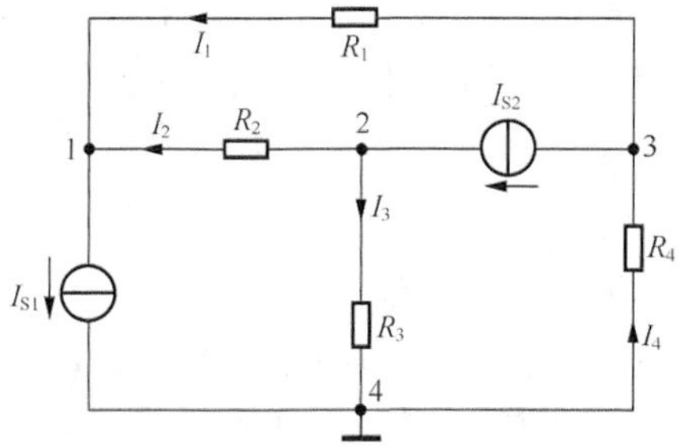

图 2.2.5　节点电位法

$$\left.\begin{aligned} I_1 &= \frac{1}{R_1}(U_3-U_1)=G_1(U_3-U_1) \\ I_2 &= \frac{1}{R_2}(U_2-U_1)=G_2(U_2-U_1) \\ I_3 &= \frac{1}{R_3}U_2=G_3U_2 \\ I_4 &= -\frac{1}{R_4}U_3=-G_4U_3 \end{aligned}\right\} \tag{2.2.10}$$

由此可见，只要能求出各节点电位，由上述关系即可求出各支路电流。那么，节点电位又如何求得呢？

我们对节点 1、2、3 列写 KCL 方程得

$$\left.\begin{aligned} -I_1-I_2 &= -I_{S1} \\ I_2+I_3 &= I_{S2} \\ I_1-I_4 &= -I_{S2} \end{aligned}\right\} \tag{2.2.11}$$

将式（2.2.10）代入式（2.2.11），并进行整理，可得

$$\left.\begin{aligned} (G_1+G_2)U_1-G_2U_2-G_1U_3 &= -I_{S1} \\ -G_2U_1+(G_2+G_3)U_2 &= I_{S2} \\ -G_1U_1+(G_1+G_4)U_3 &= -I_{S2} \end{aligned}\right\} \tag{2.2.12}$$

式（2.2.12）就是图 2.2.5 所示电路的节点电位方程。写成一般形式则为

$$\left.\begin{aligned} G_{11}U_1+G_{12}U_2+G_{13}U_3 &= I_{S11} \\ G_{21}U_1+G_{22}U_2+G_{23}U_3 &= I_{S22} \\ G_{31}U_1+G_{32}U_2+G_{33}U_3 &= I_{S33} \end{aligned}\right\} \tag{2.2.13}$$

式（2.2.13）中，G_{11}、G_{22}、G_{33} 分别是与节点 1、2、3 相联的所有支路电导之和，称为节点 1、2、3 的自电导，即

$$G_{11}=G_1+G_2$$
$$G_{22}=G_2+G_3 \qquad (2.2.14)$$
$$G_{33}=G_1+G_4$$

自电导恒为正值。

式（2.2.13）中，$G_{12}=G_{21}=-G_2$，$G_{23}=G_{32}=0$，$G_{13}=G_{31}=-G_1$，分别是节点 1 与 2、2 与 3、1 与 3 之间的所有支路电导之和的负值，称为互电导，互电导恒为负值。

式（2.2.13）的右端 I_{S11}、I_{S22}、I_{S33} 分别表示流入节点 1、2、3 的电流源源电流的代数和：电流源流入节点为正，流出节点为负。即

$$I_{S11}=-I_{S1} \qquad I_{S22}=I_{S2} \qquad I_{S33}=-I_{S2}$$

通过以上讨论并结合式（2.2.13），可归纳出用节点电位法列写方程的一般法则为：**本节点的节点电位乘以本节点的自电导，加上所有相邻节点的电位乘以相邻节点与本节点之间的互电导，等于流入本节点所有电流源源电流的代数和（流入为正）。**

（3）节点电位法应用举例

例 2.2.3 电路如图 2.2.6 所示，试用节点电位法求各支路电流。

解：

① 选节点 3 为参考点。

② 建立节点方程组。其中：

$$G_{11}=\frac{1}{3}+\frac{1}{2}=\frac{5}{6} \quad \text{S}$$

$$G_{22}=\frac{1}{2}+1=\frac{3}{2} \quad \text{S}$$

$$G_{12}=G_{21}=-\frac{1}{2} \quad \text{S}$$

$$I_{S11}=7 \quad \text{A}$$

$$I_{S22}=-3 \quad \text{A}$$

故得节点方程

$$\frac{5}{6}U_1-\frac{1}{2}U_2=7$$
$$-\frac{1}{2}U_1+\frac{3}{2}U_2=-3$$

③ 解方程组得

$$U_1=9\text{V} \qquad U_2=1\text{V}$$

④ 选定支路电流的参考方向，如图 2.2.6 所示。根据欧姆定律求各支路电流

$$I_1=\frac{U_1}{3}=\frac{9}{3}=3\text{A}$$

$$I_2=\frac{U_2}{1}=\frac{1}{1}=1\text{A}$$

$$I_3=\frac{U_1-U_2}{2}=\frac{9-1}{2}=4\text{A}$$

⑤ 校验：在节点 3 处，检查支路电流是否满足 KCL。

$$-I_1+7-3-I_2=-3+7-3-1=0$$

故答案正确。

由此例可归纳出节点电位法的解题步骤如下。

① 选取零电位参考点。

② 根据列写节点电位方程的一般法则列节点方程。

③ 解方程组。

④ 设各支路电流的参考方向。

⑤ 根据节点电压与各支路电流的关系求各支路电流。

⑥ 验证，选用任一节点验证 $\sum I=0$。

例 2.2.4　用节点法重解例 2.2.1，重画电路如图 2.2.7，求 I_1、I_2、I_3。

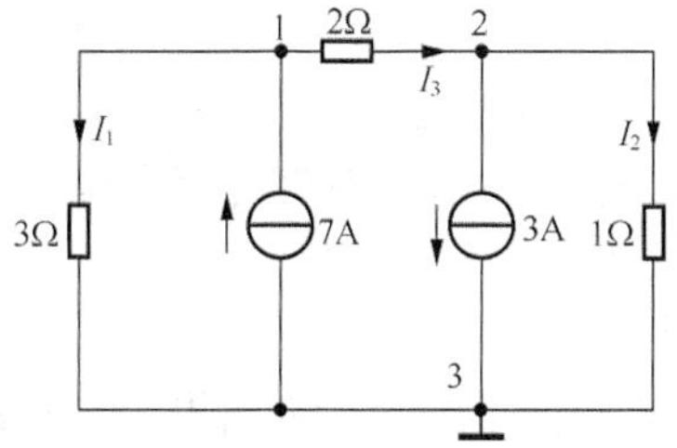

图 2.2.6　例 2.2.3 电路

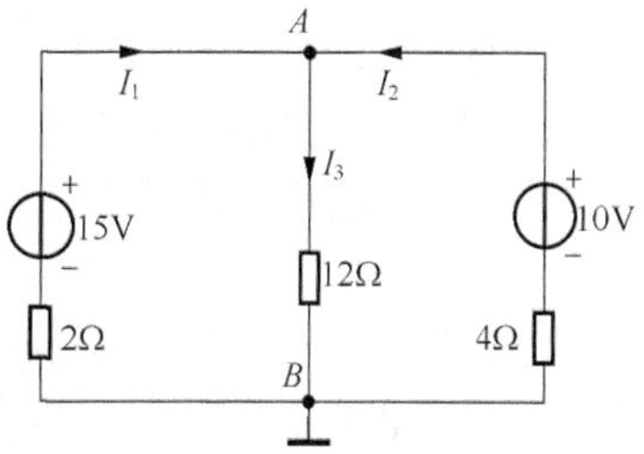

图 2.2.7　例 2.2.4 图

解：如图以 B 为零电位参考点，列节点方程

$$\left(\frac{1}{2}+\frac{1}{12}+\frac{1}{4}\right)U_\text{A}=\frac{15}{2}+\frac{10}{4}$$

解之得：U_A=12V

根据各支路的伏安关系得各支路电流。

$$I_1=\frac{15-U_\text{A}}{2}=1.5\text{A}\qquad I_2=\frac{10-U_\text{A}}{4}=-0.5\text{A}$$

$$I_3=\frac{U_\text{A}}{12}=1\text{A}$$

结果同前例。

（4）网孔电流法与节点电位法的比较

网孔法和节点法都是分析复杂电路的常用的方法。当电路的独立节点数少于网孔数时，用节点法比较方便。不过也应看到，在用节点法时，首先要求出电导，然后再求出电位，最后还需根据支路的伏安关系求出各支路电流，其计算步骤比网孔法要多。因此，只有当独立节点数比网孔数少得多时，才能显示出节点法的优越性。网孔法只适用于平面网络，而节点法则不受此限制；节点法便于编制程序，在用计算机辅助分析大型网络时，应用十分普遍。

任务3 线性电路常用的两个基本定理

【问题引入】当求解对象是某个元件上的电压或电流时，如果还采用任务 2 中的一般分析法，通过方程组计算出每个元件上的电流或电压，岂不是“小题大做”！这时我们常用的方法就是将复杂电路转换为一个（或多个）简单的电路来进行分析，这种间接分析法的理论依据就是线性电路的基本定理，本任务中我们来学习常用的两个基本定理。

【本任务要求】

1. 识记：最大功率传输条件。
2. 领会：叠加定理、戴维南定理的适用场合、分析方法、解题步骤。
3. 应用：运用叠加定理和戴维南定理计算电路中的电流、电压。

1. 叠加定理

（1）叠加定理的内容

在一个多电源作用的线性电路中，任一支路中的响应（电流或电压）是电路中各个独立源单独作用时在该支路所产生的响应（电流或电压）的代数和。

（2）关于叠加定理的几点说明

① 只适用于线性电路。

② 叠加定理只能用于计算电流或电压，不能用于计算功率，因为功率是电流或电压的二次函数。

③ 只有独立源能单独作用，受控源不能单独作用。

④ 当某个独立源单独作用时，其余独立源作零值处理：保留内阻，将理想电压源用短路线代替，理想电流源用开路代替。受控源都要保留在电路中，若控制量为零，则受控源也作零值处理。

⑤ 总响应是各个分响应的代数和：当分响应与总响应的参考方向一致时，分响应取正号；当分响应与总响应的参考方向相反时，分响应取负号。

（3）叠加定理的应用举例

例 2.3.1 电路如图 2.3.1（a）所示，应用叠加定理求电流 I。

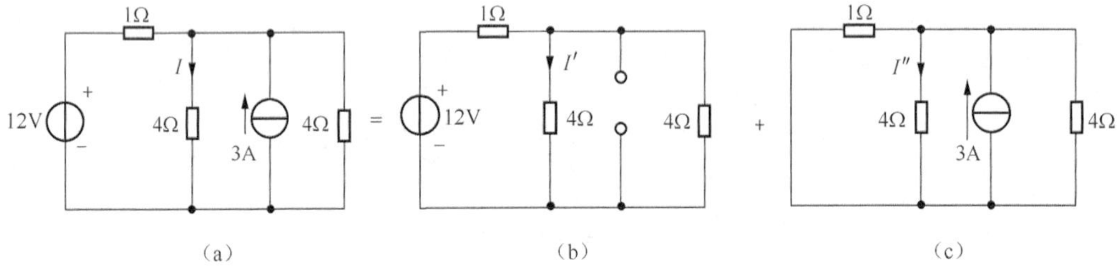

图 2.3.1 例 2.3.1 图

解：根据叠加定理，先分别求出电压源、电流源单独作用时产生的电流分量，最后再叠加得到总电流。

① 电压源单独作用时应将电流源开路，如图 2.3.1（b）所示，I' 为

$$I' = \frac{12}{1+\dfrac{4\times 4}{4+4}} \times \frac{4}{4+4} = 2\text{A}$$

② 电流源单独作用时应将电压源短路，如图 2.3.1（c）所示，采用电导形式的分流公式I''为

$$I''=3\times\frac{\frac{1}{4}}{\frac{1}{4}+\frac{1}{4}+1}=0.5\text{A}$$

总电流为

$$I=I'+I''=\left(2+0.5\right)\text{A}=2.5\text{A}$$

例 2.3.2　试用叠加定理求图 2.3.2（a）所示电路中的 U_0。

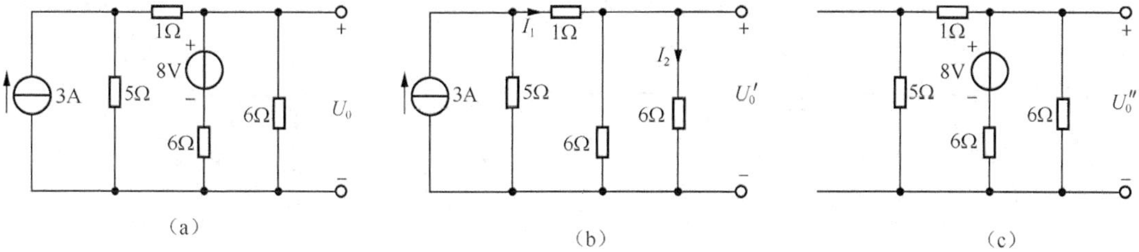

图 2.3.2　例 2.3.2 图

解：根据叠加定理，可将复杂电路图 2.3.2（a）分解成电流源 3A 单独作用的图 2.3.2（b）（电压源短路）和电压源 8V 单独作用的图 2.3.2（c）（电流源开路）。而图 2.3.2（b）和图 2.3.2（c）是简单电路，进而求得待求响应。

① 当 3A 电流源单独作用时，分电路如图 2.3.2（b）所示。

$$I_1=3\times\frac{5}{5+(1+\frac{6\times 6}{6+6})}=\frac{5}{3}\text{A}$$

$$I_2=\frac{6}{6+6}\times I_1=\frac{5}{6}\text{A}$$

$$U_0^{'}=6I_2=6\times\frac{5}{6}=5\text{V}$$

② 当 8V 电压源单独作用时，分电路如图 2.3.2（c）所示。

$$U_0^{''}=\frac{\frac{6\times 6}{6+6}}{6+\frac{6\times 6}{6+6}}\times 8=\frac{3}{6+3}\times 8=\frac{8}{3}\text{V}$$

③ 叠加可求得总响应 U_0。

$$U_0=U_0^{'}+U_0^{''}=5+\frac{8}{3}=\frac{23}{3}\text{V}$$

2．戴维南定理

戴维南定理是求取任一复杂含源二端网络的最简电路的一个普遍适用的方法，它为求解

某一支路的电流或电压问题提供了便捷的方法，在电路分析中的应用十分广泛。

（1）戴维南定理的内容

任何一个线性含源二端网络，对外电路而言，都可以用一个实际电压源电路等效替代。其中该电压源的源电压等于含源二端网络的开路电压 U_{oc}，串联的内阻等于含源二端网络变换成相应的无源二端网络后的等效电阻 R_0。

戴维南定理的内容还可用图 2.3.3 表示。

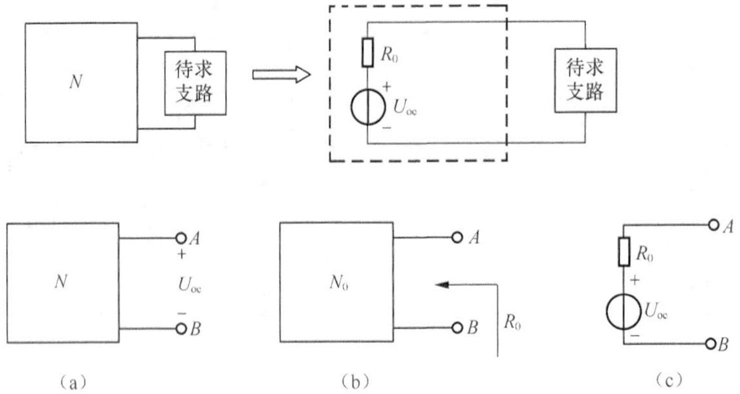

图 2.3.3 戴维南定理

图中：N 表示含源二端网络，N_0 表示 N 中所有独立源为零（电压源短路，电流源开路）后所得到的无源二端网络。待求支路表示外电路，它可为无源或有源的支路，或为任意的二端电路。

由戴维南定理所得的电压源等效电路称为戴维南等效电路，如图 2.3.3（c）所示。

（2）戴维南定理的应用

戴维南定理主要应用于两个方面：一是求电路中某一条支路上的电压或电流；二是确定负载在什么条件下可以获得最大功率及最大功率是多少。

下面通过例题说明戴维南定理的应用，同时通过例题归纳出应用戴维南定理解题的步骤。

例 2.3.3 用戴维南定理求图 2.3.4（a）电路中流过 R_L 的电流 I。

根据戴维南定理，电路中除电阻 R_L 以外的其余部分（虚线框）所构成的有源二端网络，可以用一个电压源 U_{oc} 和电阻 R_0 相串联的等效支路代替。

解：第一步，断开待求支路 ab，使图 2.3.4（a）变成一个以 a、b 为输出端的含源二端网络，如图 2.3.4（b）所示。

第二步，在图 2.3.4（b）中求 a、b 两点间的开路电压 U_{oc}。

$$U_{oc}=12\times\frac{12}{12+4}+6=15\text{V}$$

第三步，将图 2.3.4（b）中所有独立源作零值处理（电压源短路），使之变成相应的无源二端网络，如图 2.3.4（c）所示。在图 2.3.4（c）中求 a、b 端的等效电阻 R_0。

$$R_0=R_{ab}=12+\frac{4\times12}{4+12}=15\Omega$$

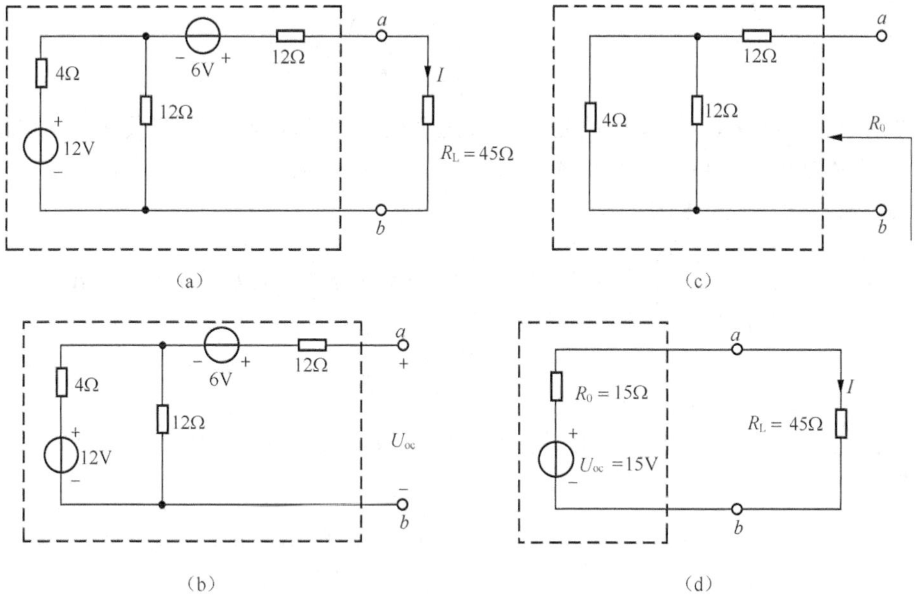

图 2.3.4　例 2.3.3 电路

第四步，由第二步和第三步求得的 U_{oc} 和 R_0 作出戴维南等效电路（注意 U_{oc} 的极性：a 端为“+”），且连接待求支路 ab，如图 2.3.4（d）所示。在图 2.3.4 （d）这个简单电路中求响应 I。

$$I = \frac{U_{oc}}{R_0 + R_L} = \frac{15}{15+45} = 0.25\text{A}$$

电阻 R_L 的大小若有变动，流过 R_L 的电流仍能很方便地求出。

由上例可归纳出用戴维南定理解题的步骤为：四步三图。

（3）最大功率传输条件

在通信网络中前后级间信号的传输，无论多么复杂，都是通过两个引出端子与后级（设备）相连，因此，前级对后级而言就是一个线性有源二端网络，总可以用一个实际电压源模型来等效。

在许多实际应用场合下，电路是用来对负载提供功率的。在通信、测量、电子和信息工程的电子设备设计中，常常遇到电阻负载如何从电路中获得最大功率的问题。这类问题可以抽象为如图 2.3.5 所示的电路模型来分析。

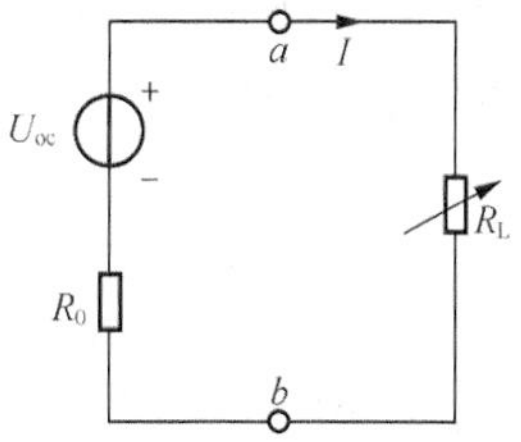

图 2.3.5　最大功率传输

假设电路的负载 R_L 是可调的，除负载以外的整个电路的戴维南等效电路如图 2.3.5 所示，则**最大功率传输条件是：当 R_L=R_0 时，负载上得到的功率最大，最大功率为**

$$P_{max} = \left(\frac{U_{oc}}{R_0 + R_L}\right)^2 R_L = \frac{U_{oc}^2}{4R_0} \tag{2.3.1}$$

推导证明过程如下。

在图 2.3.5 中，传递到负载的功率为

$$P = I^2 R_L = \left(\frac{U_{oc}}{R_0 + R_L}\right)^2 R_L \tag{2.3.2}$$

若电路给定，则 U_{oc} 和 R_0 是给定的。改变负载电阻 R_L，则传递到负载的功率也随之变化，由 P 的数学表达式可知，其功率 P 必存在最大值。运用数学中的求极值方法可知，欲求 P 的最大值，应满足 $dP/dR_L=0$，即

$$\frac{dP}{dR_L} = \frac{d}{dR_L}\left[\left(\frac{U_{oc}}{R_0 + R_L}\right)^2 R_L\right] = \frac{U_{oc}^2}{(R_0 + R_L)^4}\left[(R_0 + R_L)^2 - 2(R_0 + R_L)R_L\right] = 0 \text{ 故}$$

$$(R_0 + R_L)^2 - 2(R_0 + R_L)R_L = 0 \tag{2.3.3}$$

解得 $R_L=R_0$。即当 $R_L=R_0$ 时，负载上得到的功率最大。将 $R_L=R_0$ 代入式（2.3.2）即可得最大功率为

$$P_{max} = \left(\frac{U_{oc}}{R_0 + R_L}\right)^2 R_L = \frac{U_{oc}^2}{4R_0}$$

当满足 $R_L=R_0$ 条件时，称为最大功率匹配。

例 2.3.4 在图 2.3.6（a）中，R_L 为多大时，它可以获得最大功率?这个最大功率的值是多少。

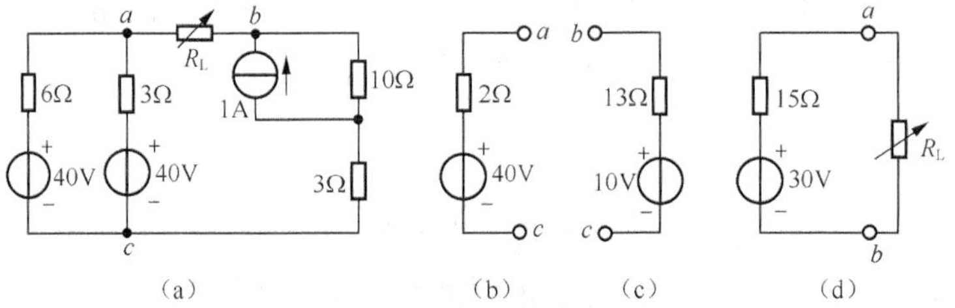

图 2.3.6 例 2.3.4 图

解：先求 ac 左半部含源二端网络的戴维南等效电路，如图 2.3.6（b）所示（计算过程省略）；再求 bc 右半部分含源二端网络的戴维南等效电路，如图 2.3.6（c）所示（过程略）；将图 2.3.6（b）与图 2.3.6（c）联接后，求以 ab 为输出端的含源二端网络的戴维南等效电路，如图 2.3.6（d）所示，且与 R_L 相接。由图 2.3.6（d）可知，当 $R_L=R_0=15\,\Omega$ 时，R_L 可获得最大功率 P_{max}，其值为

$$P_{max} = \frac{U_{oc}^2}{4R_0} = \frac{30^2}{4\times 15} = 15\text{W}$$

过关训练

2.1 计算习题 2.1 图中的等效电阻 R_{ab}。

2.2 求习题 2.2 图中的电压 U_1 和 U_2。

2.3 求习题 2.3 图中各二端网络的等效网络。

2.4 求习题 2.4 图所示电路中的 U 或 I。

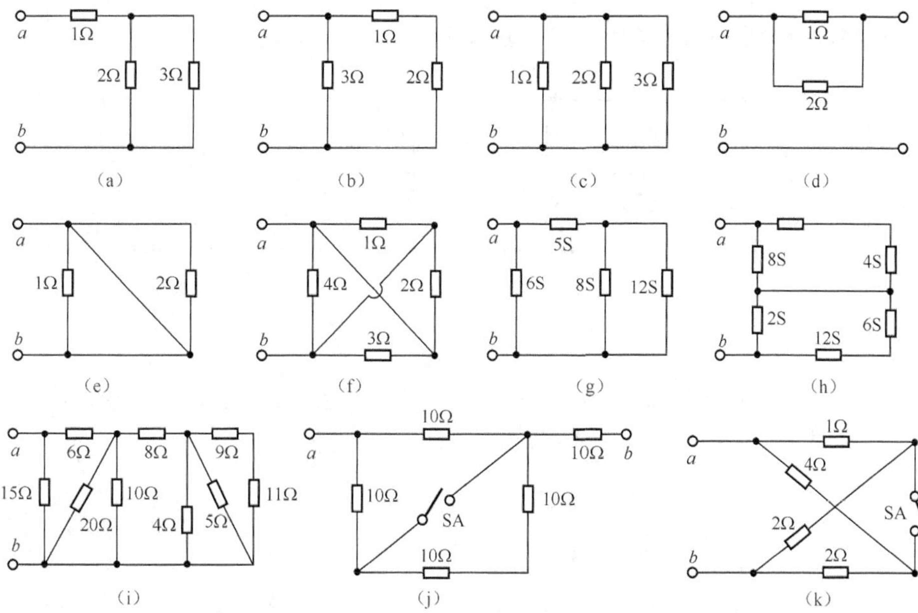

习题 2.1 图

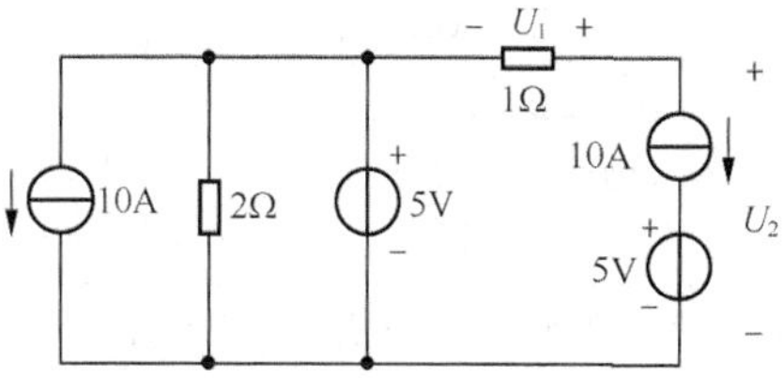

习题 2.2 图

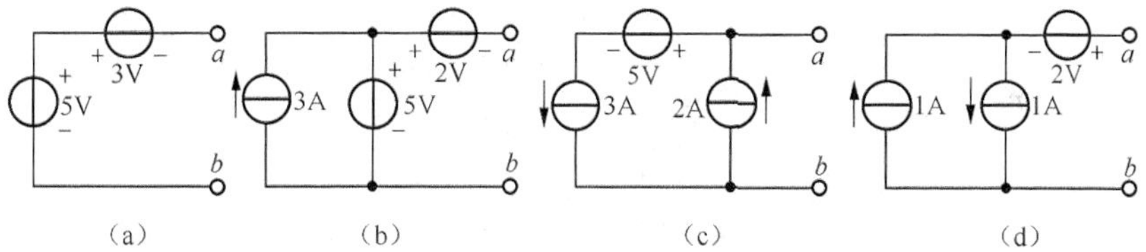

习题 2.3 图

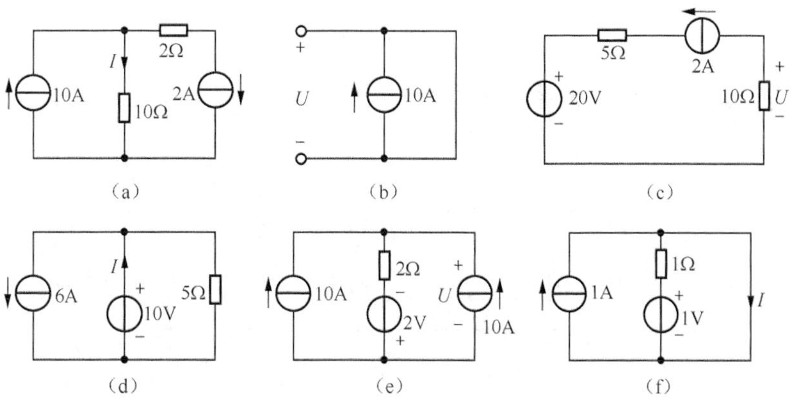

习题 2.4 图

2.5　试将习题 2.5 图化简为一个实际电压源。

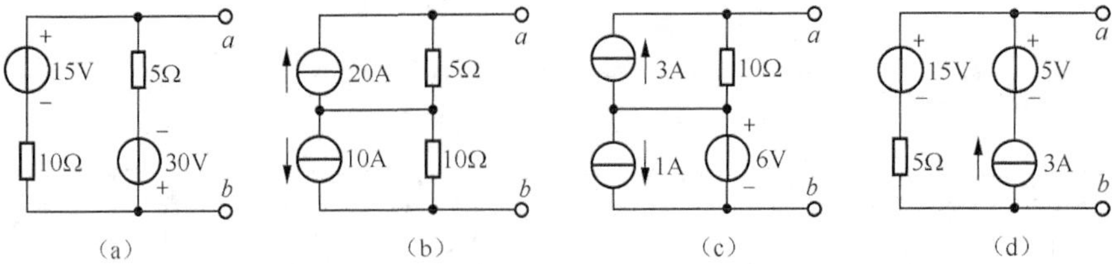

习题 2.5 图

2.6　用电压源与电流源等效转换的方法，计算习题 2.6 图中 2Ω电阻上的电流 I。

2.7　在习题 2.7 图中，求开关 SA 断开后的 U_{ab} 和 U_{cd}。

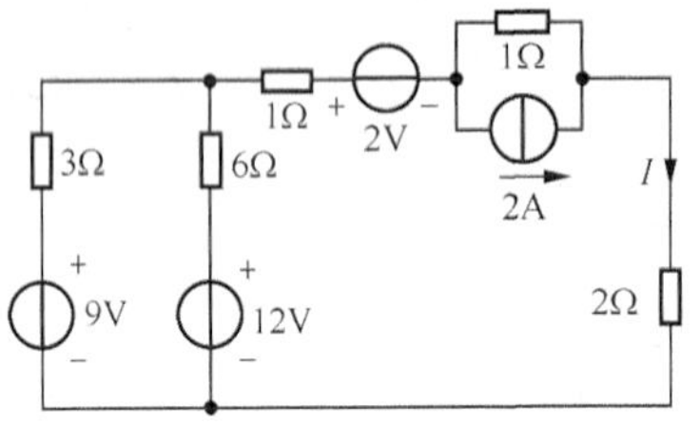

习题 2.6 图

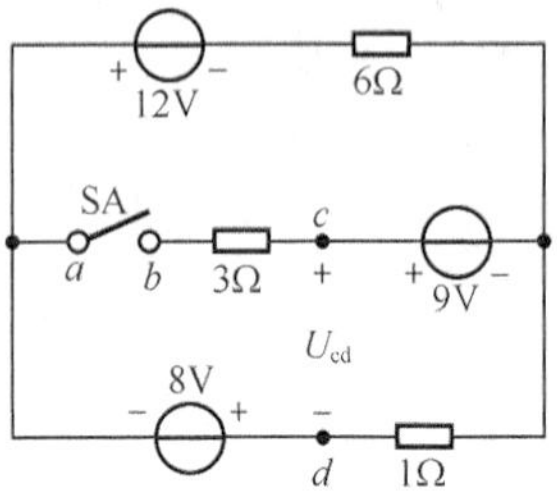

习题 2.7 图

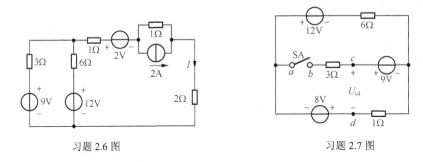

2.8　求习题 2.8 图所示的 3 个网孔的电流 I_1、I_2 和 I_3。

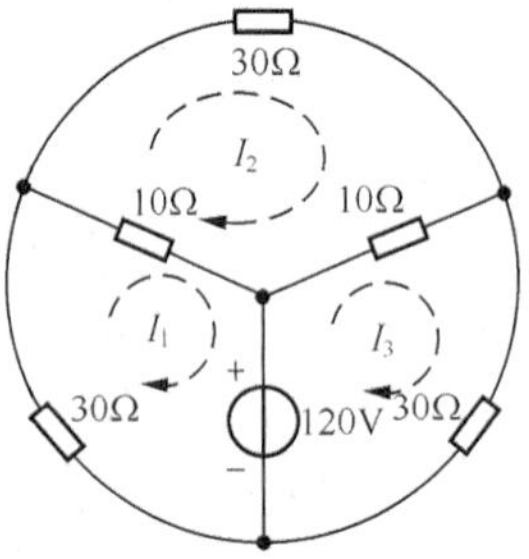

习题 2.8 图

2.9　试用节点法求习题 2.9 图中各电路的支路电流。

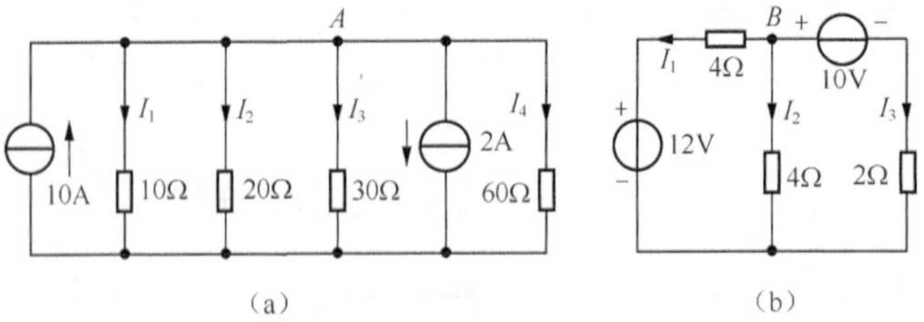

习题 2.9 图

2.10　用节点法求习题 2.10 图中的 U_0 和 I_0。

2.11　在习题 2.11 图所示的电路中，试用节点法求各支路电流。

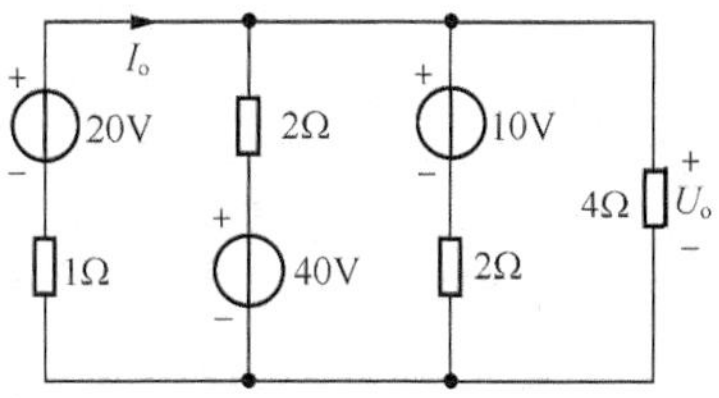

习题 2.10 图

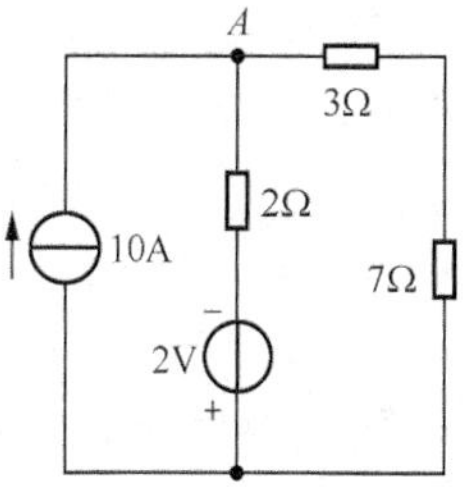

习题 2.11 图

2.12　电路如习题 2.12 图所示，试用叠加定理求支路电流 I。

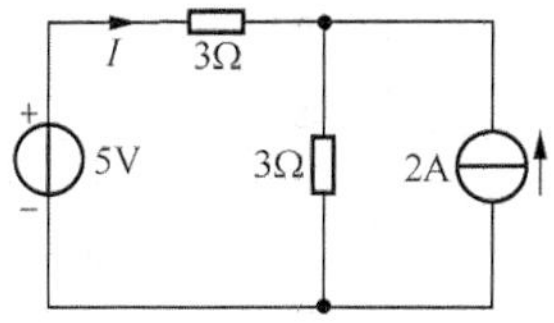

习题 2.12 图

2.13　求习题 2.13 图所示各含源二端网络的戴维南等效电路。

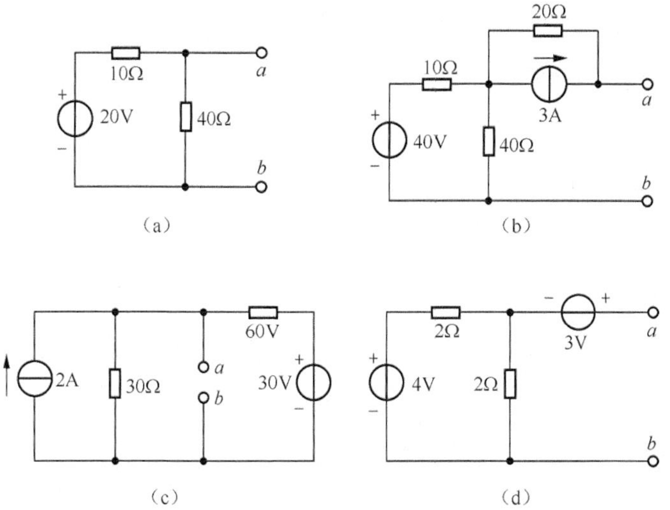

习题 2.13 图

2.14　在习题 2.14 图所示电路中，R 是可变的。

（1）问电流 I 可能的最大值及最小值各为多少？

（2）R 为何值时，R 上的功率为最大?最大功率为多少?

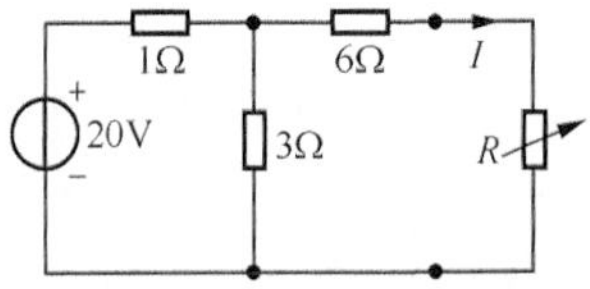

习题 2.14 图

2.15　试用戴维南定理求习题 2.15 图所示电路中的电流 I。

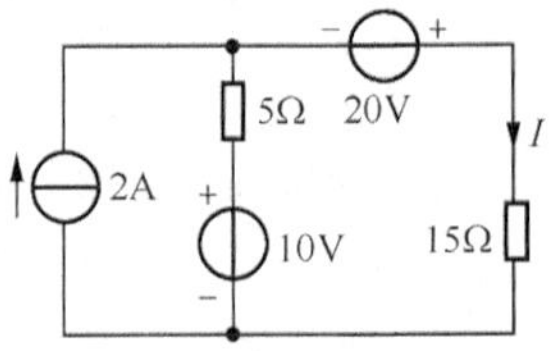

习题 2.15 图

模块 3

正弦稳态电路分析

【本模块问题引入】直流电路中，电压和电流的大小和方向是不随时间变化的，但在许多电路中，电压、电流是随时间变化的，其中最普遍的一种是随时间按正弦规律变化的电压和电流，即正弦电压和正弦电流（统称为正弦交流电）。如何用合适的参数和形式来描述变化的正弦交流电？用什么方法来分析正弦稳态电路？与直流电路相比，正弦稳态电路中又会有哪些特别的现象和性质呢？在本模块中，我们将给出上述问题的答案。

【本模块内容简介】本模块共分 6 个任务，包括正弦信号的相量表示、电路定律的相量形式、阻抗和导纳、正弦稳态电路的分析、正弦稳态电路的功率、谐振电路。

【本模块重点难点】重点掌握正弦交流信号的三要素、基本元件与电路定理的相量形式、正弦稳态电路的相量分析法；难点是正弦交流信号与相量的对应关系、正弦稳态电路的功率分析、谐振电路。

任务 1　正弦信号的相量表示

【问题引入】正弦信号是按正弦规律变化的电流信号或电压信号，全面客观地描述一个正弦信号需要哪些要素？有哪些描述方式？哪种方式更适合用于电路分析？怎么表达正弦信号的运算？这些都是我们进行正弦稳态电路分析的基础，也是我们在本任务中要学习的内容。

【本任务要求】

1. 识记：正弦交流信号的三要素、有效值、相位差。
2. 领会：正弦稳态信号的涵义。
3. 应用：给定正弦波后能写出它的函数表达式，给定正弦函数表达式后能绘出它的波形图；能根据波形图或函数表达式确定两个同频率正弦波的相位关系；掌握正弦交流信号与相量的对应关系；能对相量形式的正弦信号进行加减、微分、积分运算。

1. 正弦信号的表示方法和特征量

正弦电压、正弦电流通常统称为正弦信号，对正弦信号的数学描述，可以用 sin 函数，也可以用 cos 函数，本书采用 cos 函数。

图 3.1.1 表示一段电路中有正弦电流 i，在图示参考方向下，其数学表达式定义如下。

$$i = I_m \cos(\omega t + \psi_i)$$

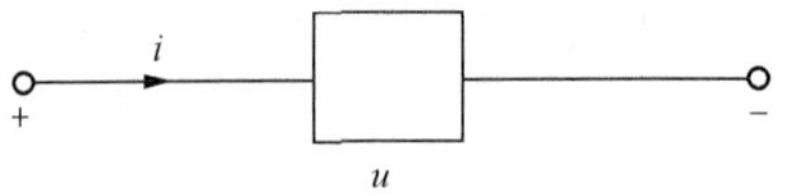

图 3.1.1　一段正弦电流电路

式中 3 个常数 I_m、ω 和 ψ_i 称为正弦量的三要素。

正弦量随时间变化的图形称为正弦波。图 3.1.2 是正弦电流 i 的波形表示（$\psi_i>0$）。横轴可以用时间 t（s）表示，也可以用 $\omega t(rad)$ 表示。

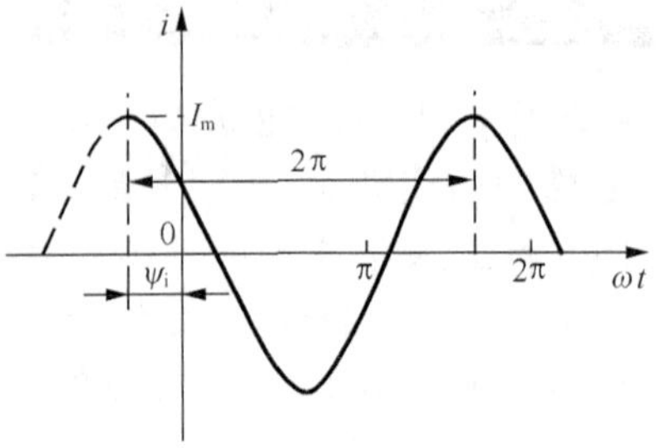

图 3.1.2　正弦信号 i 波形图（$\psi_i>0$）

（1）正弦量的三要素

① 振幅

I_m 称为正弦量的振幅。正弦量是一个等幅振荡的、正负交替变化的周期函数，振幅是正弦量在整个振荡过程中达到的最大值，即 $\cos(\omega t+\psi_i)=1$ 时，有

$$i_{max}=I_m$$

这也是正弦量的最大值。当 $\cos(\omega t+\psi_i)=-1$ 时，将有最小值 $i_{min}=-I_m$。

② 角频率

随时间变化的角度 $(\omega t+\psi_i)$ 称为正弦量的相位。ω 称为正弦量的角频率，它是正弦量的相位随时间变化的角速度，即

$$\omega=\frac{d}{dt}(\omega t+\psi_i)$$

单位为 rad/s。它与正弦量的周期 T 和频率 f 之间的关系为

$$\omega T=2\pi,\quad \omega=2\pi f,\quad f=1/T$$

频率 f 的单位为 Hz（赫兹，简称赫）。我国工业用电的频率为 50Hz。

③ 初相

ψ_i 是正弦量在 $t=0$ 时刻的相位，称为正弦量的初相，即

$$\psi_i=(\omega t+\psi_i)\big|_{t=0}$$

初相的单位用弧度或度表示，通常在主值范围内取值，即 $|\psi_i|\leqslant 180°$。初相与计时零点的确定有关，对任一正弦量，初相是允许任意指定的，但对于一个电路中的许多相关的正弦量，它们只能相对于一个共同的计时零点确定各自的相位。

正弦量的三要素是正弦量之间进行比较和区分的依据。

（2）有效值

周期性电流、电压的瞬时值都随时间而变，为了确切地衡量其大小，在工程实际上，常采用一个称为“有效值”的量。振幅 $I_{\rm m}$ 与有效值 I 的关系为

$$I_{\rm m}=\sqrt{2}I=1.414I \tag{3.1.1}$$

下面以电流为例说明有效值的意义。

设有两个相同的电阻 R，分别通过直流电流 I 和周期电流 i，如果在周期电流的一个周期（或其任意整数倍）的时间内，这两个电阻 R 所消耗的电能相等，也就是说，就平均作功能力来说，这两个电流是等效的，则该直流电流 I 的数值就称为周期电流 i 的有效值。

当周期电流 i 流过电阻 R 时，该电阻在一个周期内所消耗的电能为

$$W_1=\int_0^T i^2R{\rm d}t=R\int_0^T i^2{\rm d}t$$

当直流电流 I 流过电阻 R 时，在相同的时间 T 内所消耗的电能为

$$W_2=I^2RT$$

如果令 $W_1=W_2$，就可以得到周期电流 i 的有效值的定义式，即

$$I^2RT=R\int_0^T i^2{\rm d}t$$

或

$$I=\sqrt{\frac{1}{T}\int_0^T i^2{\rm d}t} \tag{3.1.2}$$

由式（3.1.2）所示的有效值定义可知：周期电流的有效值等于它的瞬时值的平方在一个周期内的平均值再取平方根，因此，有效值又称为均方根值。

类似地，可得周期电压 u 的有效值

$$U=\sqrt{\frac{1}{T}\int_0^T u^2{\rm d}t}$$

当周期量为正弦电流时，将 $i=I_{\rm m}\cos(\omega t+\psi_{\rm i})$ 代入式（3.1.2）得

$$I=\sqrt{\frac{1}{T}\int_0^T I_{\rm m}^2\cos^2(\omega t+\psi_{\rm i}){\rm d}t}$$

$$=\frac{I_{\rm m}}{\sqrt{2}}=0.707I_{\rm m}$$

或

$$I_{\rm m}=\sqrt{2}I=1.414I$$

同样地，可求得正弦电压的有效值为

$$U=\frac{U_{\rm m}}{\sqrt{2}}=0.707U_{\rm m} \tag{3.1.3}$$

在引入有效值的概念后，正弦电流、电压的瞬时值的表示式可写为

$$i=\sqrt{2}I\cos\left(\omega t+\psi_{\mathrm{i}}\right)$$

$$u=\sqrt{2}U\cos\left(\omega t+\psi_{\mathrm{u}}\right)$$

一般所说的正弦电压、电流的大小都是指有效值，例如日常生活中用的交流电为220V，指的就是有效值。交流测量仪表所指示的读数、交流电气设备的额定值也都是指有效值。

（3）相位差

电路中还经常引用“相位差”的概念来描述两个同频正弦量之间的相位关系。

例如，设两个同频正弦电流 i_1 、电压 u_2 分别为

$$i_1=\sqrt{2}I_1\cos\left(\omega t+\psi_{\mathrm{i1}}\right)$$

$$u_2=\sqrt{2}U_2\cos\left(\omega t+\psi_{\mathrm{u2}}\right)$$

两个同频正弦量的相位差等于它们相位相减的结果。设 φ_{12} 表示电流 i_1 与电压 u_2 之间的相位差，则有

$$\varphi_{12}=\left(\omega t+\psi_{\mathrm{i1}}\right)-\left(\omega t+\psi_{\mathrm{u2}}\right)=\psi_{\mathrm{i1}}-\psi_{\mathrm{u2}}$$

相位差也是在主值范围（ $-\pi\sim+\pi$ ）内取值。上述结果表明：同频正弦量的相位差等于它们的初相之差，为一个与时间无关的常数。电路常采用“超前”和“滞后”来说明两个同频正弦量相位比较的结果。

当 $\varphi_{12}>0$，称 i_1 超前 u_2； $\varphi_{12}<0$，称 i_1 滞后 u_2； $\varphi_{12}=0$，称 i_1 和 u_2 同相；当 $\left|\varphi_{12}\right|=\pi/2$，称 i_1 与 u_2 相位正交；当 $\left|\varphi_{12}\right|=\pi$，称 i_1、 u_2 反相。

相位差可以通过观察波形确定，如图 3.1.3 所示。在同一周期内两个波形的最大（小）值之间的角度值（≤180°），即为两者的相位差，先到达极值点的为超前波。图中所示为 i_1 滞后 u_2。相位差与计时零点的选取、变动无关。

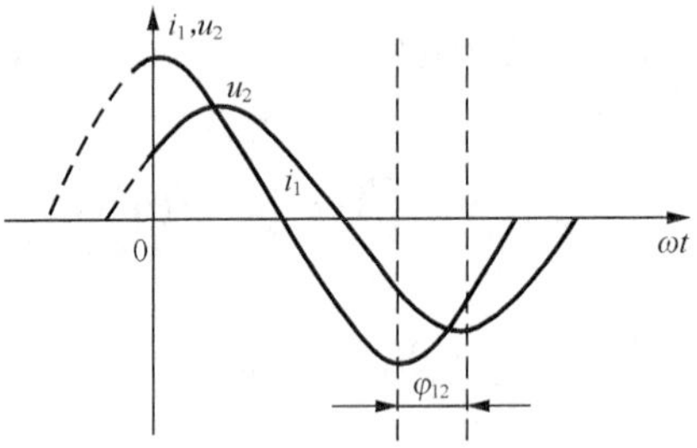

图 3.1.3　同频正弦量的相位差

2．正弦信号的相量表示法

由欧拉公式 $\mathrm{e}^{\mathrm{j}\theta}=\cos\theta+\mathrm{j}\sin\theta$ 可知，正弦信号，例如正弦电流 $i=I_{\mathrm{m}}\cos\left(\omega t+\psi_{\mathrm{i}}\right)$ 可以用 $I_{\mathrm{m}}\mathrm{e}^{\mathrm{j}(\omega t+\psi_{\mathrm{i}})}$ 取实部表示，即

$$I_m \cos(\omega t+\psi_i)=\mathrm{Re}\left[I_m e^{j(\omega t+\psi_i)}\right]=\mathrm{Re}\left[I_m e^{j\psi_i} e^{j\omega t}\right] \tag{3.1.4}$$

式（3.1.4）把一个实数范围的正弦信号与一个复数范围的复指数对应起来了，而其复常指数部分 $I_m e^{j\psi_i}$ 则把正弦信号的振幅和初相结合起来用一个复数表示。我们把这个复常指数称为正弦信号的振幅值相量，并记作

$$\dot{I}_m = I_m e^{j\psi_i} = I_m \angle \psi_i \tag{3.1.5}$$

正弦信号 i 也可以用有效值相量 $\dot{I}$ 来表示，即

$$\dot{I} = I e^{j\psi_i} = I\angle\psi_i = \frac{I_m}{\sqrt{2}}\angle\psi_i \tag{3.1.6}$$

这种对应关系可以表示为

$$i(t)=I_m\cos(\omega t+\psi_i)\leftrightarrow \dot{I}_m = I_m\angle\psi_i \quad（或\ \dot{I}=I\angle\psi_i）$$

$\dot{I}_m$ 顶上加的小圆点是用来与普通复数相区别的记号，目的在于强调相量 $\dot{I}_m$ 与正弦信号间的对应关系，即用相量可以表示一个正弦信号，但两者并不相等，只有式（3.1.4）成立，但在运算过程中，$\dot{I}_m$ 却与一般的复数无任何区别。相量和复数一样，也可以在复平面上表示，我们把这种表示相量的图称为相量图。

式（3.1.4）中复指数的另一部分 $e^{j\omega t}$，是一个模值为 1、随时间 t 的增加以角速度 ω 逆时针旋转的因子，在复平面上为一个单位圆。而复指数 $I_m e^{j\psi_i} e^{j\omega t} = \dot{I}_m e^{j\omega t}$ 称为旋转相量。用旋转相量的概念可以清楚地说明式（3.1.4）的几何意义，即正弦信号在任一时刻的瞬时值，等于其对应的旋转相量同一时刻在实轴上的投影，如图 3.1.4 所示。

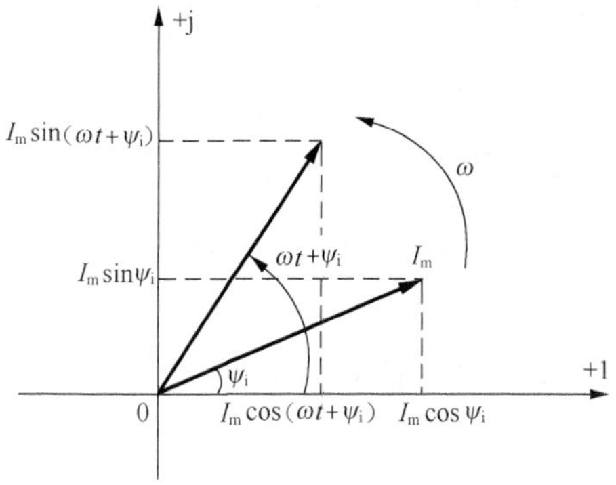

图 3.1.4　旋转相量

3．正弦信号的运算

正弦量乘以常数，同频正弦量的代数和、正弦量的微分、积分等运算，其结果仍为一个同频率的正弦量。下面将这些运算转换为相对应的相量运算。

（1）同频正弦量的代数和

如设 $i_1=\sqrt{2}I_1\cos(\omega t+\psi_1)$，$i_2=\sqrt{2}I_2\cos(\omega t+\psi_2)$，**…，这些正弦量的和为正弦量 i，即** $i=i_1+i_2+\cdots$，**则其对应的相量运算为** $\dot{I}=\dot{I}_1+\dot{I}_2+\cdots$

（2）正弦量的微分

如果 $i \leftrightarrow \dot{I} = I\angle\psi_{\mathrm{i}}$， 则 $\dfrac{\mathrm{d}i}{\mathrm{d}t} \leftrightarrow \mathrm{j}\omega\dot{I} = \omega I\angle(\psi_{\mathrm{i}} + \dfrac{\pi}{2})$

即正弦量 i 的微分是一个同频正弦量，其相量等于原正弦量 i 的相量 $\dot{I}$ 乘以 $\mathrm{j}\omega$，此相量的模为 ωI，辐角则超前 $\pi/2$。

证明：设正弦电流 $i = \sqrt{2}I\cos(\omega t + \psi_{\mathrm{i}})$，对 i 求导，有

$$\frac{\mathrm{d}i}{\mathrm{d}t} = \frac{\mathrm{d}\sqrt{2}I\cos(\omega t + \psi_{\mathrm{i}})}{\mathrm{d}t} = \sqrt{2}\omega I\cos(\omega t + \psi_{\mathrm{i}} + \pi/2)$$

对 i 的高阶导数 $\mathrm{d}^n i/\mathrm{d}t^n$，其相量为 $(\mathrm{j}\omega)^n\dot{I}$。

（3）正弦量的积分

如果 $i \leftrightarrow \dot{I} = I\angle\psi_{\mathrm{i}}$， 则 $\int i\mathrm{d}t \leftrightarrow \dfrac{\dot{I}}{\mathrm{j}\omega} = \dfrac{I}{\omega}\angle(\psi_{\mathrm{i}} - \dfrac{\pi}{2})$

即正弦量 i 的积分结果为同频率正弦量，其相量等于原正弦量 i 的相量 $\dot{I}$ 除以 $\mathrm{j}\omega$，其模为 I/ω，其辐角滞后 $\pi/2$。

证明：设 $i = \sqrt{2}I\cos(\omega t + \psi_{\mathrm{i}})$，则

$$\int i\mathrm{d}t = \int\sqrt{2}I\cos(\omega t + \psi_{\mathrm{i}})\mathrm{d}t = \sqrt{2}\frac{I}{\omega}\cos(\omega t + \psi_{\mathrm{i}} - \frac{\pi}{2})$$

对 i 的 n 重积分，其对应的相量为 $\dot{I}/(\mathrm{j}\omega)^n$。

例 3.1.1 已知两个同频正弦电流分别为 $i_1 = 10\sqrt{2}\cos(314t + \pi/3)\mathrm{A}$， $i_2 = 22\sqrt{2}\cos$（$314t - 5\pi/6$）A。求：（1） $i_1 + i_2$；（2） $\mathrm{d}i_1/\mathrm{d}t$；（3） $\int i_2\mathrm{d}t$。

解：（1）先将正弦电流信号 i_1 和 i_2 分别用相量表示。

$$i_1 = 10\sqrt{2}\cos(314t + \frac{\pi}{3}) \leftrightarrow \dot{I}_1 = 10\angle 60^{\circ}$$

$$i_2 = 22\sqrt{2}\cos(314t - \frac{5\pi}{6}) \leftrightarrow \dot{I}_2 = 22\angle -150^{\circ}$$

设 $i = i_1 + i_2 = \sqrt{2}I\cos(\omega t + \psi_{\mathrm{i}})$，其相量为 $\dot{I} = I\angle\psi_{\mathrm{i}}$，可得：

$$\begin{aligned}\dot{I} &= \dot{I}_1 + \dot{I}_2 = 10\angle 60^{\circ}\mathrm{A} + 22\angle -150^{\circ}\mathrm{A}\\ &= (5 + \mathrm{j}8.66)\mathrm{A} + (-19.05 - \mathrm{j}11)\mathrm{A}\\ &= (-14.05 - \mathrm{j}2.34)\mathrm{A} = 14.24\angle -170.54^{\circ}\mathrm{A}\end{aligned}$$

$$i = 14.24\sqrt{2}\cos(314t - 170.54^{\circ})\mathrm{A}$$

（2）$\frac{di_1}{dt}$可直接用时域形式求解。

$$\frac{di_1}{dt}=-10\sqrt{2}\times 314\sin(314t+60^\circ)$$

$$=3140\sqrt{2}\cos(314t+60^\circ+90^\circ)$$

也可以用相量求解，设 di_1/dt 的相量为 $K\angle\psi_K$，则有

$$K\angle\psi_K=j\omega\dot{I}_1=j314\times 10\angle 60^\circ=3140\angle(60^\circ+90^\circ)$$

即
$$\frac{di_1}{dt}=3140\sqrt{2}\cos(314t+60^\circ+90^\circ)$$

两者结果相同。

（3）$\int i_2 dt$ 的相量为

$$\frac{\dot{I}_2}{j\omega}=\frac{22\angle -150^\circ}{314\angle 90^\circ}=0.07\angle 120^\circ$$

即
$$\int i_2 dt=0.07\sqrt{2}\cos(314t+120^\circ)$$

任务 2　电路定律的相量形式

【问题引入】任务 1 中我们把正弦稳态电路中的信号（正弦电流、正弦电压）用相量形式表示，接下来我们必须把电路元件的特性也用相量表示，才能得到正弦稳态电路的相量模型，在分析相量模型时所应用的电路定律和定理也必须采用相量形式，那么用相量形式描述的基本元件是什么样的呢？电路定律和定理的相量形式又是什么样的呢？这就是我们在本任务中要解决的问题。

【本任务要求】

1. 识记：三种基本元件（R、L、C）伏安关系的相量形式、基尔霍夫定律的相量形式。
2. 领会：无源滤波电路的组成和作用。
3. 应用：将正弦稳态电路用相量模型表示。

1. 基尔霍夫定律的相量形式

正弦交流电路中的各支路电流和支路电压都是同频正弦量，所以可以用同频正弦量的代数和运算规则将 KCL 和 KVL 转换为相量形式。

对电路中任一节点，根据 KCL 有

$$\sum i=0$$

由于所有支路电流都是同频正弦量，故其相量形式为

$$\sum \dot{I} = 0$$

同理，对电路任一回路，根据 KVL 有

$$\sum u = 0$$

由于所有支路电压都是同频正弦量，故其相量形式为

$$\sum \dot{U} = 0$$

2．电路基本元件伏安关系的相量形式

（1）电阻元件

对于图 3.2.1（a）所示的电阻 R，当有正弦电流 i_R 通过时，电阻两端的电压 u_R 为

$$u_R = Ri_R \quad（或\ i_R = Gu_R，\ G = 1/R）$$

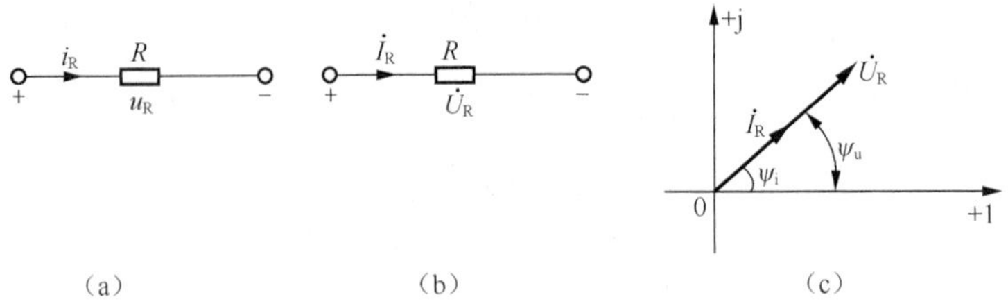

图 3.2.1　电阻中的正弦电流

u_R 和 i_R 为同频正弦量，其相量形式为

$$\dot{U}_R = R\dot{I}_R \quad（或\ \dot{I}_R = G\dot{U}_R） \tag{3.2.1}$$

所以，有效值关系为

$$U_R = RI_R \quad（或\ I_R = GU_R） \tag{3.2.2}$$

而 u_R 和 i_R 的相位差为零，即它们同相。图 3.2.1（b）是表示电阻 R 的相量形式的电路图；图 3.2.1（c）是电阻中正弦电流和电压的相量图。

（2）电感元件

当有正弦电流 i_L 通过图 3.2.2（a）所示电感 L 时，有

$$u_L = L\frac{\mathrm{d}i_L}{\mathrm{d}t}$$

其相量形式为

$$\dot{U}_L = \mathrm{j}\omega L\dot{I}_L \quad（或\ \dot{I}_L = \frac{\dot{U}_L}{\mathrm{j}\omega L} = -\mathrm{j}\frac{1}{\omega L}\dot{U}_L） \tag{3.2.3}$$

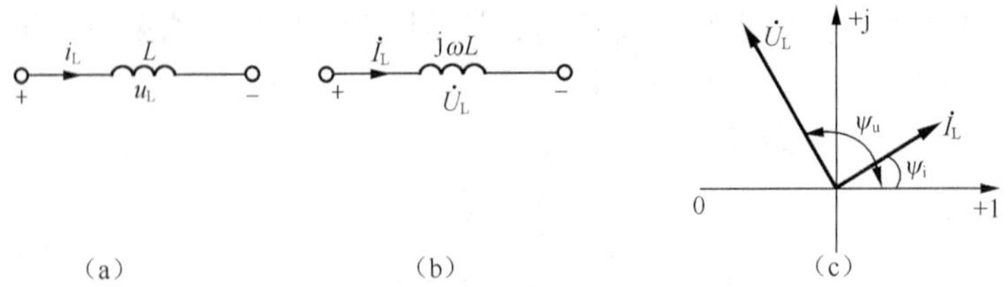

图 3.2.2　电感中的正弦电流

所以，有效值的关系为

$$U_{\rm L}=\omega LI_{\rm L}\ （或 I_{\rm L}=\frac{U_{\rm L}}{\omega L}）\tag{3.2.4}$$

而正弦电流 $i_{\rm L}$ 滞后正弦电压 $u_{\rm L}$ 的相位为 $\frac{\pi}{2}$。

图 3.2.2（b）是表示电感的相量形式的电路图，图 3.2.2（c）则为电感中正弦电压和电流的相量图。

式（3.2.4）中，$U_{\rm L}/I_{\rm L}=\omega L$，用 $X_{\rm L}$ 表示，即 $X_{\rm L}=\omega L$，称为电感的电抗，简称为感抗，单位为欧姆，体现的是电感元件阻止正弦电流通过的性质。感抗 $X_{\rm L}$ 与电阻 R 的不同之处是：$X_{\rm L}$ 是频率的函数。在 L 一定时，$X_{\rm L}$ 与 ω 成正比，当 $\omega=0$（直流）时，$X_{\rm L}=0$，说明电感 L 对直流相当于短路，失去了限流和分压的作用；当 ω 很大时，$X_{\rm L}$ 也很大，说明高频电流不容易通过。把 $X_{\rm L}$ 随频率变化的关系（$X_{\rm L}\sim\omega$）用图形描绘出来，称为感抗频率特性，如图 3.2.3 所示。

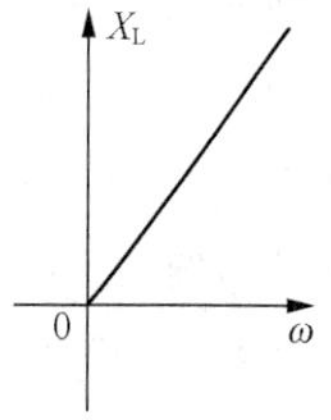

图 3.2.3　感抗频率特性

感抗的倒数称为感纳，即电感的电纳，用 $B_{\rm L}$ 表示，即 $B_{\rm L}=\frac{1}{X_{\rm L}}=\frac{1}{\omega L}=\frac{I_{\rm L}}{U_{\rm L}}$，单位也与电导一样，仍为西门子（S）。$B_{\rm L}$ 体现的是电感导通（或纳入）正弦电流的性质。

式（3.2.3）中，$\mathrm{j}\omega L=\mathrm{j}X_{\rm L}=\frac{\dot{U}_{\rm L}}{\dot{I}_{\rm L}}$ 是个复数，只不过只有虚部，称为复感抗，单位也是欧姆，它既表明了电感元件的电压与电流间的大小关系（$U_{\rm L}=X_{\rm L}I_{\rm L}$），又表明了相位关系（$\psi_{\rm u}=\psi_{\rm i}+\pi/2$），即 $\dot{U}_{\rm L}$ 恒超前 $\dot{I}_{\rm L}$ $\frac{\pi}{2}$ 弧度角。

（3）电容元件

当电容 C 上电压 $u_{\rm C}$ 为正弦量时，如图 3.2.4（a）所示，电容电流 $i_{\rm C}$ 为

$$i_{\rm C}=C\frac{{\rm d}u_{\rm C}}{{\rm d}t}$$

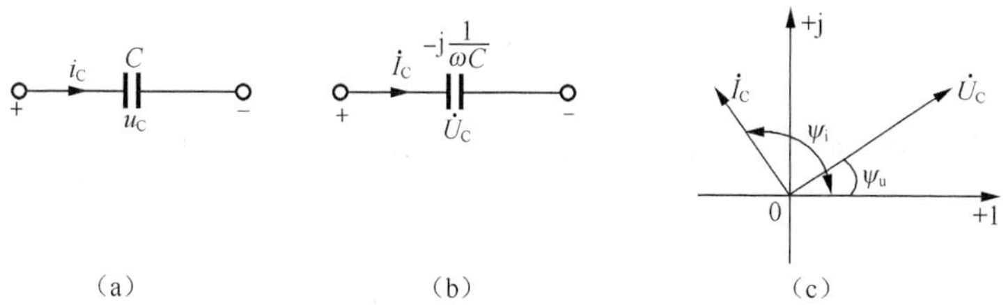

图 3.2.4　电容中的正弦电流

其相量形式为

$$\dot{I}_{\rm C}=\mathrm{j}\omega C\dot{U}_{\rm C}\ （或 \dot{U}_{\rm C}=-\mathrm{j}\frac{1}{\omega C}\dot{I}_{\rm C}）\tag{3.2.5}$$

所以，有效值的关系为

$$U_C = \frac{1}{\omega C} I_C \tag{3.2.6}$$

而电容电压 u_C 滞后其电流 i_C 的相位为 $\pi/2$。

图 3.2.4（b）是表示电容 C 的相量形式的电路图，图 3.2.4（c）则为电容电压和电流的相量图。

式（3.2.6）中，$\frac{U_C}{I_C} = \frac{1}{\omega C}$，用 X_C 表示，即 $X_C = \frac{1}{\omega C}$，称为电容的电抗，简称容抗，单位仍为欧姆，体现的是电容元件阻止正弦电流通过的性质。容抗 X_C 也是频率的函数，在电容量 C 为定值时，X_C 与 ω 成反比，当 $\omega = 0$（直流）时，$X_C = \infty$，说明电容元件对直流相当于开路，当 ω 很大时，X_C 很小，说明高频电流很容易通过电容元件。X_C 的频率特性如图 3.2.5 所示。

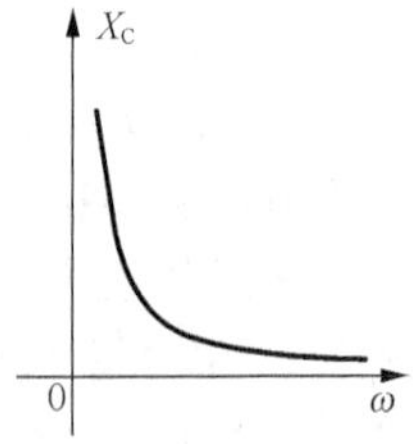

图 3.2.5 容抗的频率特性

容抗的倒数称为容纳，即电容的电纳，用 B_C 表示，即 $B_C = 1/X_C = \omega C = I_C/U_C$，单位也为西门子（S）。

式（3.2.5）中，$-j\frac{1}{\omega C} = -jX_C = \dot{U}_C/\dot{I}_C$ 称为复容抗，单位仍为欧姆，它既表明了电容元件的电压与电流间的大小关系（$U_C = \frac{1}{\omega C} I_C = X_C I_C$），又表明了相位关系（$\psi_u = \psi_i - \pi/2$）。

例 3.2.1 $1\,uF$ 电容两端的电压为

$$u = 100\sqrt{2}\cos\left(10^4 t - 60^\circ\right)\text{mV}$$

（1）求通过电容的电流 i；

（2）如电压的频率增加一倍，重做（1）题。

解一：（1）当 $\omega = 10^4\,\text{rad/s}$ 时，容抗

$$X_C = \frac{1}{\omega C} = \frac{1}{10^4 \times 10^{-6}} = 100\Omega$$

根据（3.2.6）式，通过电容的电流

$$I = \frac{U}{X_C} = \frac{100}{100} \times 10^{-3} = 1\text{mA}$$

已知电压的初相 $\psi_u = -60^\circ$，而通过电容的电流超前于其两端电压 90°，故电流的初相为

$$\psi_i = \psi_u + 90^\circ = -60^\circ + 90^\circ = 30^\circ$$

所以电流瞬时值的表达式为　$i = \sqrt{2}\cos\left(10^4 t + 30^\circ\right)\text{mA}$

（2）当频率增加一倍，即 $\omega = 2 \times 10^4\,\text{rad/s}$ 时，容抗

$$X_C = \frac{1}{2 \times 10^4 \times 10^{-6}} = 50\Omega$$

通过电容的电流

$$I=\frac{100}{50}\times10^{-3}=2\text{mA}$$

所以电流瞬时值的表示式为　$i=2\sqrt{2}\cos\left(2\times10^4t+30^\circ\right)\text{mA}$

解二：用相量关系式求解。

写出电压 u 的相量　　　　$u\leftrightarrow\quad \dot{U}=100\angle-60^\circ\text{mV}$

运用（3.2.5）式，当 $\omega=10^4\text{rad/s}$ 时，则

$$\begin{aligned}\dot{I}&=\text{j}\omega C\dot{U}=\text{j}10^4\times10^{-6}\times100\angle-60^\circ\\&=1\angle30^\circ\text{mA}\end{aligned}$$

根据电流相量写出对应的正弦电流　　$i=\sqrt{2}\cos\left(10^4t+30^\circ\right)\text{mA}$

当 $\omega=2\times10^4\text{rad/s}$ 时，则

$$\begin{aligned}\dot{I}&=\text{j}2\times10^4\times10^{-6}\times100\angle-60^\circ\\&=2\angle30^\circ\text{mA}\end{aligned}$$

所以　　　　　　　　$i=2\sqrt{2}\cos\left(2\times10^4t+30^\circ\right)\text{mA}$

例 3.2.2　10mH 电感两端的电压为

$$u=10\sqrt{2}\cos\left(1\,000t+30^\circ\right)\text{V}$$

（1）求通过电感的电流 i；

（2）如电压的频率增加一倍，重做（1）题。

解一：（1）当 $\omega=1\,000\text{rad/s}$ 时，感抗

$$X_\text{L}=\omega L=1\,000\times10\times10^{-3}=10\Omega$$

根据（3.2.4）式，通过电感的电流

$$I=\frac{U}{X_\text{L}}=\frac{10}{10}=1\text{A}$$

已知电压的初相 $\psi_\text{u}=30^\circ$，而通过电感的电流滞后于其电压 90°，故电流的初相

$$\psi_\text{i}=\psi_\text{u}-90^\circ=30^\circ-90^\circ=-60^\circ$$

所以电流瞬时值的表示式为　　$i=\sqrt{2}\cos\left(1\,000t-60^\circ\right)\text{A}$

（2）当频率增加一倍，即 $\omega=2\,000\text{rad/s}$ 时，感抗

$$X_\text{L}=2\,000\times10\times10^{-3}=20\Omega$$

通过电感的电流

$$I=\frac{10}{20}=0.5\text{A}$$

电流瞬时值的表示式为 $i = 0.5\sqrt{2}\cos(2\,000t - 60^\circ)\text{A}$

解二：用相量关系式解。

写出已知电压 u 的相量 $u \leftrightarrow \dot{U} = 10\angle 30^\circ\text{V}$

运用（3.2.3）式，当 $\omega = 1\,000\text{rad/s}$ 时，则

$$\dot{I} = -\text{j}\frac{1}{\omega L}\dot{U} = -\text{j}\frac{1}{1\,000\times 10\times 10^{-3}}\times 10\angle 30^\circ$$
$$= 1\angle -60^\circ\text{A}$$

根据电流相量写出对应的正弦电流 $i = \sqrt{2}\cos(1\,000t - 60^\circ)\text{A}$

当 $\omega = 2\,000\text{rad/s}$ 时，则

$$\dot{I} = -\text{j}\frac{1}{2\,000\times 10\times 10^{-3}}\times 10\angle 30^\circ$$
$$= 0.5\angle -60^\circ\text{A}$$

所以 $i = 0.5\sqrt{2}\cos(2\,000t - 60^\circ)\text{A}$

3．无源滤波电路

我们知道电感的感抗与频率成正比，电容的容抗与频率成反比，因此用电感和电容可组成滤波电路，称为 LC 滤波电路。图 3.2.6 所示就是一种简单的低通滤波电路。当信号的频率升高时，电感的感抗增加，电容的容抗减少，它们使负载两端得到的电压幅值下降，因此高频信号衰减较多。而当频率很低时，感抗接近于 0，容抗近似于无穷大，信号基本上不受损失，所以这种 LC 滤波电路有较好的低通滤波特性。但当希望通带截止频率很低时，为了保证滤波性能，势必要求电感量很大，致使电感的重量和体积过大，既不易制作（特别是不便于集成化），而且成本高，给制造和安装带来不便。

为了克服滤波电路因采用电感而存在的缺点，可以用电阻和电容组成滤波电路，称为 RC 滤波电路。将图 3.2.6 中的电感换成电阻便成了 RC 低通滤波电路，如图 3.2.7 所示。当然我们也可以用相应元件组成简单的高通滤波电路。RC 滤波电路和 LC 滤波电路都是由无源元件（电阻、电容和电感）组成，因此被称为无源滤波电路。

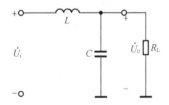

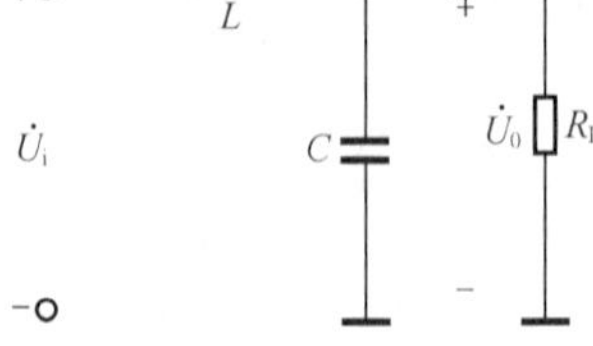

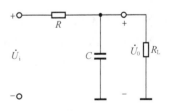

图 3.2.6　简单的 LC 低通滤波电路

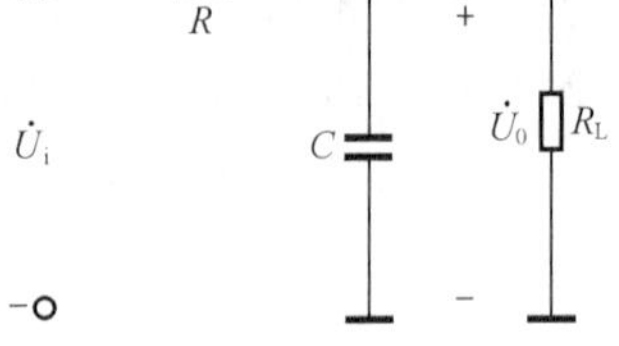

图 3.2.7　简单的 RC 低通滤波电路

任务 3　阻抗和导纳

【问题引入】在直流电路分析中，由于只有电阻性元件，我们常用等效电阻 R（或等效电导 G）来描述二端网络，而在正弦稳态电路中，不仅有电阻性元件，还有电抗性元件，是否也能对二端网络进行同样的等效呢？当然可以！这就是我们在本任务中将要学习的复阻抗 Z 和复导纳 Y。

【本任务要求】

1. 领会：阻抗与导纳的等效转换。
2. 应用：能准确计算电路的阻抗或导纳，并进行简单电路的分析计算。

1．阻抗

图 3.3.1（a）所示为 R、L、C 串联电路，图 3.3.1（b）所示是与之对应的相量模型。

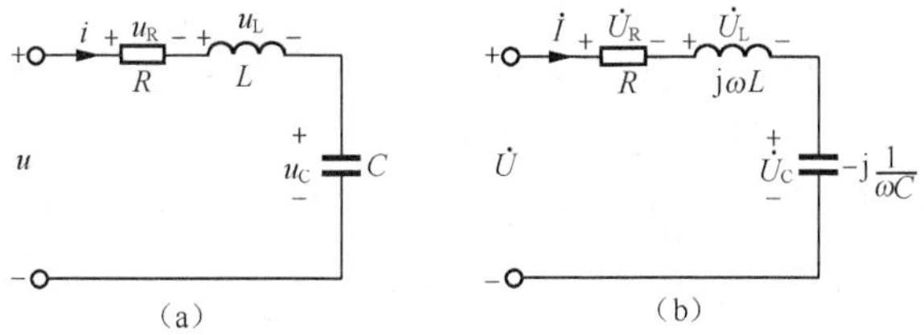

图 3.3.1　R、L、C 串联电路及相量模型

根据 KVL 可得

$$\dot{U}=\dot{U}_R+\dot{U}_L+\dot{U}_C=\dot{U}_R+\dot{U}_x$$

$$\begin{aligned}\dot{U}&=R\dot{I}+j\omega L\dot{I}-j\frac{1}{\omega C}\dot{I}\\&=\left(R+j\omega L-j\frac{1}{\omega C}\right)\dot{I}\\&=\left[R+j\left(\omega L-\frac{1}{\omega C}\right)\right]\dot{I}\\&=Z\dot{I}\end{aligned}$$

式中，Z 称为电路的复阻抗。

$$Z=R+j\left(\omega L-\frac{1}{\omega C}\right)=R+j(X_L-X_C)=R+jX \tag{3.3.1}$$

复阻抗 Z 可以写成极坐标形式

$$\begin{aligned}Z&=z\angle\varphi\\&=\sqrt{R^2+X^2}\angle\arctan\frac{X}{R}\\&=\sqrt{R^2+\left(X_L-X_C\right)^2}\angle\arctan\frac{X_L-X_C}{R}\end{aligned} \tag{3.3.2}$$

由上式可见

当 $X_L > X_C$ 时，X 为正，$\varphi > 0$，电路呈感性，电压超前于电流。

当 $X_L < X_C$ 时，X 为负，$\varphi < 0$，电路呈容性，电压滞后于电流。

当 $X_L = X_C$ 时，$X=0$，$\varphi = 0$，电路呈电阻性，电压与电流同相，这种状况称为谐振。

R、L、C 串联电路的相量图及其对应的阻抗三角形如图 3.3.2 所示。

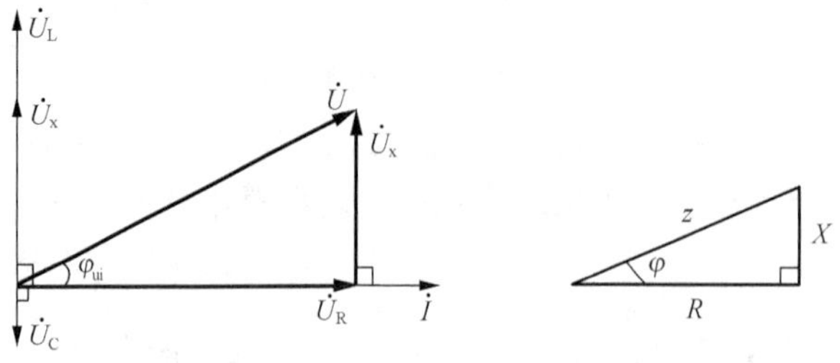

（a）电压三角形　　（b）阻抗三角形

图 3.3.2　$X_L > X_C$ 的电压三角形和阻抗三角形

这两个三角形为相似三角形，其对应边的比值为串联电路电流的有效值 I。由图可知

$$U = \sqrt{U_R^2 + U_X^2} = \sqrt{U_R^2 + (U_L - U_C)^2}$$

$$z = \sqrt{R^2 + X^2} = \sqrt{R^2 + (X_L - X_C)^2}$$

例 3.3.1　电路如图 3.3.1 所示，已知 $R = 15\Omega$，$L = 12\text{mH}$，$C = 5\mu\text{F}$，外加电压 $u = 100\sqrt{2}\cos 5\,000t\text{V}$。求电路中的电流 i 和各元件上的电压 u_R、u_L 和 u_C。

解：写出外加电压 u 的相量　　$u \leftrightarrow \ \dot{U} = 100\angle 0°V$

电路的阻抗

$$Z = R + \text{j}\omega L - \text{j}\frac{1}{\omega C}$$

其中

$$\text{j}\omega L = \text{j}5\,000 \times 12 \times 10^{-3} = \text{j}60\Omega$$

$$-\text{j}\frac{1}{\omega C} = -\text{j}\frac{1}{5\,000 \times 5 \times 10^{-6}} = -\text{j}40\Omega$$

所以

$$Z = 15 + \text{j}60 - \text{j}40 = 15 + \text{j}20 = 25\angle 53.1°\Omega$$

电路中的电流相量

$$\dot{I} = \frac{\dot{U}}{Z} = \frac{100\angle 0°}{25\angle 53.1°} = 4\angle -53.1°\text{A}$$

各元件上的电压相量分别为

$$\dot{U}_R = R\dot{I} = 15 \times 4\angle -53.1° = 60\angle -53.1°\text{V}$$

$$\dot{U}_L = \text{j}\omega L\dot{I} = \text{j}60 \times 4\angle -53.1° = 240\angle 36.9°\text{V}$$

$$\dot{U}_C = -\text{j}\frac{1}{\omega C}\dot{I} = -\text{j}40 \times 4\angle -53.1° = 160\angle -143.1°\text{V}$$

它们的瞬时值表示式分别为

$$i = 4\sqrt{2}\cos\left(5\,000t - 53.1^\circ\right)\text{A}$$

$$u_R = 60\sqrt{2}\cos\left(5\,000t - 53.1^\circ\right)\text{V}$$

$$u_L = 240\sqrt{2}\cos\left(5\,000t + 36.9^\circ\right)\text{V}$$

$$u_C = 160\sqrt{2}\cos\left(5\,000t - 143.1^\circ\right)\text{V}$$

例 3.3.2　已知图 3.3.1 所示电路中，$R = 5\Omega$，$L = 8\text{mH}$，$C = 200\mu\text{F}$，若外加电源电压的角频率 $\omega = 1\,000\text{rad/s}$，试求电路的复阻抗；若 $\omega = 500\text{rad/s}$，试求电路的复阻抗，并说明这两种角频率下复阻抗的性质。

解：（1）由 $\omega = 1\,000\text{rad/s}$，得

$$X_L = \omega L = 1\,000 \times 8 \times 10^{-3} = 8\Omega$$

$$X_C = \frac{1}{\omega C} = \frac{1}{1\,000 \times 200 \times 10^{-6}} = 5\Omega$$

所以　$Z = R + jX = R + j\left(X_L - X_C\right) = 5 + j\left(8 - 5\right) = 5 + j3 = 5.8\angle 31^\circ\Omega$

由于 $\varphi = 31^\circ > 0$，电路呈感性。

（2）由 $\omega = 500\text{rad/s}$，得

$$X_L = \omega L = 500 \times 8 \times 10^{-3} = 4\Omega$$

$$X_C = \frac{1}{\omega C} = \frac{1}{500 \times 200 \times 10^{-6}} = 10\Omega$$

所以　$Z = R + jX = R + j\left(X_L - X_C\right) = 5 + j\left(4 - 10\right) = 5 - j6 = 7.8\angle -50.2^\circ\Omega$

由于 $\varphi = -50.2^\circ < 0$，电路呈容性。

2．导纳

图 3.3.3（a）所示的是 RLC 并联电路，图 3.3.3（b）是与之对应的相量模型。

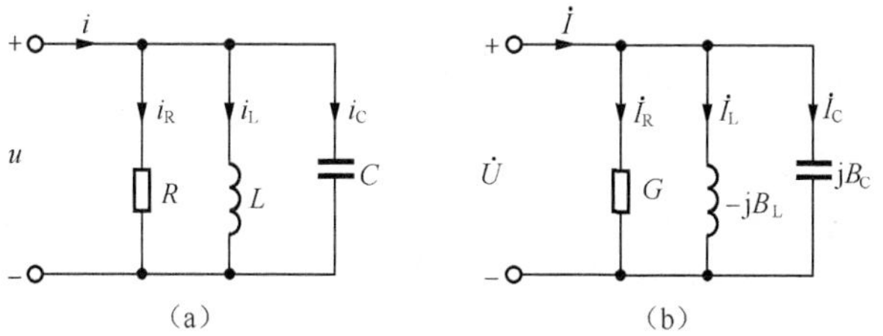

图 3.3.3　RLC 并联电路及其相量模型

根据 KCL 可得

$$\dot{I} = \dot{I}_R + \dot{I}_L + \dot{I}_C = \dot{I}_R + \dot{I}_B$$

$$\dot{I} = \frac{\dot{U}}{R} + \frac{\dot{U}}{j\omega L} + \frac{\dot{U}}{\dfrac{1}{j\omega C}}$$

$$=\left(\frac{1}{R}-\mathrm{j}\frac{1}{\omega L}+\mathrm{j}\omega C\right)\dot{U}$$

$$=\left[\frac{1}{R}+\mathrm{j}\left(\omega C-\frac{1}{\omega L}\right)\right]\dot{U}$$

$$=Y\dot{U}$$

式中 Y 称为电路的复导纳

$$Y=\frac{1}{R}+\mathrm{j}\left(\omega C-\frac{1}{\omega L}\right)=G+\mathrm{j}\left(B_{\mathrm{C}}-B_{\mathrm{L}}\right)=G+\mathrm{j}B \tag{3.3.3}$$

它的实部是该电路的电导 G，虚部 $B=B_{\mathrm{C}}-B_{\mathrm{L}}$，称为该电路的电纳。

复导纳 Y 也可以写成极坐标形式　　$Y=y\angle\varphi_{\mathrm{y}}$

由于

$$Y=\frac{\dot{I}}{\dot{U}}=\frac{I\angle\psi_{\mathrm{i}}}{U\angle\psi_{\mathrm{u}}}=\frac{I}{U}\angle\left(\psi_{\mathrm{i}}-\psi_{\mathrm{u}}\right)$$

因此

$$\left.\begin{aligned}y&=\frac{I}{U}=\frac{I_{\mathrm{m}}}{U_{\mathrm{m}}}\\\varphi_{\mathrm{y}}&=\psi_{\mathrm{i}}-\psi_{\mathrm{u}}\end{aligned}\right\} \tag{3.3.4}$$

可见，复导纳的模 y 等于电流与电压的有效值（或振幅）之比，当电压一定时，y 越大，则电流也越大。复导纳的幅角 φ_{y} 表示电流超前于电压的角度：当 $\varphi_{\mathrm{y}}>0$ 时，电流超前于电压，电路呈容性；$\varphi_{\mathrm{y}}<0$ 时，电流滞后于电压，电路呈感性；$\varphi_{\mathrm{y}}=0$ 时电路呈电阻性，电压与电流同相，这种状态称为谐振。

RLC 并联电路的相量图及其对应的导纳三角形如图 3.3.4 所示。

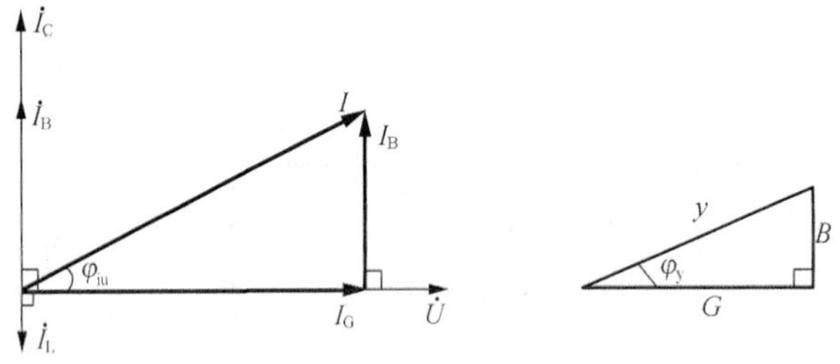

（a）电流三角形　　（b）导纳三角形

图 3.3.4　$B_{\mathrm{C}}>B_{\mathrm{L}}$ 的电流三角形和导纳三角形

这两个三角形为相似三角形，其对应边的比值为并联电路电压的有效值 U。由图可见

$$I=\sqrt{I_{\mathrm{G}}^{2}+I_{\mathrm{B}}^{2}}=\sqrt{I_{\mathrm{G}}^{2}+(I_{\mathrm{C}}-I_{\mathrm{L}})^{2}}$$

$$y=\sqrt{G^{2}+B^{2}}=\sqrt{G^{2}+(B_{\mathrm{C}}-B_{\mathrm{L}})^{2}}$$

例 3.3.3　电路的相量模型如图 3.3.5（a）所示，已知 $\dot{U}=100\angle-30°\text{V}$，求 $\dot{I}_{\text{R}}$、$\dot{I}_{\text{L}}$、$\dot{I}_{\text{C}}$ 和 $\dot{I}_{\text{LC}}$。

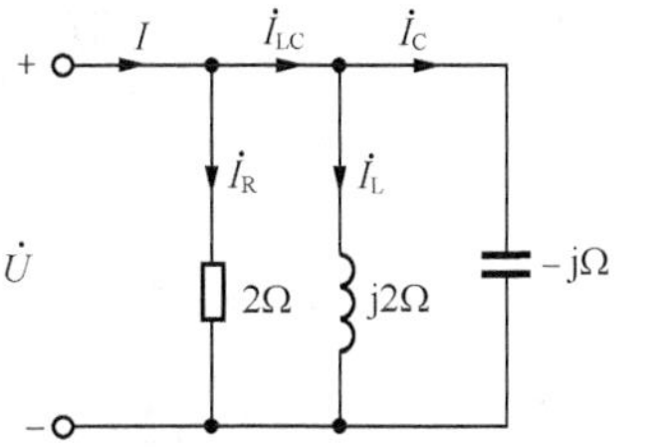

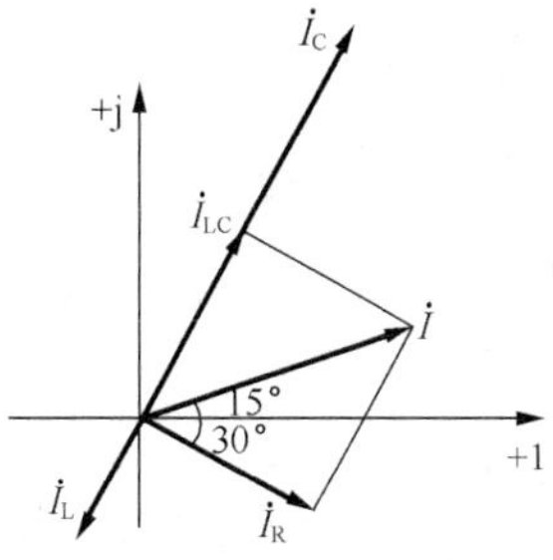

图 3.3.5　例 3.3.3 电路的相量模型和相量图

解：

$$G=\frac{1}{R}=\frac{1}{2}\text{S}$$

$$B_{\text{L}}=\frac{1}{X_{\text{L}}}=\frac{1}{2}\text{S}$$

$$B_{\text{C}}=\frac{1}{X_{\text{C}}}=1\text{S}$$

所以

$$\dot{I}_{\text{R}}=G\dot{U}=\frac{1}{2}\times100\angle-30°=50\angle-30°\text{A}$$

$$\dot{I}_{\text{L}}=-\text{j}B_{\text{L}}\dot{U}=-\text{j}\frac{1}{2}\times100\angle-30°=50\angle-120°\text{A}$$

$$\dot{I}_{\text{C}}=\text{j}B_{\text{C}}\dot{U}=\text{j}1\times100\angle-30°=100\angle60°A$$

$$\dot{I}_{\text{LC}}=\text{j}B\dot{U}=\text{j}\left(B_{\text{C}}-B_{\text{L}}\right)\dot{U}=\text{j}\frac{1}{2}\times100\angle-30°=50\angle60°\text{A}$$

$$\dot{I}=\left(G+\text{j}B\right)\dot{U}=\left[G+\text{j}\left(B_{\text{C}}-B_{\text{L}}\right)\right]\dot{U}$$

$$=\left[\frac{1}{2}+\text{j}\left(1-\frac{1}{2}\right)\right]\times100\angle-30°$$

$$=50\sqrt{2}\angle15°\text{A}$$

它们的相量如图 3.3.5（b）所示。

3．阻抗与导纳的等效转换

等效的概念也可用于相量模型。在正弦稳态电路中，一个线性无源二端网络的输入阻抗（见图 3.3.6）可表示为 $Z=R+\text{j}X$，它相当于一个电阻和一个电抗相串联；而用导纳表示为 $Y=G+\text{j}B$，它相当于一个电导与电纳相并联。可见同一电路可以有串联和并联两种等效的电路模型，如图 3.3.7 所示。

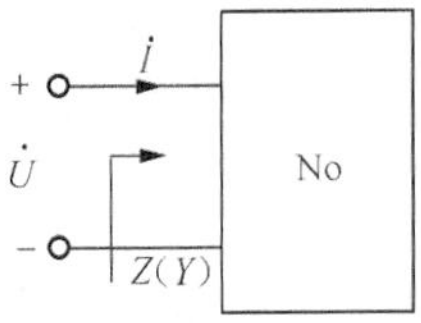

图 3.3.6　无源二端网络

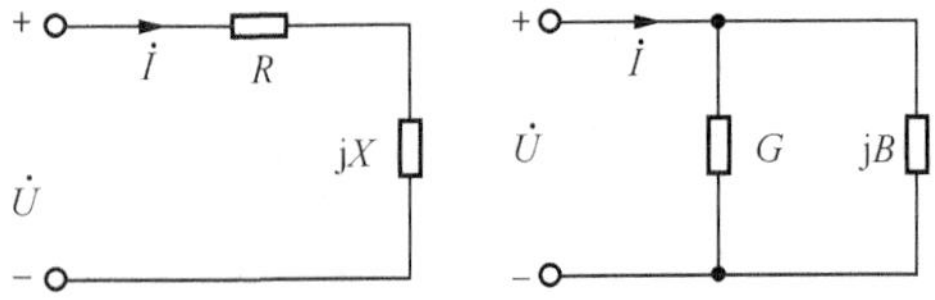

(a) 串联等效电路；　(b) 并联等效电路

图 3.3.7　相量模型的等效

已知 $Z = R + \mathrm{j}X$ 则

$$Y = \frac{1}{Z} = \frac{1}{R + \mathrm{j}X} = \frac{R - \mathrm{j}X}{R^2 + X^2} = \frac{R}{R^2 + X^2} + \mathrm{j}\frac{-X}{R^2 + X^2} = G + \mathrm{j}B$$

显然等效并联电路的电导和电纳分别为

$$G = \frac{R}{R^2 + X^2}, \quad B = \frac{-X}{R^2 + X^2} \tag{3.3.5}$$

应该注意：一般情况下 G 并非 R 的倒数，B 也并非 X 的倒数。

同理，若已知 $Y = G + \mathrm{j}B$，则串联模型的电阻和电抗分别为

$$R = \frac{G}{G^2 + B^2}, \quad X = \frac{-B}{G^2 + B^2} \tag{3.3.6}$$

应该注意：一般情况下 R 并非 G 的倒数，X 也并非 B 的倒数。

任务 4　正弦稳态电路的分析

【问题引入】任务 1～3 为我们奠定了进行正弦稳态电路分析的知识基础，本任务中，我们将了解正弦稳态电路分析的原则、步骤和方法，本任务结束后，我们就能轻松地进行正弦稳态电路的分析了。

【本任务要求】

1. 识记：正弦稳态电路分析的基本原则和步骤。
2. 领会：相量分析法与直流电路分析法的对比。
3. 应用：能利用相量模型进行复杂电路的正弦稳态分析。

1. 正弦稳态电路分析的基本原则

通过以上各节的讨论可知，如用相量表示正弦交流电路的电压和电流，那么这些相量必须服从基尔霍夫定律的相量形式和欧姆定律的相量形式。这些定律的形式与直流电路中同一定律的形式完全相同，其区别仅在于在正弦交流电路中不直接用电压和电流，而用代表电压和电流的相量，不用电阻和电导，而用阻抗和导纳（见表 3.4.1）。

表 3.4.1

正弦交流电路	$\sum\dot{I} = 0$	$\sum\dot{U} = 0$	$\dot{U} = Z\dot{I}$	$\dot{I} = Y\dot{U}$
直流电路	$\sum I = 0$	$\sum U = 0$	$U = RI$	$I = GU$

注意到这一对换关系，分析直流电路的方法就可以完全运用到正弦交流电路中来。例如对于由 n 个阻抗相串联的电路，其等效阻抗为

$$Z = Z_1 + Z_2 + \cdots + Z_n$$

对于由 n 个导纳相并联的电路，其等效导纳为

$$Y = Y_1 + Y_2 + \cdots + Y_n$$

而当两个阻抗并联时（如图 3.4.1 所示），等效阻抗

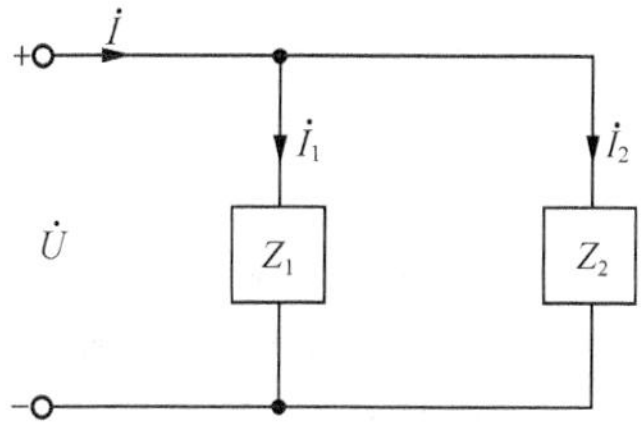

图 3.4.1　两阻抗并联

$$Z = \frac{Z_1 Z_2}{Z_1 + Z_2}$$

两支路中的电流分配

$$\dot{I}_1 = \frac{Z_2}{Z_1 + Z_2}\dot{I}, \qquad \dot{I}_2 = \frac{Z_1}{Z_1 + Z_2}\dot{I}$$

总之，当电路采用相量模型时，直流电阻电路的一整套分析方法、定理和公式等，完全适用于相量分析法，只不过直流电路进行的是实数运算，而相量分析法进行的是复数运算。

2．用相量法分析正弦稳态电路的步骤

（1）将正弦量的激励源用相量表示。

（2）将电路由时域模型转换成相量模型。

（3）在相量模型中，利用直流电路的一整套方法求解激励相量作用下的响应相量。

（4）将响应相量还原成时域的正弦信号。

在求解给定相量模型中确定激励相量作用下的响应相量问题时，（1）、（2）、（4）步骤可省略。

3．相量分析法举例

例 3.4.1　电路如图 3.4.2（a）所示，已知 $u_S(t) = 40\sqrt{2}\cos 3\,000t\text{V}$，求 $i(t)$、$i_L(t)$、$i_C(t)$、$u_L(t)$ 及 $u_C(t)$。

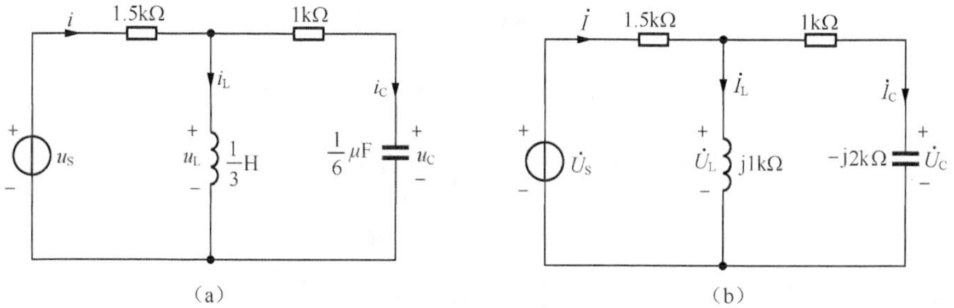

图 3.4.2　例 3.4.1 图

解：（1）将激励源 $u_S(t)$ 用相量表示：$u_S(t) \leftrightarrow \dot{U}_S = 40\angle 0°\text{V}$

（2）将电路由时域模型图（a）转换成相量模型图（b）。其中

$$jX_L = j\omega L = j3\,000 \times \frac{1}{3} = j1k\Omega$$

$$-jX_C = -j\frac{1}{\omega C} = -j\frac{1}{3\,000 \times \frac{1}{6} \times 10^{-6}} = -j2k\Omega$$

（3）在相量模型图（b）中，用直流电路的分析方法求$\dot{U}_S$激励下的响应相量$\dot{I}$、$\dot{I}_L$、$\dot{I}_C$、$\dot{U}_L$及$\dot{U}_C$。

利用阻抗串、并联法可求得输入阻抗（即等效阻抗）值为

$$Z = 1.5 + \frac{j1 \times (1 - j2)}{j1 + 1 - j2} = 2 + j1.5 = 2.5\angle 36.9^\circ k\Omega$$

由欧姆定律得总电流 $\dot{I} = \frac{\dot{U}_S}{Z} = \frac{40\angle 0^\circ}{2.5\angle 36.9^\circ} = 16\angle -36.9^\circ mA$

由分流关系式得

$$\dot{I}_L = \frac{1 - j2}{j1 + 1 - j2}\dot{I} = 1.58\angle -18.4^\circ \times 16\angle -36.9^\circ = 25.3\angle -55.3^\circ mA$$

$$\dot{I}_C = \frac{j1}{j1 + 1 - j2}\dot{I} = 0.707\angle 135^\circ \times 16\angle -36.9^\circ = 11.3\angle 98.1^\circ mA$$

当然，$\dot{I}_C$也可由 KCL 得到：$\dot{I}_C = \dot{I} - \dot{I}_L = -1.6 + j11.2 = 11.3\angle 98.1^\circ mA$

由欧姆定律可得电压

$$\dot{U}_L = jX_L\dot{I}_L = j1 \times 25.3\angle -55.3^\circ = 25.3\angle 34.7^\circ V$$

$$\dot{U}_C = -jX_C\dot{I}_C = -j2 \times 11.3\angle 98.1^\circ = 22.6\angle 8.1^\circ V$$

当然，$\dot{U}_C$也可由分压关系得到$\dot{U}_C = \frac{-j2}{1 - j2}\dot{U}_L = 0.894\angle -26.6^\circ \times \dot{U}_L = 22.6\angle 8.1^\circ V$

（4）将响应相量还原为时域的正弦量。

$$i(t) = 16\sqrt{2}\cos(3\,000t - 36.9^\circ) mA$$

$$i_L(t) = 25.3\sqrt{2}\cos(3\,000t - 55.3^\circ) mA$$

$$i_C(t) = 11.3\sqrt{2}\cos(3\,000t + 98.1^\circ) mA$$

$$u_L(t) = 25.3\sqrt{2}\cos(3\,000t + 34.7^\circ) V$$

$$u_C(t) = 22.6\sqrt{2}\cos(3\,000t + 8.1^\circ) V$$

例 3.4.2 试求图 3.4.3 所示复杂电路中的电流$\dot{I}$。

解：在正弦稳态电路的相量模型中，无论电路结构如何复杂，都会满足相量形式的 KCL、KVL 和欧姆定律。因此，以两大基本定律为基础的网孔法、节点法、叠加定理、戴维南定理和电源等效转换等直流电路的一整套方法完全可以推广应用到正弦稳态电路的相量模型中。下面分别利用上述这些方法分析此例题。

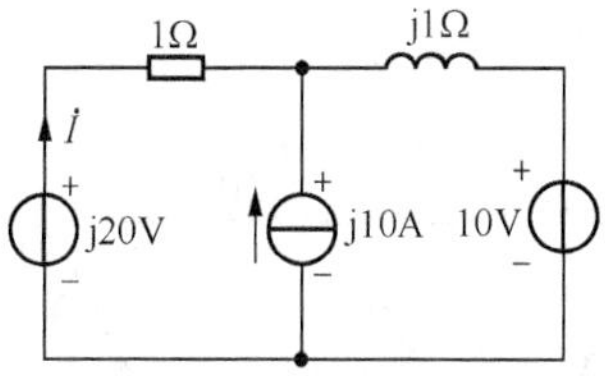

图 3.4.3　例 3.4.2 图一

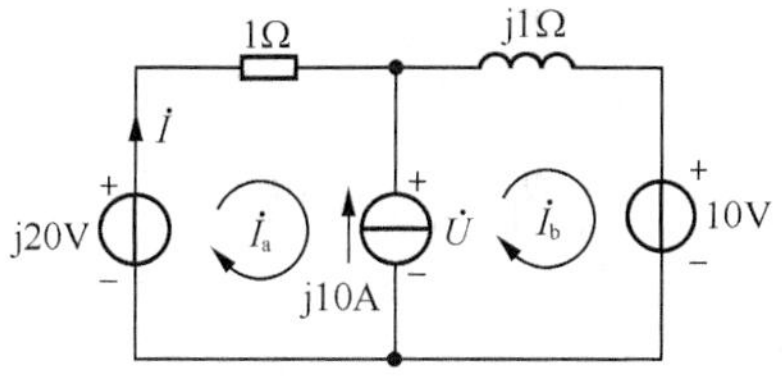

图 3.4.4　例 3.4.2 图二

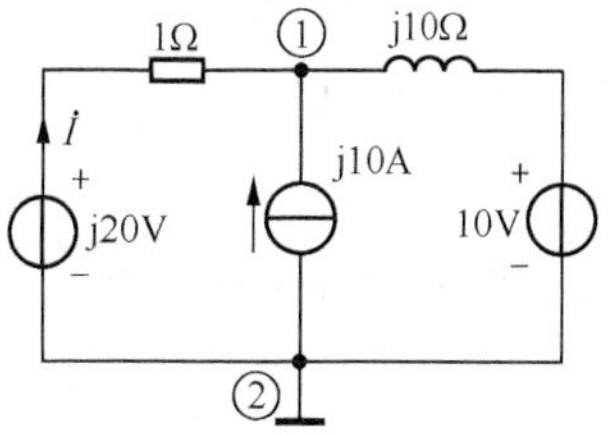

图 3.4.5　例 3.4.2 图三

方法一：应用叠加定理求 $\dot{I}$ 。

由图 3.4.3 可得

$$\dot{I}=\frac{\mathrm{j}20-10}{1+\mathrm{j}1}-\frac{\mathrm{j}1}{1+\mathrm{j}1}\times\mathrm{j}10=\frac{\mathrm{j}20}{1+\mathrm{j}1}=10+\mathrm{j}10=10\sqrt{2}\angle45^\circ\mathrm{A}$$

方法二：应用网孔法求 $\dot{I}$ 。

设网孔电流 $\dot{I}_a$、$\dot{I}_b$ 如图 3.4.4 所示，并设理想电流源的端电压为 $\dot{U}$ 。

网孔 a：　$\dot{I}_a\times1+\dot{U}=\mathrm{j}20$

网孔 b：　$\mathrm{j}\dot{I}_b-\dot{U}=-10$

辅助方程：　$\dot{I}_b-\dot{I}_a=\mathrm{j}10$　　①

整理①，可得

$$\left.\begin{aligned}\dot{I}_a+\mathrm{j}\dot{I}_b&=\mathrm{j}20-10\\-\dot{I}_a+\dot{I}_b&=\mathrm{j}10\end{aligned}\right\}\quad ②$$

由②可得　　$\dot{I}=\dot{I}_a=10\sqrt{2}\angle45^\circ\mathrm{A}$

方法三：应用节点法求 $\dot{I}$ 。

设节点②为参考点，即 $\dot{U}_2=0$ ，如图 3.4.5 所示。

节点①：　$\left(1+\dfrac{1}{\mathrm{j}1}\right)\dot{U}_1=\dfrac{\mathrm{j}20}{1}+\dfrac{10}{\mathrm{j}1}+\mathrm{j}10$

所以　　$\dot{U}_1=\dfrac{\mathrm{j}20}{1-\mathrm{j}1}=(-10+\mathrm{j}10)\ \mathrm{V}$

据 KVL，有　　$\dot{U}_1=\mathrm{j}20-\dot{I}\times1$

所以　　$\dot{I}=\mathrm{j}20-\dot{U}_1=\mathrm{j}20+10-\mathrm{j}10=10+\mathrm{j}10=10\sqrt{2}\angle45^\circ\mathrm{A}$

方法四：应用戴维南定理求 $\dot{I}$ 。

断开待求支路，使图 3.4.3 变成一个含源二端网络，如图 3.4.6（a）所示，可得开路电压

$$\dot{U}_{oc}=\dot{U}_{ab}=\mathrm{j}10\times\mathrm{j}1+10=-10+10=0$$

作图 3.4.6（a）所对应的无源二端网络如图 3.4.6（b）所示。由图 3.4.6（b）得等效复阻抗

$Z_0=(1+\mathrm{j}1)\ \Omega$

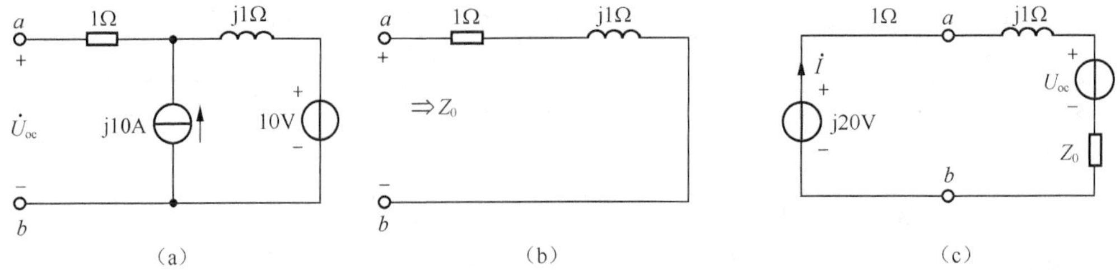

图 3.4.6　例 3.4.2 图四

将待求支路与戴维南等效电路连接成单一回路，如图 3.4.6（c）所示，由图 3.4.6（c）得

$$\dot{I}=\frac{\mathrm{j}20-\dot{U}_{oc}}{Z_0}=\frac{\mathrm{j}20}{1+\mathrm{j}1}=10+\mathrm{j}10=10\sqrt{2}\angle 45^\circ\mathrm{A}$$

方法五：应用电源等效转换求 $\dot{I}$ 。

将图 3.4.3 依次进行电源等效转换，如图 3.4.7（a）、3.4.7（b）所示。由图 3.4.7（b）得

$$\dot{I}=\frac{\mathrm{j}20}{1+\mathrm{j}1}=10+\mathrm{j}10=10\sqrt{2}\angle 45^\circ\mathrm{A}$$

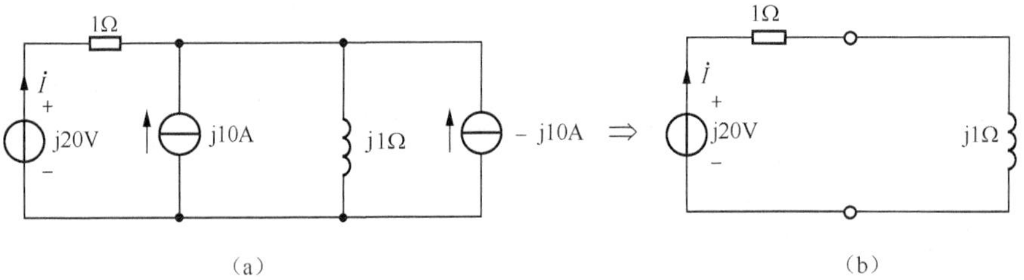

图 3.4.7　例 3.4.2 图五

任务 5　正弦稳态电路的功率

【问题引入】对电路中的功率进行分析，不仅能帮助我们更全面地分析电路，也具有工程上的重要意义。那么，在正弦稳态电路中定义了哪些不同的功率？如何计算？其物理意义是什么？相互之间又有什么关系？就让我们从本任务中找到这些疑问的答案吧。

【本任务要求】

1. 识记：平均功率、无功功率、视在功率、功率因数。

2. 领会：理解 R、L、C 等电路元件的正弦稳态功率与其端电压、电流、元件参数的关系。

3. 应用：能计算二端网络平均功率、无功功率、视在功率和功率因数。

在图 3.5.1 中 No 为任意一个无源二端网络，设输入电压为 $u(t)=U_m\cos(\omega t+\psi_u)\mathrm{V}$ ，输

入电流为 $i(t)=I_{\mathrm{m}}\cos(\omega t+\psi_{\mathrm{i}})\mathrm{A}$。

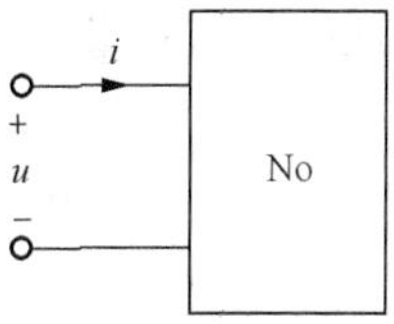

图 3.5.1　无源二端网络

1．瞬时功率 $p(t)$

根据功率定义，在 $u(t)$、$i(t)$ 为关联参考方向的情况下

$$\begin{aligned} p(t) &= u(t)\cdot i(t) \\ &= U_{\mathrm{m}}I_{\mathrm{m}}\cos(\omega t+\psi_{\mathrm{u}})\cos(\omega t+\psi_{\mathrm{i}}) \\ &= \frac{1}{2}U_{\mathrm{m}}I_{\mathrm{m}}\left[\cos(\psi_{\mathrm{u}}-\psi_{\mathrm{i}})+\cos(2\omega t+\psi_{\mathrm{u}}+\psi_{\mathrm{i}})\right] \\ &= UI\cos(\psi_{\mathrm{u}}-\psi_{\mathrm{i}})+UI\cos(2\omega t+\psi_{\mathrm{u}}+\psi_{\mathrm{i}}) \\ &= UI\cos\varphi+UI\cos(2\omega t+\psi_{\mathrm{u}}+\psi_{\mathrm{i}}) \end{aligned} \tag{3.5.1}$$

从上式可以看出：瞬时功率包含两个功率成分，一个是与时间无关的常量 $UI\cos\varphi$，而另一个则是以角频率为 2ω 随时间而变化的交变分量 $UI\cos(2\omega t+\psi_{\mathrm{u}}+\psi_{\mathrm{i}})$，可见瞬时功率是随时间而交变的。当 $p(t)>0$ 时，网络吸收功率；$p(t)<0$ 时，网络供出功率。

2．平均功率

根据平均功率定义

$$P=\frac{1}{T}\int_0^T p(t)\mathrm{d}t=UI\cos\varphi \tag{3.5.2}$$

P 为恒定值，它代表了电路中电阻元件实际消耗的功率，单位为瓦（W）。

平均功率不仅与电路的电压、电流有效值的乘积有关，还与它们两者的相位差 φ 的余弦有关，我们称 $\cos\varphi$ 为功率因数，φ 称为功率因数角。$\cos\varphi$ 的大小与电路的元件参数、结构及电源的频率有关。当 $\varphi=\pm\dfrac{\pi}{2}$ 时，$\cos\varphi=0$，尽管这时 U 和 I 都不为零，仍有 $P=0$，电路不消耗功率；当 $\varphi=0$ 时 $\cos\varphi=1$，表示功率具有最大可能的数值，为 $P=UI$。

因平均功率是指电阻消耗的功率，故平均功率 P 也可以表示为

$$P=\sum_{k=1}^{n}I_k^2R_k \tag{3.5.3}$$

即电路中消耗的功率应是电路中所有电阻 R_k 上所消耗的功率之和。

3．无功功率

无功功率反映了电源与电抗性负载之间能量互换的最大速率。电感元件的无功功率 $Q_L=U_L I_L$，电容元件的无功功率 $Q_C=U_C I_C$。在 R、L、C 串联电路中，$\dot{U}_L$ 与 $\dot{U}_C$ 相位相反，在 R、L、C 并联电路中，$\dot{I}_C$ 与 $\dot{I}_L$ 相位相反。因而在一般电路中总的无功功率应是电路中所有电感和电容无功功率的代数和（Q_L 取正号，Q_C 取负号）。

$$Q=Q_L-Q_C=UI\sin\varphi \tag{3.5.4}$$

无功功率的单位为乏（Var）。

4．视在功率

电压有效值 U 和电流有效值 I 的乘积称为视在功率，用字母 S 表示，表示式为

$$S=UI \tag{3.5.5}$$

因为 $S=UI=\frac{1}{2}U_m I_m$ 反映了电源可能提供的或负载可能获得的最大功率。为了与平均功率和无功功率相区别，视在功率的单位不用瓦（W）和乏（var），而采用伏安（VA）表示。

由于
$$P=UI\cos\varphi=S\cos\varphi$$

所以功率因数又可以写成 $\cos\varphi=\frac{P}{S}$，它说明了电源视在功率被利用的程度，当电源视在功率 S 为一定时，功率因数愈小，电源视在功率被利用的程度愈低，也就是说输电线路的功率损耗愈大。为了提高电源视在功率被利用的程度，减少输电线路上的损耗，我们要设法提高电路的功率因数。

5．复功率

无源二端网络 No 的功率也可用电压相量和电流相量来计算。在关联参考方向时，将电压相量 $\dot{U}$ 与电流相量的共轭 $\overset{*}{I}$ 的乘积定义为复功率，用符号 $\tilde{S}$ 表示，即

$$\tilde{S}=\dot{U}\overset{*}{I}=U\angle\psi_u I\angle(-\psi_i)=UI\angle(\psi_u-\psi_i)=UI\angle\varphi$$

$$=UI\cos\varphi+\mathrm{j}UI\sin\varphi=P+\mathrm{j}Q \tag{3.5.6}$$

显然，复功率的模就是视在功率 S，即

$$\tilde{S}=UI\angle\varphi=S\angle\varphi=S\cos\varphi+\mathrm{j}S\sin\varphi=P+\mathrm{j}Q \tag{3.5.7}$$

可以看出：视在功率、平均功率、无功功率三者的关系，满足直角三角形关系。这个直角三角形，称为功率三角形，如图 3.5.2（a）所示。可以推出：在 RLC 串联的电路中，功率三角形、电压三角形与阻抗三角形是三个相似三角形，如图 3.5.2（b）所示；同理，在 RLC 并联的电路中，功率三角形与电流三角形和导纳三角形，也是三个相似三角形。

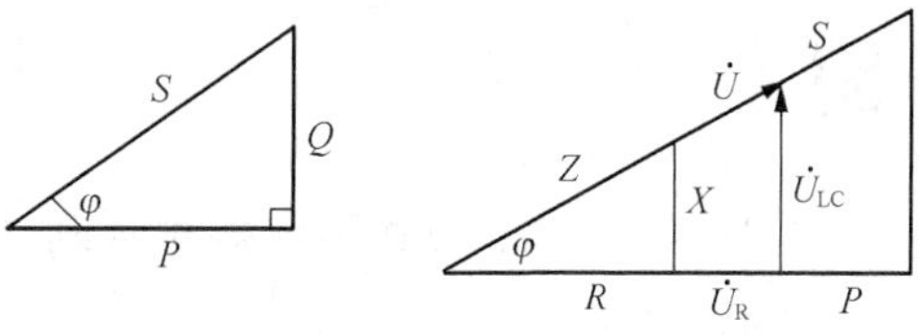

（a）　　　　（b）

图 3.5.2　功率三角形和电压三角形相似

例 3.5.1　求图 3.5.3 所示以 a、b 为端子的负载网络的 $\tilde{S}$ 、P 、Q 和 $\cos\varphi$ 。已知 $\dot{U}=U\angle 0^\circ=100\angle 0^\circ \text{V}$ 。

解：

$$I_{\text{R}}=\frac{U}{R}=\frac{100}{200}=0.5(\text{A})$$

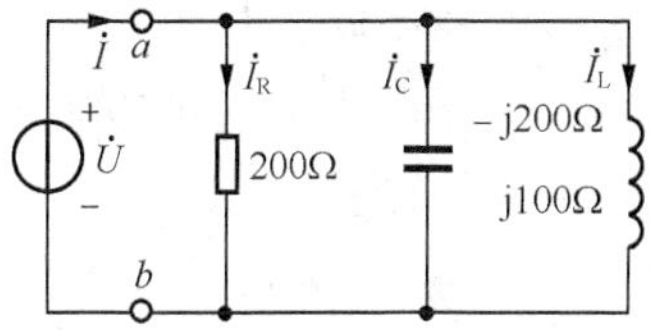

图 3.5.3　例 3.5.1 图

所以，以 a、b 为端子的负载网络的平均功率等于电阻上消耗的功率。

$$P=UI_{\text{R}}=I_{\text{R}}^2R=0.5^2\times 200=50(\text{W})$$

同理

$$I_{\text{L}}=\frac{U}{X_{\text{L}}}=\frac{100}{100}=1(\text{A})$$

$$Q_{\text{L}}=UI_{\text{L}}=100\times 1=100(\text{var})$$

$$I_{\text{C}}=\frac{U}{X_{\text{C}}}=\frac{100}{200}=0.5(\text{A})$$

$$Q_{\text{C}}=UI_{\text{C}}=100\times 0.5=50(\text{var})$$

二端网络总的无功功率　$Q=Q_{\text{L}}-Q_{\text{C}}=50(\text{var})$

据功率三角形关系，　$S=\sqrt{P^2+Q^2}=\sqrt{50^2+50^2}=50\sqrt{2}(\text{VA})$

功率因数角

$$\varphi=\arctan\frac{Q}{P}=\arctan\frac{50}{50}=45^\circ$$

所以功率因数

$$\cos\varphi=\cos 45^0=0.707$$

复功率

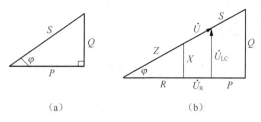

$$\tilde{S}=P+\text{j}Q=S\angle\varphi=50\sqrt{2}\angle 45^\circ$$

任务 6 谐振电路

【问题引入】谐振是交流电路特有的现象，在工程实践中得到广泛的应用。那么到底什么是谐振？电路在什么条件下才会发生谐振？谐振有何特点？这些特点在工程实践中又如何加以运用？本任务中让我们一起来探究谐振的奥秘吧。

【本任务要求】

1. 识记：品质因数 Q、通频带。
2. 领会：谐振的条件及谐振的特点。
3. 应用：谐振电路的简单分析计算。

1. 串联谐振电路

（1）串联谐振的涵义

对于由 RLC 三种基本元件所构成的电路，如果元件参数与外加电源的频率满足某一关系时，电路的等效电抗（或电纳）等于零，电路呈纯电阻性。若电路中有电流，则该电流与外加电源电压的相位相同，这种现象称为谐振。

当元件 RLC 串联时所发生的谐振，称为串联谐振。

（2）串联谐振的条件

串联谐振发生的条件是： $\omega L=\dfrac{1}{\omega C}$ **或** $\omega_0=\omega=\dfrac{1}{\sqrt{LC}}$

如图 3.6.1 所示电路，若外加电压为

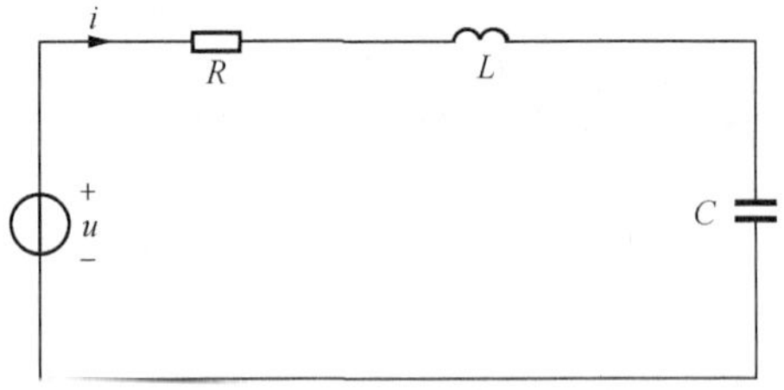

图 3.6.1　RLC 串联电路

$$u(t)=\sqrt{2}U\cos(\omega t+\psi_{\rm u})$$

相量表达形式为

$$\dot{U}=U\angle\psi_{\rm u}$$

电路的复阻抗为

$$Z=|Z|\angle\varphi$$

其中，$|Z|=\sqrt{R^2+X^2}$，$\varphi=\arctan\dfrac{X}{R}$。

电路中电流 $\dot{I}=\dfrac{\dot{U}}{Z}=\dfrac{U\angle\psi_{\rm u}}{|Z|\angle\arctan\dfrac{X}{R}}=\dfrac{U}{|Z|}\angle\left(\psi_{\rm u}-\arctan\dfrac{X}{R}\right)=I\angle\psi_{\rm i}$

欲使 $\dot{U}$ 与 $\dot{I}$ 相位相同，则

$$\varphi = \psi_{\mathrm{u}} - \psi_{\mathrm{i}} = \arctan\frac{X}{R} = \arctan\frac{\omega L - \dfrac{1}{\omega C}}{R} = 0$$

即

$$\omega L = \frac{1}{\omega C}$$

所以通常把 $\omega L = \dfrac{1}{\omega C}$ 称为串联电路的谐振条件。若设谐振时的角频率为 ω_0，则

$$\omega_0 = \omega = \frac{1}{\sqrt{LC}} \tag{3.6.1}$$

由 $\omega_0 = 2\pi f_0$，则谐振频率 f_0 为

$$f_0 = \frac{1}{2\pi\sqrt{LC}} \tag{3.6.2}$$

$$T_0 = \frac{1}{f_0} = 2\pi\sqrt{LC} \tag{3.6.3}$$

有关谐振条件的两点说明如下。

① 串联电路的谐振角频率 ω_0、频率 f_0、周期 T_0 完全是由电路本身的有关参数所决定的，纯属电路本身固有的性质。当 L、C 参数确定后，对应的 ω_0、f_0、T_0 就有了确定值。因此，对于 R、L、C 串联电路来说，只有当信号源的频率与电路的谐振频率相等时，电路才会发生谐振。

② 在实际应用中，往往采用两种方法来使电路发生谐振：一种是固定电路参数 L 和 C，改变信号源频率 f，使电路发生谐振；另一种是当信号源频率 f 固定时，改变电路参数 L 和 C，使电路满足谐振条件。

例 3.6.1　收音机调台时，就是改变电容器 C，使收音机与电台的发射频率发生谐振来实现选择电台的目的。已知某收音机的调谐回路可简化成图 3.6.2 所示的形式。其中线圈的电感值 $L = 300\mu\mathrm{H}$，电容为可变电容器，欲使电路对频率为 525～1 605kHz 范围内的信号发生谐振。问电容 C 可调节的范围多大？

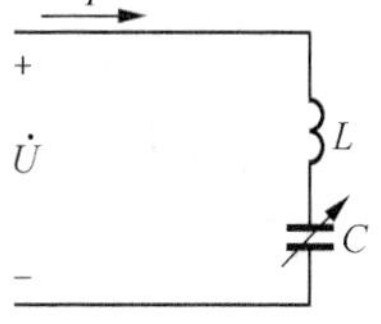

图 3.6.2　例 3.6.1 图

解：由谐振条件 $\omega_0 L = \dfrac{1}{\omega_0 C}$ 得

$$C = \frac{1}{\omega_0^2 L} = \frac{1}{(2\pi f_0)^2 L}$$

当 $f_0 = 525\mathrm{kHz}$ 时

$$C = \frac{1}{(2\pi \times 525 \times 10^3)^2 \times 0.3 \times 10^{-3}} = 306\mathrm{pF}$$

当 $f_0=1\,605\text{kHz}$ 时

$$C=\frac{1}{\left(2\pi\times1605\times10^{3}\right)^{2}\times0.3\times10^{-3}}=32.7\text{pF}$$

所以 C 的调节范围为 32.7～306pF。

（3）串联谐振电路的主要特点

① 电抗为零，阻抗最小且为一纯电阻，即 $Z=R$，电路中的电流最大，并且与外加电压同相位，即

$$\dot{I}=\dot{I}_{\max}=\frac{\dot{U}}{Z}=\frac{\dot{U}}{R}$$

② 串联电路谐振时，虽然电抗为零，但感抗和容抗都不为零，这时的感抗或容抗称为电路的特征阻抗，并用 ρ 表示，且 ρ 为

$$\rho=\omega_0L=\frac{L}{\sqrt{LC}}=\sqrt{\frac{L}{C}}$$

式中，$\omega_0=\dfrac{1}{\sqrt{LC}}$，$\rho$ 的单位为欧姆（Ω）。上式表明特征阻抗是一由电路参数 L 和 C 决定的常量，与谐振频率 ω_0 的大小无关。

③ 串联电路谐振时，由于电抗为零，阻抗角为零，所以电路的功率因数

$$\cos\varphi=1$$

电路吸收的有功功率为 $\qquad P=UI\cos\varphi=UI=RI^2$

无功功率为 $\qquad Q=Q_L-Q_C=UI\sin\varphi=0$

得 $\qquad Q_L=Q_C$

上式表明：串联电路谐振时，电源不向电路输送无功功率，电感中的无功功率与电容中的无功功率相互完全补偿，电感和电容相互进行能量交换而不与电源交换能量。

④ 谐振电路的特征阻抗 ρ（或感抗 ω_0L、或容抗 $\dfrac{1}{\omega_0C}$）与电阻 R 之比，称为电路的品质因数 Q，即

$$Q=\frac{\omega_0L}{R}=\frac{1}{\omega_0CR}=\frac{\rho}{R}=\frac{1}{R}\sqrt{\frac{L}{C}}$$

串联电路谐振时，电感元件两端的电压与电容元件两端的电压大小相等，相位相反，且为外加电压的 Q 倍，即

$$\dot{U}_L+\dot{U}_C=\text{j}\left(\omega_0L-\frac{1}{\omega_0C}\right)\dot{I}=0$$

得
$$\dot{U}_{\mathrm{L}}=-\dot{U}_{\mathrm{C}}$$

又
$$U_{\mathrm{L0}}=\omega_0 LI=\omega_0 L\frac{U}{R}=\frac{\omega_0 L}{R}U=QU$$

$$U_{\mathrm{C0}}=\frac{1}{\omega_0 C}I=\frac{1}{\omega_0 CR}U=QU$$

一般 Q 值范围在 200～500。因此，串联电路谐振时，其电感两端的电压与电容两端的电压均比外加信号源的电压大许多倍。故串联谐振又称为**电压谐振**。谐振时各元件的电压相量关系如图 3.6.3 所示。

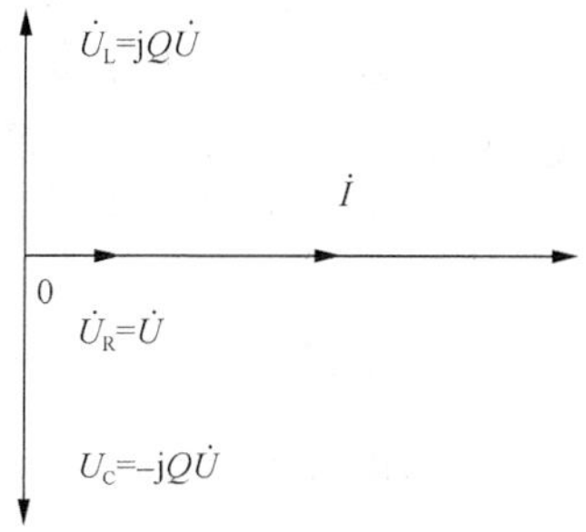

图 3.6.3　串联谐振电路相量图

⑤ 串联谐振电路的谐振曲线

由 R、L、C 所组成的串联电路阻抗的模为

$$|Z|=\sqrt{R^2+\left(\omega L-\frac{1}{\omega C}\right)^2}=R\sqrt{1+Q^2\left(\frac{\omega}{\omega_0}-\frac{\omega_0}{\omega}\right)^2}$$

当外加电压有效值不变，而频率改变时，可得电流的频率特性为

$$I=\frac{U}{|Z|}=\frac{U}{R\sqrt{1+Q^2\left(\frac{\omega}{\omega_0}-\frac{\omega}{\omega}\right)^2}}=\frac{I_0}{\sqrt{1+Q^2\left(\frac{\omega}{\omega_0}-\frac{\omega_0}{\omega}\right)^2}} \quad (3.6.4)$$

为了对不同 Q 值的谐振曲线进行比较，将式（3.6.4）改写成如下形式。

$$\frac{I}{I_0}=\frac{1}{\sqrt{1+Q^2\left(\frac{\omega}{\omega_0}-\frac{\omega_0}{\omega}\right)^2}} \quad (3.6.5)$$

式（3.6.5）为**电流谐振曲线方程**，它表明了 $\frac{I}{I_0}$ 随 $\frac{\omega}{\omega_0}$ 的变化关系。参与影响这一关系的还有品质因数 Q 值。若取横轴为 $\frac{\omega}{\omega_0}$，纵轴为 $\frac{I}{I_0}$，则对应不同 Q 值的**谐振曲线**如图 3.6.4 所示。

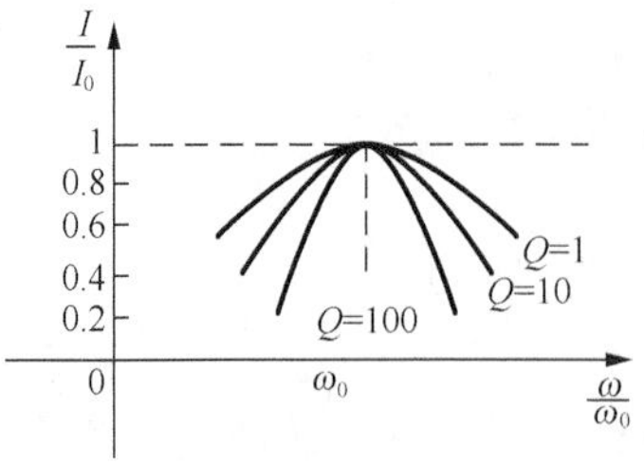

图 3.6.4　串联电路的谐振曲线

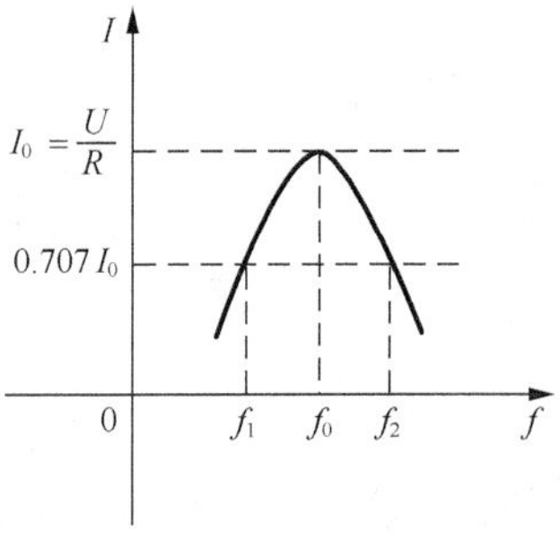

图 3.6.5　通频带

a．Q 值与电路选择性的关系

Q 值越大，谐振曲线变化越尖锐，Q 值越小，曲线变化越平坦。谐振曲线的尖锐情况，表明了谐振电路对于不同频率的信号的选择能力，也就是说，谐振曲线越尖锐，谐振电路对谐振频率以外的信号的抑制能力就越强，即电路的选择性能越好。由此得，Q 值高的电路选择性好，Q 值低的电路选择性差，所以电路的品质因数决定了电路的选择性能。

b．Q 值与通频带的关系

谐振电路的通频带是指当外加信号电压的最大值保持不变时，电路中的电流不小于谐振电流的 $\frac{1}{\sqrt{2}}=0.707$ 倍的那段频率范围。如图 3.6.5 所示，通频带

$$B=f_2-f_1$$

式中 f_1 称为通频带的下边界频率，f_2 称为通频带的上边界频率。

可以证明，

$$f_2-f_1=\frac{f_0}{Q} \tag{3.6.6}$$

由谐振曲线可以看出，Q 值越低，通频带越宽；Q 值越高，通频带越窄。

选择性和通频带是矛盾的，在实际工作中必须根据需要，两者兼顾，折中选取。

2．并联谐振电路

（1）并联谐振的条件

由电感线圈、电容器和角频率为 ω 的正弦电流源组成的并联谐振电路如图 3.6.6（a）所示。其中 R 代表线圈的损耗电阻。

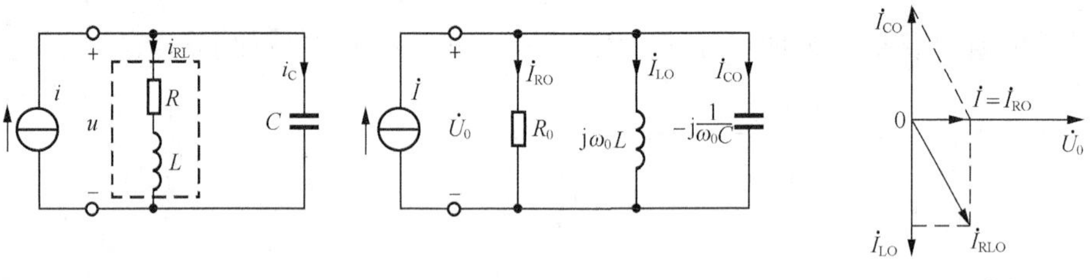

图 3.6.6　并联谐振电路

此并联电路的谐振条件是：要 $\dot{U}_0$ 与 $\dot{I}$ 同相，必须

$$B=\omega_0 C-\frac{\omega_0 L}{R^2+\omega_0^2 L^2}=0 \tag{3.6.7a}$$

其谐振角频率

$$\omega_0 = \frac{1}{\sqrt{LC}}\sqrt{1-\frac{CR^2}{L}} \tag{3.6.7b}$$

谐振频率

$$f_0 = \frac{1}{2\pi\sqrt{LC}}\sqrt{1-\frac{CR^2}{L}} \tag{3.6.7c}$$

式（3.6.7）为计算并联谐振频率的精确公式。当回路电阻 R 较小，谐振频率较高，满足 $R<<\omega_0 L$（称为高频小损耗）时，有近似公式

$$\omega_0 = \frac{1}{\sqrt{LC}} \text{ 或 } f_0 = \frac{1}{2\pi\sqrt{LC}} \tag{3.6.8}$$

因此，在高频小损耗条件下，并联谐振频率与串联谐振频率相同。

（2）并联谐振电路的特性

① 并联电路谐振时，电路的谐振导纳 $Y_0 = G_0$ 为最小，呈电导性，相应的并联谐振阻抗 $Z_0 = R_0 = \frac{1}{Y_0}$ 为最大。谐振回路将有最大的电压 $\dot{U}_0 = R_0\dot{I}$，且与 $\dot{I}$ 同相位。

② 并联谐振电路的品质因数为任一电纳支路在谐振时的电纳值与电导值之比，即

$$Q = \frac{\omega_0 C}{G_0} = \frac{1}{G_0\omega_0 L} = \frac{R_0}{\rho} \tag{3.6.9}$$

在电流源 $\dot{I}$ 一定的情况下

$$\dot{I}_{C0} = j\omega_0 C\dot{U}_0 = j\omega_0 CR_0\dot{I} = jQ\dot{I}$$

$$\dot{I}_{RL0} = \frac{\dot{U}_0}{R + j\omega_0 L} \approx \frac{\dot{U}_0}{j\omega_0 L} = \frac{R_0\dot{I}}{j\omega_0 L} = -jQ\dot{I}$$

因此，并联谐振又称为电流谐振。

③ 并联谐振的频率特性与通频带

并联谐振电路的谐振曲线是指并联电路中端电压的频率特性，作为通用谐振特性曲线 $\frac{U}{U_0} = \frac{Z}{Z_0} \sim \frac{\omega}{\omega_0}$，与串联谐振电路的 $\frac{I}{I_0} = \frac{Y}{Y_0} \sim \frac{\omega}{\omega_0}$ 对偶，曲线形状完全相同，只不过这里表示的是 LC 并联电路的端电压随频率的变化规律。

过关训练

3.1　已知：$u(t) = 250\cos(314t - 30^\circ)\,\mathrm{V}$，$i(t) = 100\cos(314t + 60^\circ)\,\mathrm{mA}$。试求：

（1）u 与 i 的振幅、有效值、角频率、频率、周期、相位、初相各为多少？

（2）u 与 i 的相位差是多少？

（3）作出 u 与 i 的波形图。

3.2　把下列复数化为代数形式。

（1）$50\angle 60^\circ$　　（2）$40\angle 270^\circ$　　（3）$45\angle 120^\circ$　　（4）$3.2\angle -178^\circ$

3.3　把下列复数化为极坐标形式。

（1）$23.1-\mathrm{j}47$　　（2）$-5.7+\mathrm{j}16.9$　　（3）$3.2+\mathrm{j}7.5$　　（4）$-6-\mathrm{j}8$

3.4　写出下列正弦电压对应的相量

（1）$u_1=100\sqrt{2}\sin(\omega t-30^\circ)$

（2）$u_2=220\sqrt{2}\sin(wt+45^\circ)$

（3）$u_3=110\sqrt{2}\sin(wt+60^\circ)$

3.5　写出下列相量对应的正弦量。

（1）$u_1=100\angle -120^\circ\mathrm{V}$

（2）$u_2=(-50+\mathrm{j}86.6)\mathrm{V}$

（3）$u_3=50\angle 45^\circ\mathrm{V}$

3.6　题图 3.6 所示电路中电压表Ⓥ₁和Ⓥ₂的读数都是 5V，试求两图中电压表Ⓥ的读数。

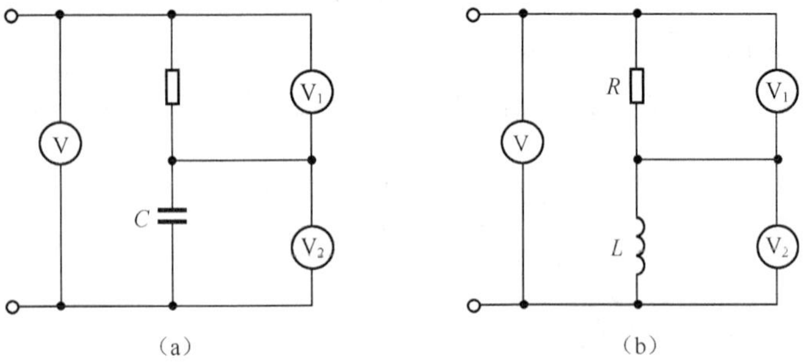

题 3.6 图

3.7　试求题 3.7 图所示各电路的输入阻抗 Z 和导纳 Y。

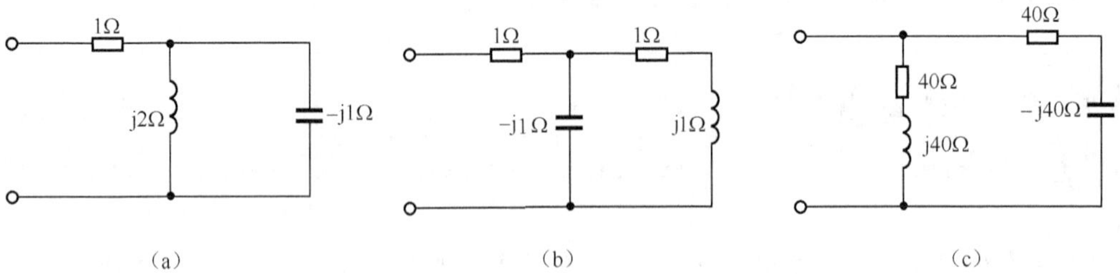

题 3.7 图

3.8　已知题3.8图所示电路中的$\dot{I}=2\angle 0^\circ\text{A}$，求电压$\dot{U}_S$，并作电路的相量图。

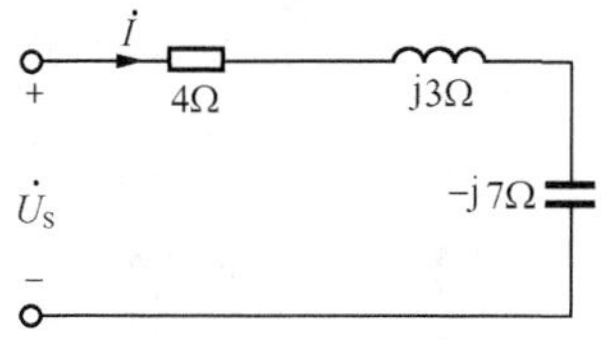

题3.8图

3.9　题3.9图所示正弦稳态电路，在开关S断开和接通时，电流$\dot{I}$各是多少？

3.10　在题3.10图中，已知$R_1=3\Omega$，$\omega L=4\Omega$，$R_2=8\Omega$，$\dfrac{1}{\omega C}=6\Omega$，$u=220\sqrt{2}\cos 314t\text{V}$，求$i$、$i_1$、$i_2$及电路的功率$P$、$Q$、$S$。

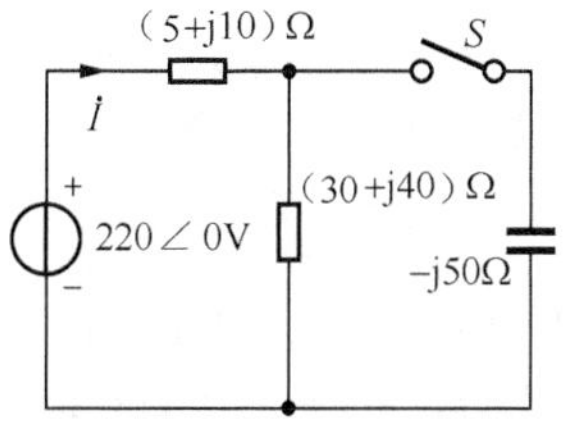

题3.9图

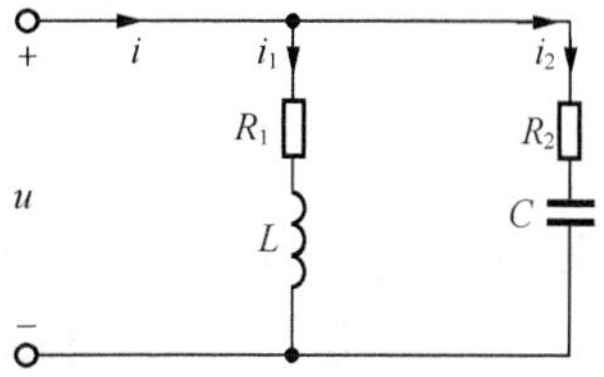

题3.10图

3.11　在题3.11图所示电路中，已知$Z_1=0.5-\text{j}3.5\Omega$，$Z_2=5\angle 53.1^\circ\Omega$，$Z_3=-\text{j}5\Omega$，$\dot{U}_S=-\text{j}100V$。（1）求$\dot{I}$；（2）求整个电路的平均功率和功率因数。

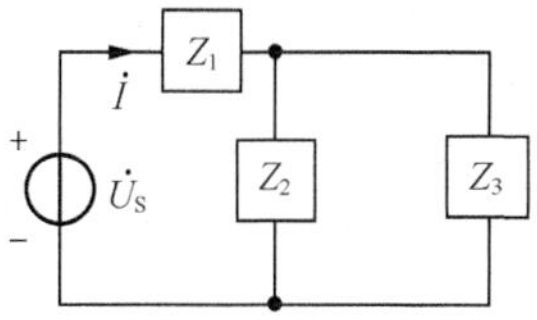

题3.11图

3.12　试用叠加定理求题3.12图所示各电路中的支路电流$\dot{I}$。

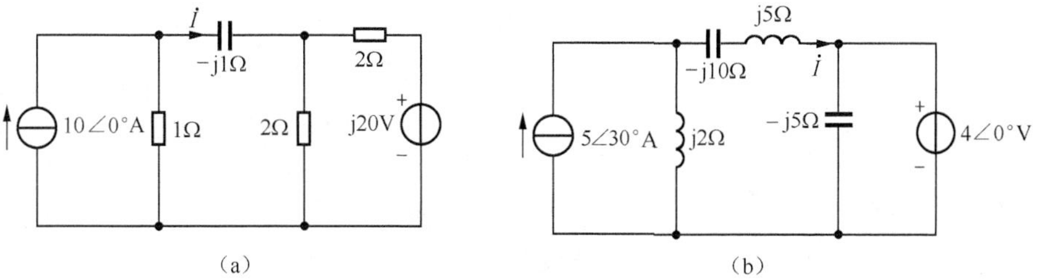

题3.12图

3.13　试求题 3.13 图中的电流 $\dot{I}$ 。

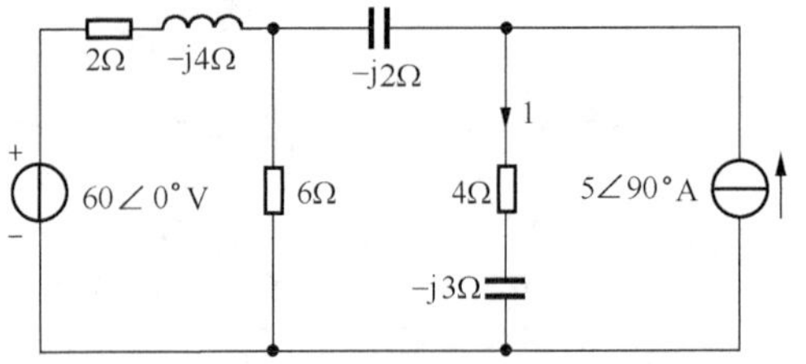

题 3.13 图

3.14　求题 3.14 图所示各电路 A、B 端点间的戴维南等效电路。

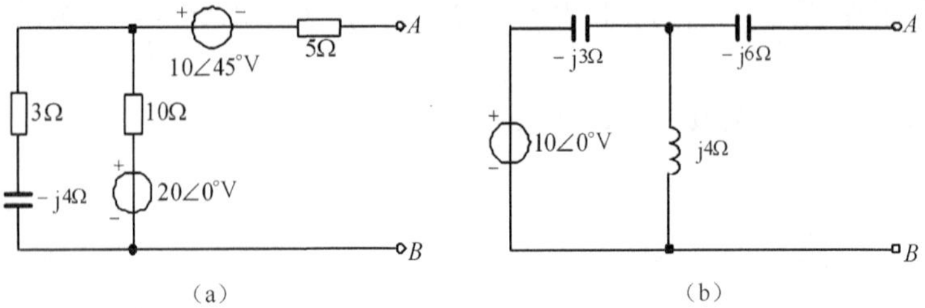

题 3.14 图

3.15　在图 3.6.1 所示的串联电路中，已知正弦电压源有效值 $U=1\text{V}$ ，频率 $f=1\,000\text{kHz}$ 。当调节电容 C 使电路达到谐振时，回路电流 $I_0=100\text{mA}$ ，电容电压 $U_{C0}=100\text{V}$ 。求：元件 R、L、C 的参数值、电路的品质因数 Q 及通频带 B。

模块 4

互感与理想变压器

【本模块问题引入】磁耦合是一种常见的电磁现象，由具有磁耦合的多个线圈构成的耦合电感在工程中有着广泛的应用。那么，耦合电感的物理本质到底是什么？其电路模型又是什么样的？理想变压器作为一种无损耗的全耦合变压器，又有什么样的特殊性质呢？含有理想变压器的交流电路该如何分析计算？这是本模块的重点内容。

【本模块内容简介】本模块共分 2 个任务，包括互感元件的基本模型及伏安关系、理想变压器。

【本模块重点难点】重点掌握耦合电感元件和理想变压器元件的元件模型和伏安关系、含理想变压器的正弦稳态电路的分析方法；难点是互感元件的去耦等效模型。

任务 1　互感元件的基本模型及伏安关系

【问题引入】耦合电感在工程中应用广泛，作为一个四端元件，其电路模型是什么样的？用哪些参数加以描述？伏安特性如何表达？在进行电路分析时如何将其互感去除？这些都是我们要掌握的内容。

【本任务要求】

1. 识记：同名端、匝比、自感、互感、耦合系数。
2. 领会：同名端的含义。
3. 应用：根据电路模型正确列写耦合电感元件的伏安关系（包括时域形式和相量形式），根据互感元件的电路模型能给出其去耦等效模型。

1．耦合电感

相邻线圈之间通过彼此的磁场相互联系的物理现象称为磁耦合。一对相耦合的电感，若流过其中一个电感的电流随时间变化，则在另一个电感两端将出现感应电压，两电感间并无导线相连，这便是电磁学中所称的互感现象。图 4.1.1 所示为两个相互有耦合关系的线圈，匝数分别为 N_1 和 N_2。

图 4.1.1 中（a）和（b）的耦合线圈可用图 4.1.2 中（a）和（b）的电路模型来表示，它是一种线性双口元件，由 L_1、L_2 和 M 三个参数来表征，其中 L_1、L_2 分别为两个线圈的自感系数，M 为它们之间的互感系数。

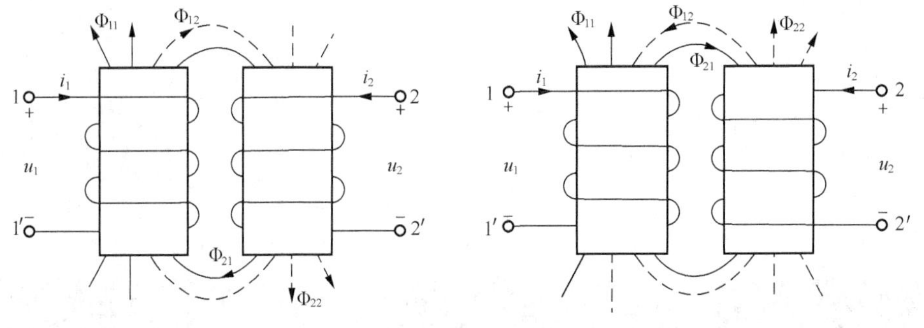

（a）　　　　（b）

图 4.1.1　两个线圈的互感

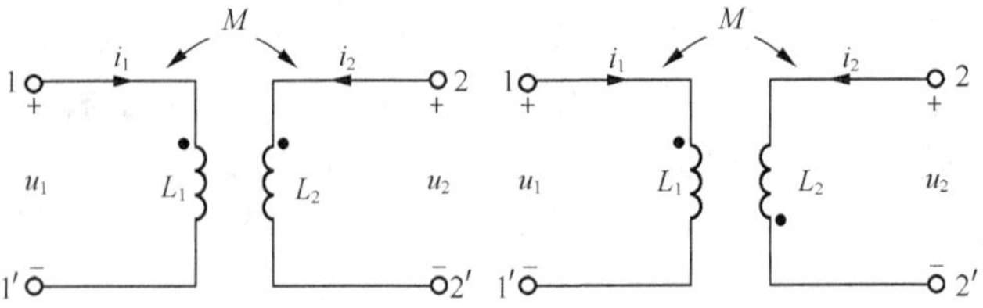

（a）　　　　（b）

图 4.1.2　耦合电感

如果两个耦合电感 L_1 和 L_2 中有变动的电流，各电感中的磁链将随电流变动而变动。设 L_1 和 L_2 的电压和电流分别为 u_1、i_1 和 u_2、i_2，且都是关联参考方向，互感为 M，则图 4.1.2 所示电路模型的伏安关系为

$$\begin{cases} u_1 = \dfrac{\mathrm{d}\Psi_1}{\mathrm{d}t} = L_1\dfrac{\mathrm{d}i_1}{\mathrm{d}t} \pm M\dfrac{\mathrm{d}i_2}{\mathrm{d}t} \\ u_2 = \dfrac{\mathrm{d}\Psi_2}{\mathrm{d}t} = \pm M\dfrac{\mathrm{d}i_1}{\mathrm{d}t} + L_2\dfrac{\mathrm{d}i_2}{\mathrm{d}t} \end{cases} \tag{4.1.1}$$

下面我们来分析这个伏安关系是如何得到的？

若第一个线圈中有电流 i_1 存在，则在线圈周围建立磁场，产生的磁通设为 Φ_{11}，称为自感磁通，方向如图（4.1.1）所示，在穿越自身线圈时，所产生的磁链设为 Ψ_{11}，称为自感磁链，它与电流 i_1 成正比，即

$$\Psi_{11} = N_1\Phi_{11} = L_1 i_1$$

L_1 称为线圈 1 的自感，它是一个与电流和时间无关的常量。线圈 1 产生的磁通的一部分或全部与线圈 2 相交链产生磁链设为 Ψ_{21}，称为互感磁链，它也与电流 i_1 成正比，即

$$\Psi_{21} = N_2\Phi_{21} = M_{21} i_1$$

式中，Φ_{21} 称为耦合磁通或互感磁通，M_{21} 称为线圈 1 与线圈 2 的互感，它也是一个与电流和时间无关的常量。

同样，若线圈 2 中有电流 i_2 存在，也产生自感磁通 Φ_{22} 与自身线圈相交链，产生自感磁链 Ψ_{22}，它与电流 i_2 成正比，即

$$\Psi_{22} = N_2\Phi_{22} = L_2 i_2$$

L_2 称为线圈 2 的自感，是一个与电流和时间无关的常量。线圈 2 产生的磁通的一部分或全部与线圈 1 相交链产生互感磁链 Ψ_{12}，它与电流 i_2 成正比，即

$$\Psi_{12} = N_1\Phi_{12} = M_{12}i_2$$

式中，Φ_{12} 称为互感磁通，M_{12} 称为线圈 2 与线圈 1 的互感，也是一个与电流和时间无关的常量，$M_{12} = M_{21} = M$。

若两线圈中同时有电流 i_1 和 i_2 存在，则耦合线圈中磁链等于自感磁链和互感磁链两部分的代数和，设线圈 1 和线圈 2 的总磁链分别为 Ψ_1 和 Ψ_2，则有

$$\begin{cases}\Psi_1 = \Psi_{11} \pm \Psi_{12} = L_1 i_1 \pm M i_2 \\ \Psi_2 = \pm\Psi_{21} + \Psi_{22} = \pm M i_1 + L_2 i_2\end{cases} \tag{4.1.2}$$

式中的“±”号是说明磁耦合中互感作用的两种可能性。“+”号表示互感磁通与自感磁通方向一致，如图 4.1.1（a）所示；“－”号则相反，如图 4.1.1（b）所示。

由式（4.1.2）　可得

$$\begin{cases}u_1 = \dfrac{\mathrm{d}\Psi_1}{\mathrm{d}t} = L_1\dfrac{\mathrm{d}i_1}{\mathrm{d}t} \pm M\dfrac{\mathrm{d}i_2}{\mathrm{d}t} \\ u_2 = \dfrac{\mathrm{d}\Psi_2}{\mathrm{d}t} = \pm M\dfrac{\mathrm{d}i_1}{\mathrm{d}t} + L_2\dfrac{\mathrm{d}i_2}{\mathrm{d}t}\end{cases}$$

这就是耦合电感的伏安特性关系。

两点说明如下。

① 耦合电感的电压是自感电压和互感电压叠加的结果。

自感电压 $u_{11} = L_1\dfrac{\mathrm{d}i_1}{\mathrm{d}t}$，$u_{22} = L_2\dfrac{\mathrm{d}i_2}{\mathrm{d}t}$，互感电压 $u_{12} = M\dfrac{\mathrm{d}i_2}{\mathrm{d}t}$，$u_{21} = M\dfrac{\mathrm{d}i_1}{\mathrm{d}t}$，

u_{12} 是变动电流 i_2 在 L_1 中产生的互感电压，u_{21} 是变动电流 i_1 在 L_2 中产生的互感电压。

② 在式（4.1.1）中如何正确选择“±”号？

为了解决这个问题，我们需要了解同名端。

互感线圈的同名端是这样规定的：当电流从两线圈各自的某端子同时流入时，若两线圈产生的磁通方向一致，就称这两个端子为“同名端”，并用相同的符号标记，如小圆点、“*”号、“△”号等，否则称为异名端。例如，图 4.1.1（a）的 1 和 2（或1′和2′）是同名端；图 4.1.1（b）的 1 和 2′（或1′和 2）是同名端。

引入同名端的概念后，互感电压的极性判断原则如下：当电流从一个线圈的某端子流入时，在另一线圈的同名端处，为该电流产生的互感电压的“+”极，而异名端处为“－”极。

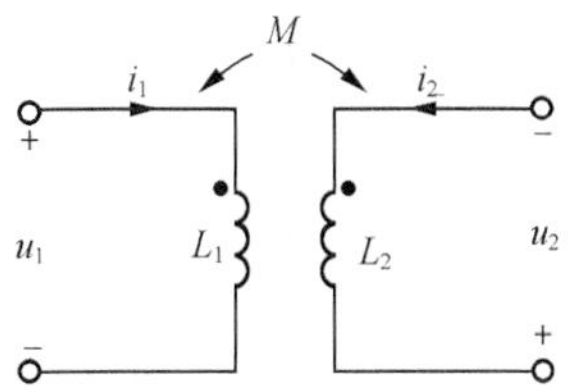

图 4.1.3　耦合电感

例 4.1.1　试求图 4.1.3 所示耦合电感的伏安关系。

解：耦合电感的电压由自感电压和互感电压两部分组成。自感电压正负号的确定方法与二端电感相同。图中 u_1 和 i_1 是关联参考方向，自感电压为 $u_{11} = +L_1\dfrac{\mathrm{d}i_1}{\mathrm{d}t}$；$u_2$ 和 i_2 是非

关联参考方向，自感电压则为$u_{22}=-L_2\dfrac{\mathrm{d}i_2}{\mathrm{d}t}$。互感电压正负号的确定与同名端有关。本例中$u_1$的"+"端和$i_2$的流入端为标有"•"号的同名端，也就是说，电流$i_2$在$u_1$处产生的互感电压的"+"极即为$u_1$的"+"端，互感电压取正号，即$u_{12}=+M\dfrac{\mathrm{d}i_2}{\mathrm{d}t}$；$u_2$的"－"端与$i_1$的流入端为同名端，即$i_1$在$u_2$处产生的互感电压的"+"极在$u_2$的"－"端，互感电压取负号，即$u_{21}=-M\dfrac{\mathrm{d}i_1}{\mathrm{d}t}$。最后得到图 4.1.3 所示耦合电感的电压电流关系为

$$u_1=u_{11}+u_{12}=L_1\frac{\mathrm{d}i_1}{\mathrm{d}'}+M\frac{\mathrm{d}i_2}{\mathrm{d}t}$$

$$u_2=u_{22}+u_{21}=-M\frac{\mathrm{d}i_1}{\mathrm{d}t}-L_2\frac{\mathrm{d}i_2}{\mathrm{d}t}$$

2．耦合系数

工程上为了定量地描述两个耦合线圈的耦合紧疏程度，定义了耦合系数，记为k

$$k=\sqrt{\frac{\Psi_{12}}{\Psi_{11}}\cdot\frac{\Psi_{21}}{\Psi_{22}}}=\frac{M}{\sqrt{L_1L_2}} \tag{4.1.3}$$

耦合系数k的取值范围是$0\leqslant k\leqslant 1$，k的大小表征了两个线圈耦合的紧疏程度，与两个线圈的结构、相互位置以及周围的磁介质有关。k值接近于 0 时，称为松耦合；k值接近于 1 时，称为紧耦合；当$k=1$时，线圈 1（或 2）产生的磁通将全部与线圈 2（或 1）相交链，称为全耦合。

3．耦合电感的相量模型

工作在正弦稳态条件下的耦合电感，其相量模型如图 4.1.4 所示。

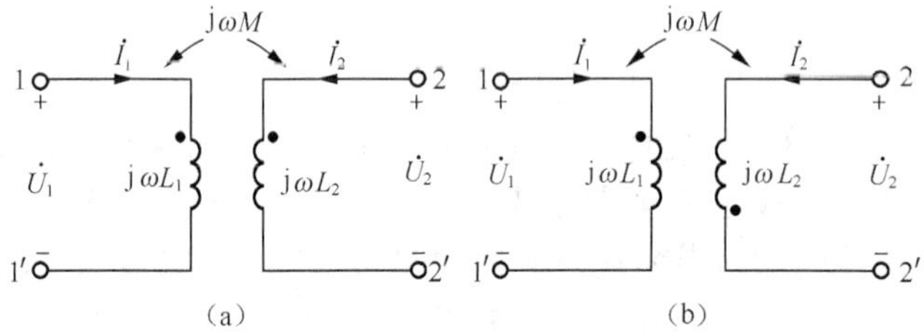

图 4.1.4　耦合电感的相量模型

相应的电压电流关系为

$$\begin{cases}\dot U_1=\mathrm{j}\omega L_1\dot I_1+\mathrm{j}\omega M\dot I_2\\ \dot U_2=\mathrm{j}\omega M\dot I_1+\mathrm{j}\omega L_2\dot I_2\end{cases} \tag{4.1.4a}$$

$$\begin{cases}\dot U_1=\mathrm{j}\omega L_1\dot I_1-\mathrm{j}\omega M\dot I_2\\ \dot U_2=-\mathrm{j}\omega M\dot I_1+\mathrm{j}\omega L_2\dot I_2\end{cases} \tag{4.1.4b}$$

由上式可见，互感电压可以用 CCVS（电流控制电压源）替代。对图 4.1.4（a）所示的耦合电感，用 CCVS 表示的电路如图 4.1.5（相量形式）所示。这是将互感元件去除磁耦合的有效方法之一。

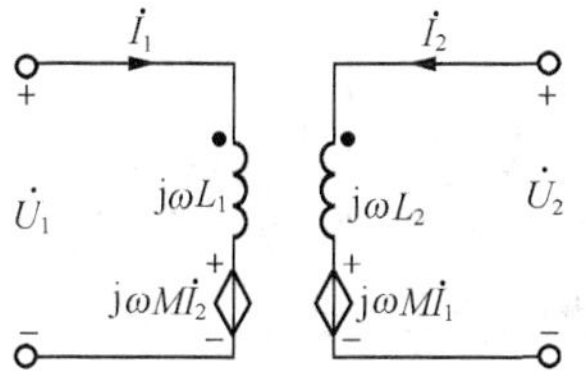

图 4.1.5　用 CCVS 表示的耦合电感电路

任务 2　理想变压器

【问题引入】工程上经常把实际变压器近似转换为理想变压器来进行分析，它是实际变压器的理想化模型。那么，描述理想变压器的电路模型和参数是什么？有什么特性？如何进行分析？这是本任务中要解决的问题。

【本任务要求】

1. 识记：理想变压器元件的伏安关系（包括时域形式和相量形式）。
2. 领会：理想变压器的变换特性。
3. 应用：根据电路模型正确写出理想变压器的伏安关系，能对含理想变压器的正弦稳态电路进行分析。

理想变压器是一种特殊的无损耗全耦合变压器，它是实际变压器的理想化模型。空芯变压器如同时满足下列 3 个条件，经“理想化”和“极限化”就演变为理想变压器。这 3 个条件是：

（1）空芯变压器本身无损耗；

（2）耦合系数 $k=1$；

（3）L_1、L_2 和 M 均为无限大。

工程上为了近似获得理想变压器的特性，通常采用磁导率 μ 很高的磁性材料做变压器的芯子，而在保持匝数比 N_1/N_2 不变的情况下，增加线圈的匝数，并尽量紧密耦合，使 k 接近于 1，同时使 L_1、L_2 和 M 变为很大。

1. 理想变压器的电路模型

理想变压器的电路模型如图 4.2.1 所示。

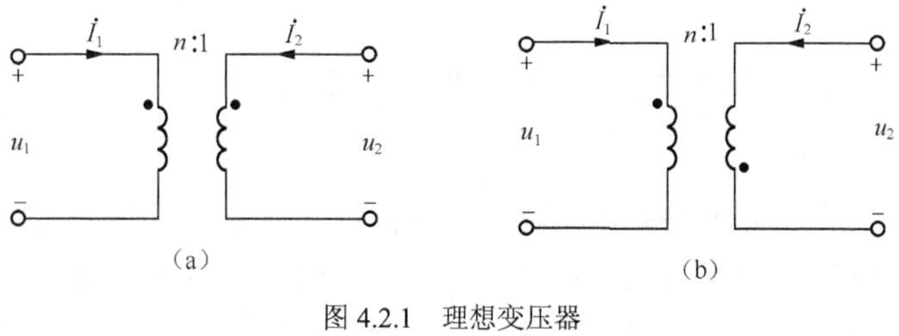

图 4.2.1　理想变压器

匝比（变比）$n = N_1 / N_2$ 是描述理想变压器的唯一参数，N_1 为原边匝数，N_2 为副边匝数。

2. 理想变压器的变换特性

（1）电压、电流变换特性

理想变压器原边电压 u_1 与副边电压 u_2 的比值为匝比 n，正、负号的判断规则为：若 u_1、u_2 的参考极性的“+”极为同名端，取“+”号；否则，取“−”号。

理想变压器副边电流 i_2 与原边电流 i_1 的比值为匝比 n，正、负号的判断规则为：若 i_1、i_2 的参考方向均从同名端流入，取“−”号；否则，取“+”号。

根据以上规则，图 4.2.1（a）所示的理想变压器，其伏安关系为

$$\begin{cases} u_1 = \dfrac{N_1}{N_2} u_2 = n u_2 \\ i_1 = -\dfrac{N_2}{N_1} i_2 = -\dfrac{1}{n} i_2 \end{cases} \tag{4.2.1}$$

图 4.2.1（b）所示的理想变压器，其伏安关系为

$$\begin{cases} u_1 = -\dfrac{N_1}{N_2} u_2 = -n u_2 \\ i_1 = \dfrac{N_2}{N_1} i_2 = \dfrac{1}{n} i_2 \end{cases} \tag{4.2.2}$$

由式（4.2.1）或式（4.2.2）可知，在任何时刻，理想变压器吸收的瞬时功率恒等于零，即

$$u_1 i_1 + u_2 i_2 = 0$$

也就是说，理想变压器只是起传输功率（或能量）的作用，它既不消耗能量，也不储存能量。

（2）阻抗变换特性

理想变压器对电压、电流按变比变换的作用，还反映在阻抗的变换上。如图 4.2.2 所示，在正弦稳态的情况下，当理想变压器的次级接负载阻抗 Z_{L}，则从理想变压器初级看进去的输入阻抗为

$$Z_{\mathrm{in}} = \frac{\dot{U}_1}{\dot{I}_1} = \frac{n\dot{U}_2}{-\dfrac{1}{n}\dot{I}_2} = n^2 \frac{\dot{U}_2}{\left(-\dot{I}_2\right)} = n^2 Z_{\mathrm{L}} \tag{4.2.3}$$

$n^2 Z_{\mathrm{L}}$ 即为次级折合到初级的等效阻抗，也就是说，图 4.2.2（a）可用图 4.2.2（b）等效代替。

在电子技术中，利用理想变压器的阻抗变换作用，常通过改变匝比来改变输入阻抗，使之与电源匹配，从而使负载获得最大功率；在电路分析中，常利用变换阻抗特性，将含理想变压器电路变换成不含理想变压器的初级等效电路或次级等效电路，从而简化含理想变压器

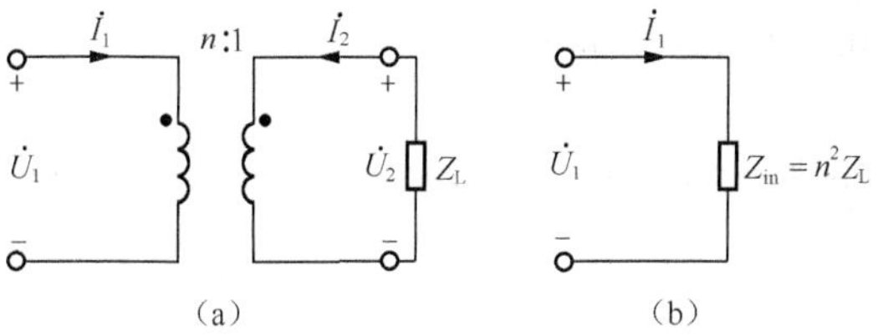

图 4.2.2　理想变压器的阻抗变换作用

电路的分析计算。

3. 含理想变压器的电路分析举例

例 4.2.1　含理想变压器的电路如图 4.2.3（a）所示，试求 $\dot{I}_1$ 和 $\dot{U}$。

解：利用理想变压器的阻抗变换特性，将次级阻抗变换到初级，可得图 4.2.3（b）所示的电路。

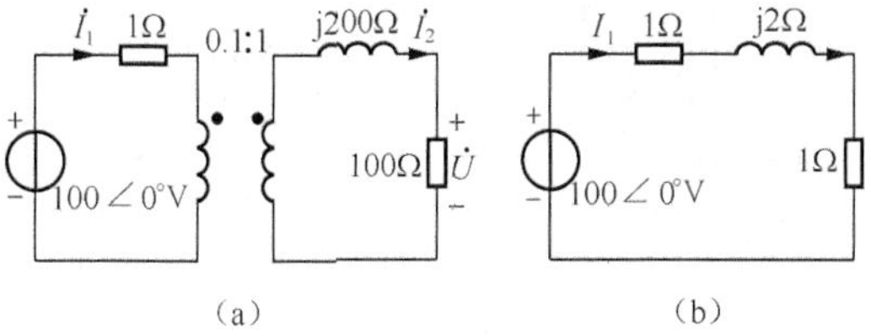

图 4.2.3　例 4.2.1 图

$$\dot{I}_1 = \frac{100\angle 0^\circ}{1+\mathrm{j}2+1} = 25\sqrt{2}\angle -45^\circ\mathrm{A}$$

由理想变压器的伏安关系，可得

$$\dot{I}_2 = n\dot{I}_1 = 2.5\sqrt{2}\angle -45^\circ\mathrm{A}$$

则

$$\dot{U} = 100\dot{I}_2 = 250\sqrt{2}\angle -45^\circ\mathrm{V}$$

过关训练

4.1　试标出题 4.1 图所示耦合线圈的同名端。

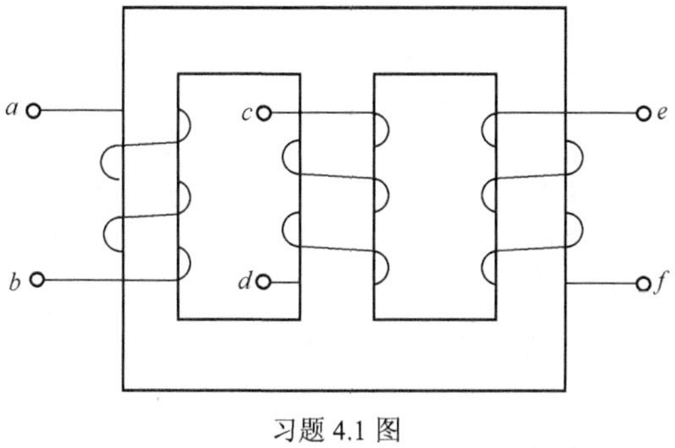

习题 4.1 图

4.2　写出题 4.2 图中各耦合电感的伏安关系。

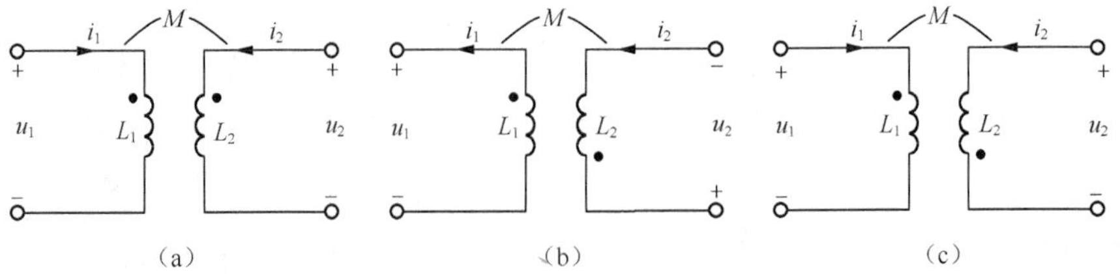

习题 4.2 图

4.3　写出题 4.3 图中每一个理想变压器初、次级间的电压和电流变换关系式。

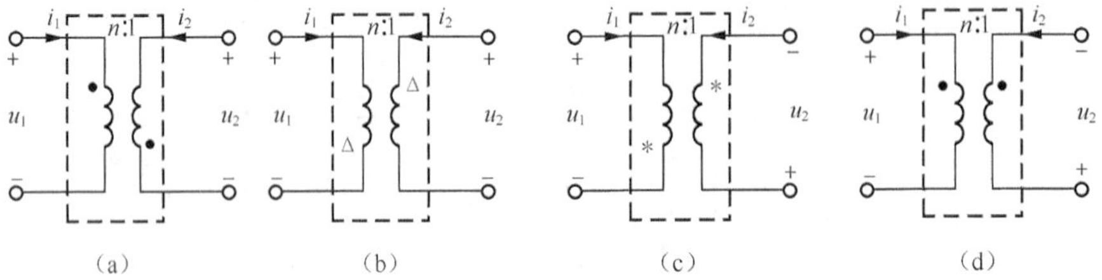

习题 4.3 图

4.4　求题 4.4 图所示电路中的电流 $\dot{I}_1$ 和 $\dot{I}_2$。

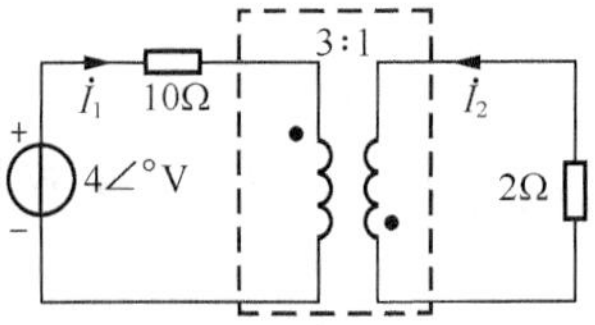

习题 4.4 图

模块 5

信号的频谱分析——傅里叶分析

【本模块问题引入】信号是一种带有消息且随时间变化的物理量，前面我们已经详细分析了直流信号和交流信号，实际电路中还有哪些常见的基本信号？这些信号各有什么特性？信号的分析可以分为时域和频域两个方面，时域分析是我们所熟悉的分析方法，那么频域分析的本质是什么？如何进行信号的频域分析？信号的频域特性与时域特性之间有什么对应关系？这都是我们在信号的频谱分析中应该掌握的基本内容。

【本模块内容简介】本模块共分 6 个任务，包括常见信号、非正弦周期信号的分解——傅里叶级数、非正弦周期信号的频谱分析、非周期信号的频谱分析——傅里叶变换、傅里叶变换性质的应用、电路无失真传输信号的条件。

【本模块重点难点】重点掌握常见信号的定义和性质、非正弦周期信号的频谱特点、非周期信号的频谱分析；难点是单位冲激信号的性质、电路无失真传输信号的含义及条件。

任务 1　常见信号

【问题引入】除了直流信号和交流信号，电路中还有哪些常见的基本信号？本任务中我们将认识这些基本信号，了解它们的表达式、波形、特性和功能。

【本任务要求】

1. 识记：基本信号的数学表达式、信号的主要性质。
2. 应用：阶跃信号和门信号的截取功能、冲激信号的筛选特性。

常见信号又称为基本信号，或典型信号，通过信号的运算，这些信号可以构成更加复杂的信号。熟悉这些信号可以帮助我们深入分析其他较复杂的信号（本教材仅限于讨论基本的连续时间信号）。

1. 单边指数衰减信号

单边指数衰减信号的表示式为

$$f(t)=\begin{cases}Ee^{-at} & (a>0\text{ ，}t>0)\\ 0 & (t<0)\end{cases} \tag{5.1.1}$$

当 $t>0$ 时，信号随时间增大而衰减；当 $t<0$ 时函数值为零。

波形如图 5.1.1 所示。

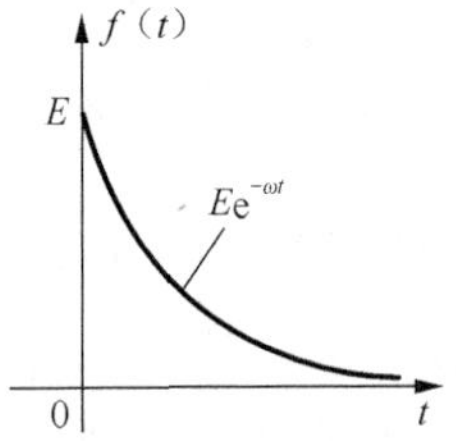

图 5.1.1　单边指数衰减信号

2. 单位斜变信号

斜变信号是指从某一时刻开始随时间正比例增长的信号，如果增长的变化率是 1，就称为单位斜变信号，通常用 $R(t)$ 表示，其波形如图 5.1.2(a)所示。

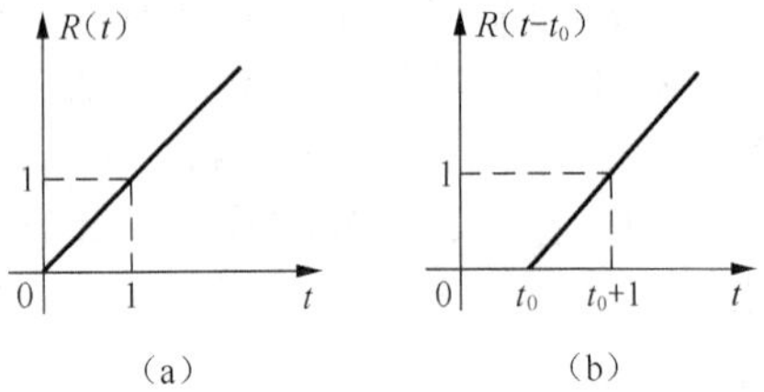

图 5.1.2　单位斜变信号

其表示式为

$$R(t)=\begin{cases}0 & (t<0)\\ t & (t\geqslant 0)\end{cases} \tag{5.1.2}$$

如果将起点移至 t_0 处，则其波形如图 5.1.2(b)所示，称为 $R(t)$ 的时移信号，表示式为

$$R(t-t_0)=\begin{cases}0 & (t<t_0)\\ t-t_0 & (t\geqslant t_0)\end{cases} \tag{5.1.3}$$

3. 单位阶跃信号

(1) 单位阶跃信号的定义式

单位阶跃信号，简称为阶跃信号，通常用 $\varepsilon(t)$ 表示，其波形如图 5.1.3(a)所示。

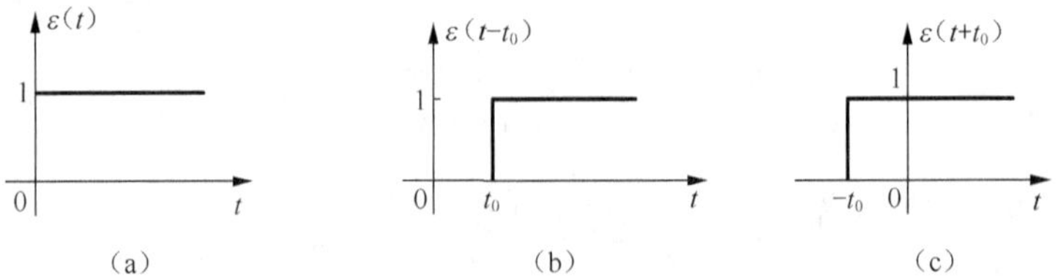

图 5.1.3　单位阶跃信号

表达示式为

$$\varepsilon(t)=\begin{cases}0 & (t<0)\\1 & (t>0)\end{cases} \tag{5.1.4}$$

单位阶跃信号的物理意义是：当$\varepsilon(t)$为电路的电源时，相当于该电路在$t=0$时刻接入单位直流电源，且不再变化，其示意图如图 5.1.4 所示，图中方框N_0代表任一电路。

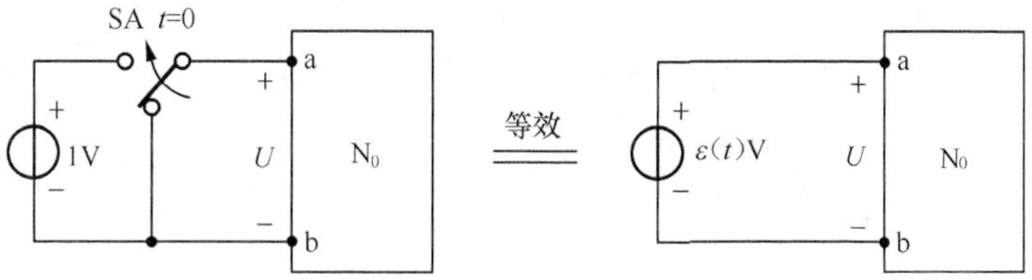

图 5.1.4　$\varepsilon(t)$的物理意义

另外，图 5.1.3 中（b）、（c）图分别表示将$\varepsilon(t)$右移至t_0位置和左移至$-t_0$位置所形成的波形图，它们的函数表达式分别是

$$\varepsilon(t-t_0)=\begin{cases}0 & (t<t_0)\\1 & (t>t_0)\end{cases} \tag{5.1.5}$$

$$\varepsilon(t+t_0)=\begin{cases}0 & (t<-t_0)\\1 & (t>-t_0)\end{cases} \tag{5.1.6}$$

$\varepsilon(t-t_0)$和$\varepsilon(t+t_0)$均称为$\varepsilon(t)$的时移信号。

由图 5.1.3 可以得到信号的时移运算：$f(t)\longrightarrow f(t\pm t_0)$的运算方法，即$f(t+t_0)$的波形比$f(t)$的波形在时间上超前$t_0$，$f(t+t_0)$的波形是$f(t)$的波形沿时间轴向左平移$t_0$；$f(t-t_0)$的波形比$f(t)$的波形在时间上滞后$t_0$，即$f(t-t_0)$的波形是$f(t)$的波形沿时间轴向右平移$t_0$。

（2）单位阶跃信号具有截取信号的能力

所谓截取信号的能力，是说任一信号$f(t)$与单位阶跃信号$\varepsilon(t)$的乘积$f(t)\varepsilon(t)$所表示的信号是$f(t)$中 $t>0$的部分。同理，$f(t)\varepsilon(t-t_0)$表示的信号是$f(t)$中$t>t_0$的部分。

对实际问题中的信号，往往只存在于确定时间以后或有限的时间范围内，利用阶跃信号幅度值为 1 的特点，就可以用单位阶跃信号及其时移信号来表示这些信号存在的时间范围。

例如，单边指数衰减信号可表示为

$$f(t)=E\mathrm{e}^{-at}\varepsilon(t) \tag{5.1.7}$$

单位斜变信号可表示为

$$R(t)=t\varepsilon(t) \tag{5.1.8}$$

又如，一般的正弦信号是定义在全时间范围内的（见图 5.1.5），即

$$f(t)=\sin\omega t\ (-\infty<t<\infty) \tag{5.1.9}$$

取$t \geqslant 0$以后的正弦信号，可表示为

$$f_1(t) = \sin \omega t \ \varepsilon(t) \tag{5.1.10}$$

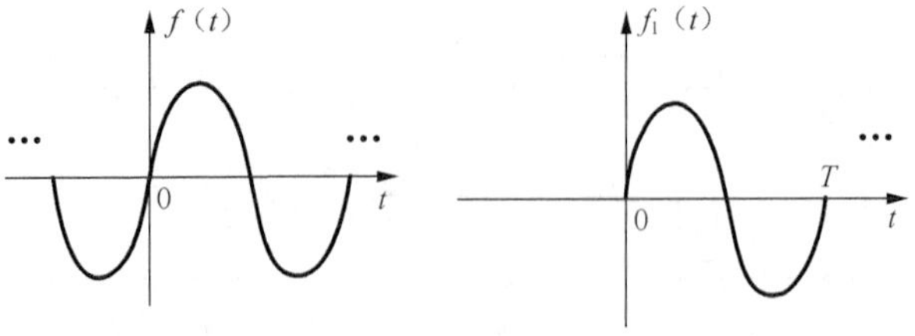

（a） $f(t)=\sin \omega t$ （b） $f_1(t)=\sin \omega t\, \varepsilon(t)$

图 5.1.5 存在于不同区间的正弦信号

（3）由阶跃信号组成门信号

门信号是另一个重要的信号，常用$G_\tau(t)$表示，其波形如图 5.1.6（a）所示，它是宽度为τ，幅度为 1 的矩形脉冲。

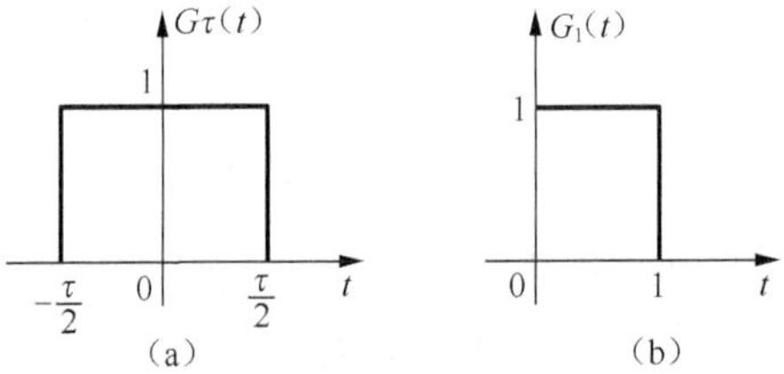

（a） （b）

图 5.1.6 门信号

图 5.1.6（a）所示的门信号的表达式为

$$G_\tau(t) = \varepsilon(t+\frac{\tau}{2}) - \varepsilon(t-\frac{\tau}{2}) = \begin{cases} 1 & (-\frac{\tau}{2} < t < \frac{\tau}{2}) \\ 0 & (t < -\frac{\tau}{2}，\ t > \frac{\tau}{2}) \end{cases} \tag{5.1.11}$$

而图 5.1.6（b）所示的门信号的表示式为

$$G_1(t) = \varepsilon(t) - \varepsilon(t-1) = \begin{cases} 1 & (0 < t < 1) \\ 0 & (t < 0，\ t > 1) \end{cases} \tag{5.1.12}$$

门信号好比一个时间闸门，任一信号$f(t)$与门信号相乘，只保留了$f(t)$在门内部分的函数值，而$f(t)$在门外部分的函数值处处为零。换句话说，任一信号与门信号的乘积$f(t)\ G_\tau(t)$表示的信号是，$f(t)$中门信号宽度的部分，即截取了门信号宽度部分的$f(t)$，而门信号以外的$f(t)$的值全部变成零。

例 5.1.1 分别用门信号和阶跃信号表示下列信号。

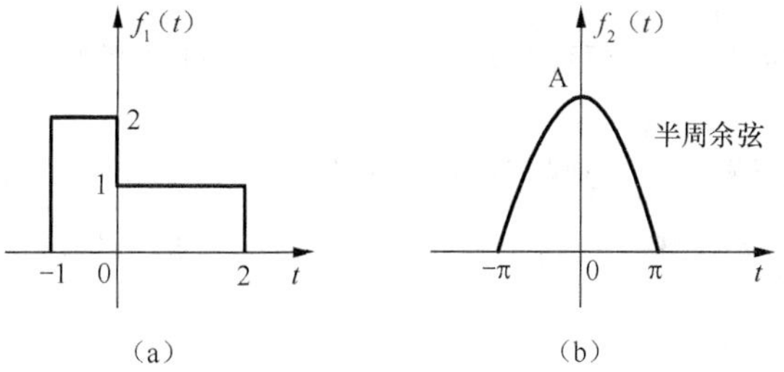

图 5.1.7　例 5.1.1 图

解：图 5.1.7（a）中

$$f_1(t)=2\left[\varepsilon(t+1)-\varepsilon(t)\right]+\varepsilon(t)-\varepsilon(t-2)=2\varepsilon(t+1)-\varepsilon(t)-\varepsilon(t-2)$$

图 5.1.7（b）中

$$T=4\pi\ ,\ \ \omega=\frac{2\pi}{T}=\frac{2\pi}{4\pi}=\frac{1}{2}$$

$$f_2(t)=\cos\frac{1}{2}t\left[\varepsilon(t+\pi)-\varepsilon(t-\pi)\right]=\cos\frac{1}{2}t\,\varepsilon(t+\pi)-\cos\frac{1}{2}t\,\varepsilon(t-\pi)$$

4．单位冲激信号

单位冲激信号又称为冲激信号，通常用 $\delta(t)$ 表示。

（1）$\delta(t)$ 函数的定义式

冲激函数的定义方式有多种，先重点介绍它的函数定义式。

$$\begin{cases}\delta(t)=\begin{cases}\infty & (t=0)\\ 0 & (t\neq 0)\end{cases}\\ \int_{-\infty}^{\infty}\delta(t)\mathrm{d}(t)=1\end{cases}\tag{5.1.13}$$

式中，$\int_{-\infty}^{\infty}\delta(t)\mathrm{d}(t)=1$ 表示 $\delta(t)$ 所包围的面积（强度）为 1，因此 $\delta(t)$ 被称为“单位冲激信号”。通常又把这个积分值称为冲激信号的冲激强度。

单位冲激信号的波形如图 5.1.8(a)所示。图中箭头表示 $t=0$ 时，幅度为无限大，符号“(1)”表示冲激信号的冲激强度为 1。图 5.1.8（b）是冲激信号 $\delta(t)$ 的时移信号 $\delta(t-t_0)$，图 5.1.8（c）、图 5.18（d）中的信号冲激强度分别是 E 、B 。

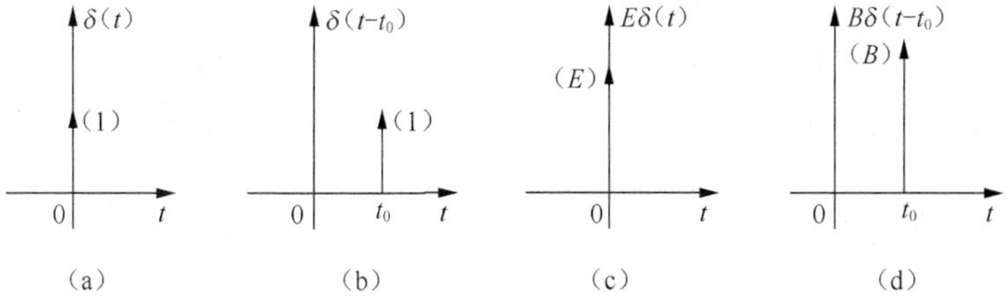

图 5.1.8 冲激信号

冲激信号的另一种定义，是通过对某些满足一定条件的规则信号取广义极限而建立起来的。例如，选取图 5.1.9 所示的矩形脉冲 $f(t)$，该脉冲的宽度为 τ，幅度为 $\frac{1}{\tau}$，面积为 1。如果减小脉宽 τ，则脉冲幅度 $\frac{1}{\tau}$ 必增大，但面积仍为 1。当 τ 趋于零时，$\frac{1}{\tau}$ 必趋于无穷大，但面积恒等于 1 不变。这个矩形脉冲在 $\tau \to 0$ 时的极限就是单位冲激信号 $\delta(t)$。它的数学表达式为

$$\delta(t) = \lim_{\tau \to 0} \frac{1}{\tau}\left[\varepsilon(t+\frac{\tau}{2}) - \varepsilon(t-\frac{\tau}{2})\right] \tag{5.1.14}$$

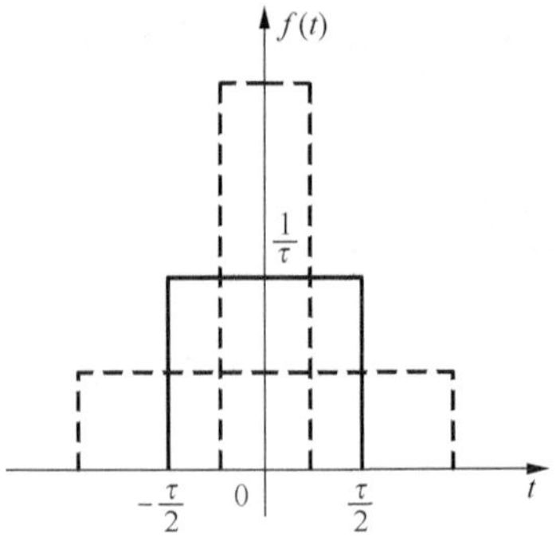

图 5.1.9　矩形脉中演变为冲激信号

（2）冲激信号的主要性质

① 如果 $f(t)$ 是一个在 $t=0$ 或 $t=t_0$ 点连续且处处有界的函数，则有

$$f(t)\,\delta(t) = f(0)\,\delta(t) \tag{5.1.15}$$

$$f(t)\,\delta(t-t_0) = f(t_0)\,\delta(t-t_0) \tag{5.1.16}$$

即：$f(t)$ 与 $\delta(t)$ 的乘积是一个强度为 $f(0)$ 的冲激函数，$f(t)$ 与 $\delta(t-t_0)$ 乘积是一个强度为 $f(t_0)$ 的冲激函数，$f(0)$、$f(t_0)$ 分别为 $f(t)$ 在 $t=0$、$t=t_0$ 时的函数值。

② 冲激函数的抽样性（也称筛选性）

$$\int_{-\infty}^{\infty} f(t)\delta(t)\mathrm{d}t = f(0) \tag{5.1.17}$$

$$\int_{-\infty}^{\infty} f(t)\delta(t-t_0)\mathrm{d}t = f(t_0) \tag{5.1.18}$$

抽样性是指 $\delta(t)$ 或 $\delta(t-t_0)$ 与任意连续时间函数 $f(t)$ 的乘积在 $(-\infty,\ \infty)$ 时间内的积分，就是 $f(t)$ 在 $t=0$ 或 $t=t_0$ 时刻的函数值 $f(0)$ 或 $f(t_0)$，这一性质在电路分析理论中占有重要的地位。

③ 冲激函数是偶函数

$$\delta(t) = \delta(-t) \tag{5.1.19}$$

④ 冲激函数与阶跃函数的关系

$$\delta(t)=\frac{\mathrm{d}\varepsilon(t)}{\mathrm{d}t} \tag{5.1.20}$$

$$\delta(t-t_0)=\frac{\mathrm{d}\varepsilon(t-t_0)}{\mathrm{d}t} \tag{5.1.21}$$

$$\varepsilon(t)=\int_{-\infty}^{t}\delta(\tau)\mathrm{d}\tau \tag{5.1.22}$$

因为 $\delta(t)$ 与 $\varepsilon(t)$ 的这一关系，使得冲激函数 $\delta(t)$ 得到了广泛的应用。

例 5.1.2　完成下列运算。

（1）$(t^2-t+1)\delta(t+1)$；

（2）$\mathrm{e}^{-t}\left[\delta(t)-\delta(t-1)\right]$　；

（3）$\int_{-\infty}^{\infty}\delta\left(t-\pi\right)\sin t\mathrm{d}t$　；

（4）$\int_{-\infty}^{\infty}\mathrm{e}^{\mathrm{j}t}\left[\delta\left(t-\frac{\pi}{2}\right)-\delta\left(t+\frac{\pi}{2}\right)\right]\mathrm{d}t$　。

解:（1）$(t^2-t+1)\delta(t+1)=3\,\delta(t+1)$

（2）$\mathrm{e}^{-t}\left[\delta(t)-\delta(t-1)\right]=\delta(t)-\mathrm{e}^{-1}\delta(t-1)$

（3）$\int_{-\infty}^{\infty}\delta\left(t-\pi\right)\sin t\mathrm{d}t=\sin\pi=0$

（4）
$$\begin{aligned}&\int_{-\infty}^{\infty}\mathrm{e}^{\mathrm{j}t}\left[\delta\left(t-\frac{\pi}{2}\right)-\delta\left(t+\frac{\pi}{2}\right)\right]\mathrm{d}t\\&=\mathrm{e}^{\mathrm{j}\frac{\pi}{2}}-\mathrm{e}^{-\mathrm{j}\frac{\pi}{2}}\\&=\cos\frac{\pi}{2}+\mathrm{j}\sin\frac{\pi}{2}-\left[\cos(-\frac{\pi}{2})+\mathrm{j}\sin(-\frac{\pi}{2})\right]\\&=\mathrm{j}2\sin\frac{\pi}{2}\\&=\mathrm{j}2\end{aligned}$$

例 5.1.3　已知信号 $f(t)$ 的波形图如图 5.1.10 所示，试求出 $f(t)$、$f'(t)$ 的表达式，并画出导函数 $f'(t)$ 的波形图。

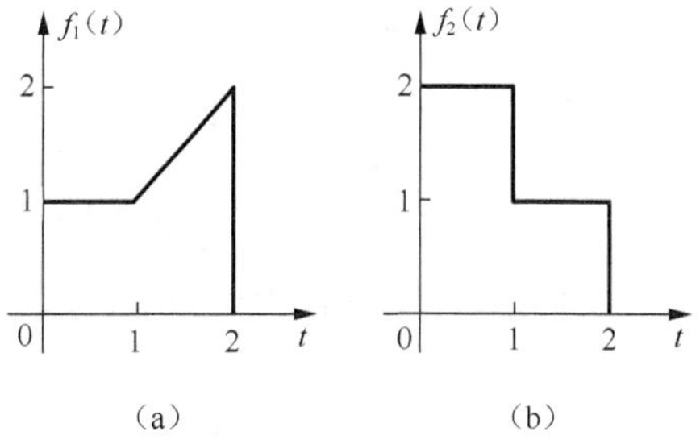

图 5.1.10　例 5.1.3 图 1

解：$f_1(t)=\varepsilon(t)-\varepsilon(t-1)+t\left[\varepsilon(t-1)-\varepsilon(t-2)\right]$

$$f_1'(t)=\delta(t)-\delta(t-1)+\ \ \varepsilon(t-1)-\varepsilon(t-2)+t\left[\delta(t-1)-\delta(t-2)\right]$$
$$=\delta(t)+(t-1)\delta(t-1)-t\,\delta(t-2)+\varepsilon(t-1)-\varepsilon(t-2)$$
$$=\delta(t)-2\delta(t-2)+\varepsilon(t-1)-\varepsilon(t-2)$$

可见，$f_1'(t)$是由一个门信号和两个冲激信号组成，如图 5.1.11（a）所示。

$$f_2(t)=2\left[\varepsilon(t)-\varepsilon(t-1)\right]+\varepsilon(t-1)-\varepsilon(t-2)=2\varepsilon(t)-\varepsilon(t-1)-\varepsilon(t-2)$$
$$f_2'(t)=2\delta(t)-\delta(t-1)-\delta(t-2)$$

$f_2'(t)$是由 3 个冲激信号组成，如图 5.1.11（b）所示。

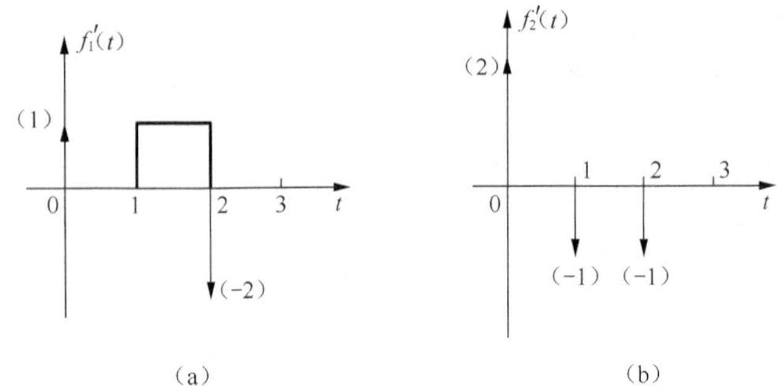

图 5.1.11　例 5.1.3 图 2

从图 5.1.10 和图 5.1.11 可知：若已知函数 $f(t)$ 在不连续点处的跳变值，则导函数 $f'(t)$ 在该点是一个强度等于这个跳变值的冲激信号。如函数 $f_1(t)$ 在不连续点 $t=0$ 处的跳变值是 1，则该处的导函数 $f_1'(t)$ 是一个强度为 1 的冲激信号 $\delta(t)$；在不连续点 $t=2$ 处的跳变值是 −2，则该处的导函数 $f_1'(t)$ 是一个强度为（−2）的冲激信号 $-2\delta(t-2)$。

5．正负号信号

正负号信号又称符号函数，用 $s_{gn}(t)$ 表示，其表达式为

$$s_{gn}(t)=\begin{cases}-1 & (t<0)\\ 1 & (t>0)\end{cases} \tag{5.1.23}$$

函数的波形图如图 5.1.12(a)所示。

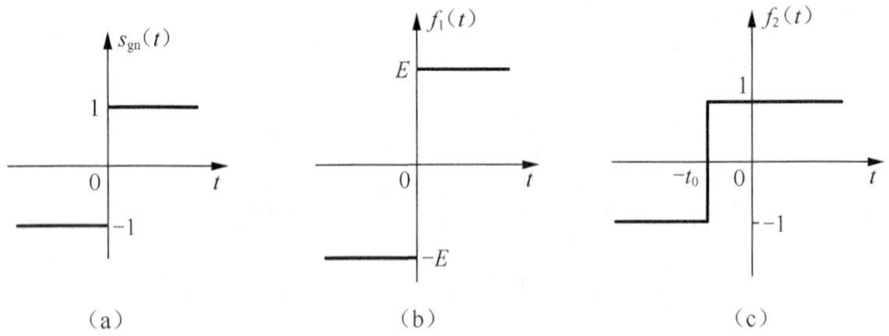

图 5.1.12　正负号信号

正负号信号的物理意义是：当 $s_{gn}(t)$ 作为电路的电源时，相当于该电路在 $t=0$ 时刻将单

位直流电源的方向改变。

图 5.1.12 中（b）、（c）图的表达式是

$$f_1(t) = E\, s_{\mathrm{gn}}(t) \tag{5.1.24}$$

$$f_2(t) = s_{\mathrm{gn}}(t + t_0) \tag{5.1.25}$$

任务 2　非正弦周期信号的分解——傅里叶级数

【问题引入】信号除了可以用时间函数或波形来描述，还可以用另一种方式来描述，即通过傅里叶级数或傅里叶变换把周期或非周期信号分解成为许许多多不同频率的正弦分量的线性组合，这就是信号的频谱分析。用频谱分析的观点来分析系统，就是线性电路的频域分析。本任务中我们将了解如何将非正弦周期信号分解为不同频率的正弦信号的线性组合，所使用的数学工具就是傅里叶级数。

【本任务要求】

1. 识记：傅里叶级数的三种表达式。
2. 领会：傅里叶级数三种表达形式中参数之间的关系。
3. 应用：将非正弦周期信号用傅里叶级数表示。

1. 三角形式的傅里叶级数

设周期信号为 $f(t)$，其基本周期为 T，角频率 $\omega_1 = 2\pi / T$，当 $f(t)$ 满足狄里赫利条件时，它可以展开成三角形式的傅里叶级数，即

$$\begin{aligned} f(t) &= a_0 + a_1 \cos\omega_1 t + b_1 \sin\omega_1 t + a_2 \cos 2\omega_1 t + b_2 \sin 2\omega_1 t + \cdots + a_n \cos n\omega_1 t + b_n \sin n\omega_1 t + \cdots \\ &= a_0 + \sum_{n=1}^{\infty}\left(a_n \cos n\omega_1 t + b_n \sin n\omega_1 t\right) \end{aligned} \tag{5.2.1}$$

其中直流分量

$$a_0 = \frac{1}{T}\int_{t_0}^{t_0+T} f(t)\mathrm{d}t \tag{5.2.2a}$$

余弦分量幅度

$$a_n = \frac{2}{T}\int_{t_0}^{t_0+T} f(t)\cos n\omega_1 t\mathrm{d}t \tag{5.2.2b}$$

正弦分量幅度

$$b_n = \frac{2}{T}\int_{t_0}^{t_0+T} f(t)\sin n\omega_1 t\mathrm{d}t \tag{5.2.2c}$$

其中 $n = 1$，2，3…

a_0 在数学式中的几何意义是平均值，而在信号的分解式中，它代表信号所含的直流分量。ω_1 称为基波或一次谐波，$n\omega_1$ 称为 n 次谐波，系数 a_n, b_n 则分别为 n 次谐波的余弦分量和正弦分量的幅度。

2. 余弦形式的傅里叶级数

将式（5.2.1）加以整理合并，可得到余弦形式的傅里叶级数。

$$f(t)=a_0+\sum_{n=1}^{\infty}A_n\cos(n\omega_1 t+\varphi_n)$$

$$=A_0+\sum_{n=1}^{\infty}A_n\cos(n\omega_1 t+\varphi_n) \qquad (5.2.3)$$

式（5.2.3）与式（5.2.1）各系数之间有如下关系

$$A_0=a_0$$

$$A_n=\sqrt{a_n^2+b_n^2}$$

$$\varphi_n=-\arctan\frac{b_n}{a_n}\ （n=1，2，3\cdots） \qquad (5.2.4)$$

式中，A_n是 n 次谐波的幅度，即为该谐波分量余弦信号的最大值或振幅值；φ_n是 n 次谐波的初相位。

3. 指数形式的傅里叶级数

利用欧拉公式，可以得到$f(t)$的指数形式傅里叶级数为

$$f(t)=\sum_{-\infty}^{\infty}\dot{F}(n\omega_1)\mathrm{e}^{\mathrm{j}n\omega_1 t} \qquad (5.2.5)$$

其中，

$$\dot{F}(n\omega_1)=\frac{1}{T}\int_{t_0}^{t_0+T}f(t)\mathrm{e}^{-\mathrm{j}n\omega_1 t}\mathrm{d}t \qquad (5.2.6)$$

（n 为从 $-\infty$ 到 ∞ 的整数）

傅里叶级数的三角形式、余弦形式以及指数形式的系数之间的关系为

$$\dot{F}(n\omega_1)=\frac{1}{2}(a_n-\mathrm{j}b_n)$$

$$=\frac{1}{2}\sqrt{a_n^2+b_n^2}\angle-\arctan\frac{b_n}{a_n}$$

$$=\frac{1}{2}A_n\mathrm{e}^{\mathrm{j}\phi_n}$$

$$=\frac{1}{2}\dot{A}_n \qquad (5.2.7)$$

$$\left|\dot{F}(n\omega_1)\right|=\frac{1}{2}A_n \qquad (5.2.8)$$

上式的物理意义：$\dot{F}(n\omega_1)$代表 n 次谐波的相量，但在数值上为实际谐波相量的 1/2；其角度φ_n是 n 次谐波的初相；A_n是 n 次谐波的振幅。

例 5.2.1 将图 5.2.1 展开成指数形式和三角形式的傅里叶级数。

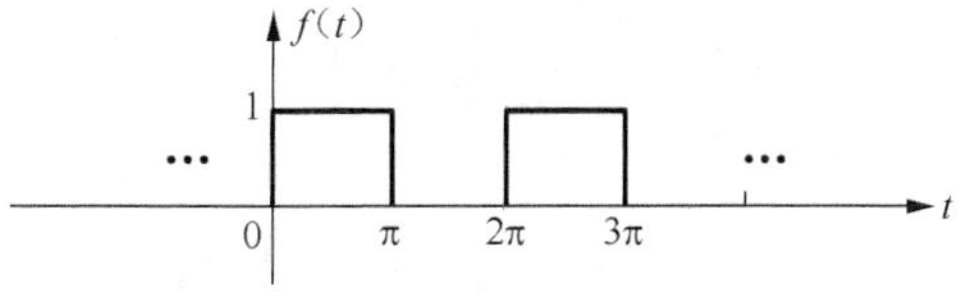

图 5.2.1 例 5.2.1 图

解：在 $0<t<2\pi$ 周期内 $f(t)$ 的表达式为

$$f(t)=\begin{cases}1,(0<t<\pi)\\0,(\pi<t<2\pi)\end{cases}$$

由图可见 $T=2\pi$，$\omega_1=2\pi/T=1\text{rad/s}$

将上面 $f(t)$ 代入式（5.2.6）、式（5.2.5）中，得到 $f(t)$ 的指数形式的傅里叶级数为

$$f(t)=\cdots-\frac{1}{\pi}\frac{1}{\mathrm{j}5}\mathrm{e}^{-\mathrm{j}5t}-\frac{1}{\pi}\frac{1}{\mathrm{j}3}\mathrm{e}^{-\mathrm{j}3t}-\frac{1}{\pi}\frac{1}{\mathrm{j}}\mathrm{e}^{-\mathrm{j}t}+\frac{1}{2}+\frac{1}{\pi}\frac{1}{\mathrm{j}}\mathrm{e}^{\mathrm{j}t}+\frac{1}{\pi}\frac{1}{\mathrm{j}3}\mathrm{e}^{\mathrm{j}3t}+\frac{1}{\pi}\frac{1}{\mathrm{j}5}\mathrm{e}^{\mathrm{j}5t}+\cdots$$

将上式转换成三角形式，可得

$$f(t)=\frac{1}{2}+\frac{2}{\pi}\left[\frac{1}{\mathrm{j}2}\left(\mathrm{e}^{\mathrm{j}t}-\mathrm{e}^{-\mathrm{j}t}\right)+\frac{1}{3}\frac{1}{\mathrm{j}2}\left(\mathrm{e}^{\mathrm{j}3t}-\mathrm{e}^{-\mathrm{j}3t}\right)+\cdots\right]$$

$$=\frac{1}{2}+\frac{2}{\pi}\left(\sin t+\frac{1}{3}\sin 3t+\frac{1}{5}\sin 5t+\cdots\right)$$

任务 3 非正弦周期信号的频谱分析

【问题引入】任务 2 中我们利用傅里叶级数实现了非正弦周期信号的分解——分解为不同频率的正弦信号的线性组合，除了用数学表达式来描述这些分量以外，还有一种更为生动形象的描述方式——频谱，本任务中我们一起来认识频谱，了解非正弦周期信号的频谱特点。

【本任务要求】

1. 识记：周期性矩形脉冲信号的频谱。
2. 领会：离散性、谐波性、收敛性。

我们将以图 5.3.1 所示的矩形脉冲信号为例，来了解傅里叶级数在非正弦周期信号的频谱分析中的应用，该脉冲信号的周期为 T，脉宽为 τ，基波角频率 $\omega_1=\dfrac{2\pi}{T}$。

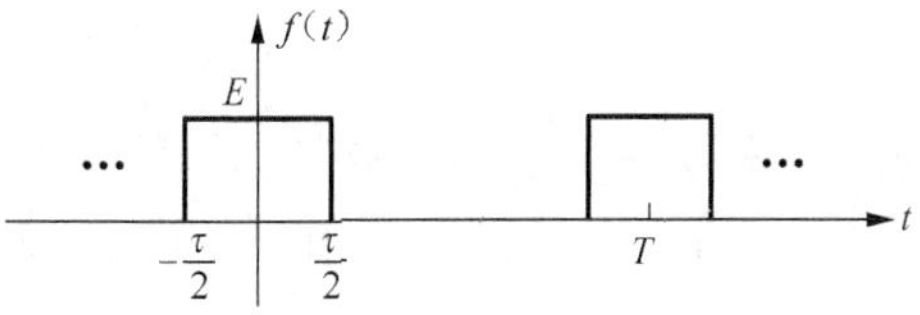

图 5.3.1 周期性矩形脉冲信号

该矩形脉冲的指数形式傅里叶级数为

$$\begin{aligned} f(t) &= \sum_{-\infty}^{\infty} \dot{F}(n\omega_1) e^{jn\omega_1 t} \\ &= \frac{E\tau}{T} \sum_{-\infty}^{\infty} Sa\left(\frac{n\tau\omega_1}{2}\right) e^{jn\omega_1 t} \end{aligned} \tag{5.3.1}$$

式中，$\dot{F}(n\omega_1) = \frac{E\tau}{T} Sa(\frac{n\tau\omega_1}{2})$

其中，Sa 为抽样函数，$Sa(x) = \frac{\sin x}{x}$。

而

$$\dot{F}(n\omega_1) = \frac{1}{2}\dot{A}_n$$

所以

$$\dot{A}_n = 2\dot{F}(n\omega_1) = \frac{2E\tau}{T} Sa(\frac{n\tau\omega_1}{2})$$

$\dot{A}_n$ 也可以表示为复数形式，$\dot{A}_n = A_n \angle \varphi_n$，$A_n$ 是 n 次谐波的幅度，φ_n 是 n 次谐波的初相。$A_n \sim \omega$ 曲线（或 $\left|\dot{F}(n\omega_1)\right| \sim \omega$ 曲线）描述了幅度与频率的关系，称为幅度频谱图；$\varphi_n \sim \omega$ 曲线描述了相位与频率的关系，称为相位频谱图；$\dot{A}_n \sim \omega$（或 $\dot{F}(n\omega_1) \sim \omega$）就是将幅度频谱图与相位频谱图作在同一图上。

选择不同的 T 和 τ，我们作出频谱图 $\dot{A}_n \sim \omega$，如图 5.3.2 和图 5.3.3 所示，通过观察比较，找出矩形脉冲信号频谱图的规律，它也反映了非正弦周期信号的频谱的一般规律。

（1）离散性：频谱谱线位于 $\omega = n\omega_1$ 处，即两相邻谱线的间隔为 ω_1（$\omega_1 = \frac{2\pi}{T}$，谱线间隔与周期 T 成反比）。

（2）谐波性：在频谱曲线图上，谱线只出现在 ω_1 的整数倍处（即 $n\omega_1$ 处）。

（3）收敛性：从频谱曲线图看，A_n（或 $\left|\dot{F}(n\omega_1)\right|$）随着频率的逐渐升高而逐渐减小，当 $n\omega_1 \to \infty$ 时，$\left|\dot{F}(n\omega_1)\right|$ 或 A_n 趋于 0。

（4）谱线为零的点（即幅度为 0 的点）发生的频率为 $\frac{2\pi}{\tau}$，$\frac{4\pi}{\tau}$，$\frac{6\pi}{\tau}$…处。将 $\omega = \frac{2\pi}{\tau}$ 的点称为第一个过零的频率点，通常将 $\omega = 0$ 到 $\omega = \frac{2\pi}{\tau}$ 的频率段称为信号的有效带宽（带宽与脉冲宽度 τ 成反比）。

（5）在每两个零点之间的频率段内，谱线条数是相等的，即在两个过零点的频段之间，出现谐波分量的数字是相同的。谱线条数与 T/τ 的比值有关，如 $T/\tau = 4$，则谱线条数为 4（含一个零点）。

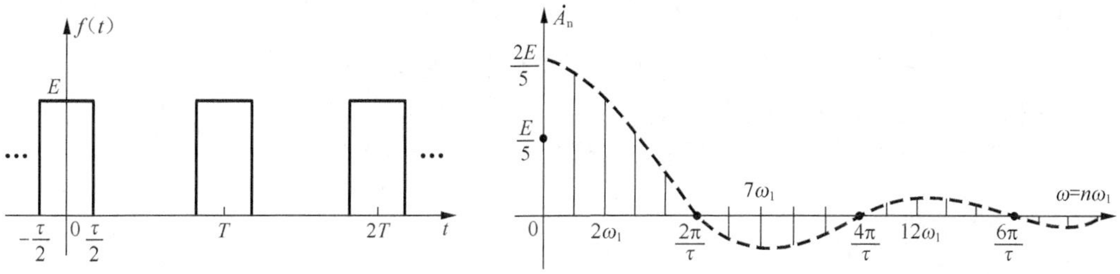

（a）　$T=5\tau$

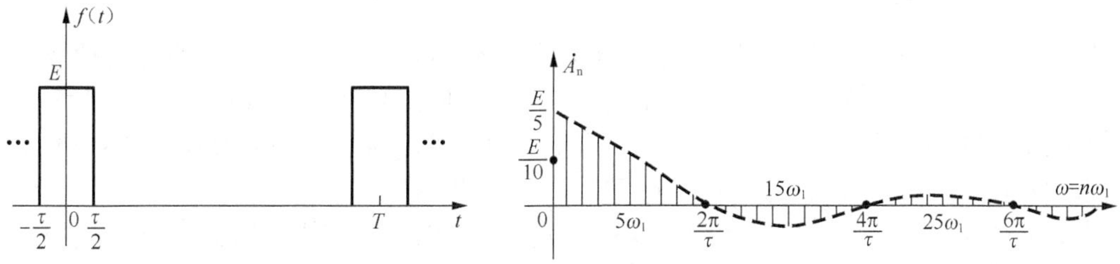

（b）　$T=10\tau$

图 5.3.2　不同 T 值对频谱的影响

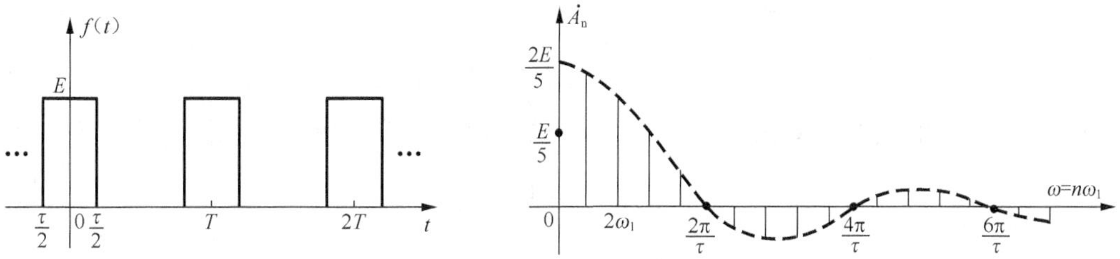

（a）　$\tau=\frac{T}{5}$

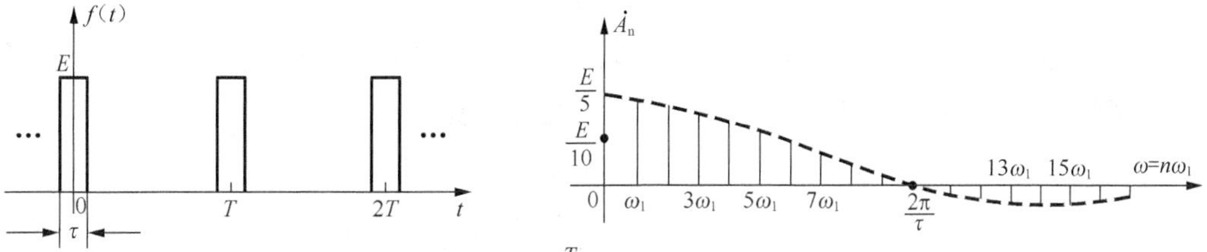

（b）　$\tau=\frac{T}{10}$

图 5.3.3　不同 τ 值对频谱的影响

任务 4　非周期信号的频谱分析——傅里叶变换

【问题引入】前面我们讨论了周期信号的傅里叶级数，并得到了它的离散频谱图。那么对于非周期信号是否也能进行信号分解，是否也有对应的频谱图呢？当然有！只是这时的数学工具不再是傅里叶级数，而是傅里叶变换。本任务中我们将了解傅里叶变换的条件和意义，认识常见的非周期信号的频谱。

【本任务要求】

1. 识记：傅里叶变换的条件和定义式、傅里叶反变换的定义式。
2. 领会：傅里叶变换与傅里叶级数之间的关系。
3. 应用：能进行常见的非周期信号的傅里叶变换。

1. 傅里叶变换

我们仍以矩形脉冲信号为例，观察其离散频谱（见图 5.3.2），我们发现：

（1）谱线间隔 $\omega_1=\dfrac{2\pi}{T}$，T 增大后，谱线间隔 ω_1 变小，即谱线变密了；当 $T\to\infty$ 时，周期信号变为非周期信号，谱线间隔 ω_1 趋于无限小，$\omega_1\to \mathrm{d}\omega$，离散频谱变为连续频谱；

（2）T 增大，谱线的长度变短；当 $T\to\infty$ 时，周期信号变为非周期信号，谱线的长度 A_n 趋于零；但是从物理概念上考虑，无论信号怎样分解，其所含能量是不变的，所以无论周期增大到什么程度，频谱的分布依然存在。

为了描述非周期信号的频谱分布，我们用周期信号的傅里叶级数通过极限的方法导出非周期信号频谱的表示式，称为傅里叶变换。

$$F(\omega)=\int_{-\infty}^{\infty} f(t)\mathrm{e}^{-\mathrm{j}\omega t}\mathrm{d}t \tag{5.4.1}$$

同时，得到傅里叶反变换的定义式

$$f(t)=\frac{1}{2\pi}\int_{-\infty}^{\infty} F(\omega)\mathrm{e}^{\mathrm{j}\omega t}\mathrm{d}\omega \tag{5.4.2}$$

式（5.4.1）通常称为傅氏正变换，式（5.4.2）称为傅氏反变换，在表述时，可写为

$$F(\omega)=F\left[f(t)\right]$$

$$f(t)=F^{-1}\left[F(\omega)\right]$$

或

$$f(t)\leftrightarrow F(\omega)$$

$F(\omega)$ 一般是复函数，可以写作 $F(\omega)=\left|F(\omega)\right|\mathrm{e}^{\varphi(\omega)}$。以 $\left|F(\omega)\right|\sim\omega$ 作出的曲线，就是“幅度”频谱；以 $\varphi(\omega)\sim\omega$ 作出的曲线，就是“相位”频谱。

2. 傅里叶变换的引出

设有一周期信号 $f(t)$，其基本周期为 T_1，复数频谱为

$$\dot{F}(n\omega_1)=\frac{1}{T_1}\int_{-\frac{T_1}{2}}^{\frac{T_1}{2}} f(t)\mathrm{e}^{-\mathrm{j}n\omega_1 t}\mathrm{d}t$$

两边同乘以 T_1 得

$$\dot{F}(n\omega_1)T_1=\int_{-\frac{T_1}{2}}^{\frac{T_1}{2}} f(t)\mathrm{e}^{-\mathrm{j}n\omega_1 t}\mathrm{d}t$$

由于 $T_1\to\infty$ 时，$\omega_1\to\mathrm{d}\omega$，$n\omega_1\to\omega$，记

$$F(\omega)=\lim_{T_1\to\infty}\int_{-\frac{T_1}{2}}^{\frac{T_1}{2}} f(t)\mathrm{e}^{-\mathrm{j}n\omega_1 t}\mathrm{d}t=\int_{-\infty}^{\infty} f(t)\mathrm{e}^{-\mathrm{j}\omega t}\mathrm{d}t$$

就得到傅里叶变换的定义式

$$F(\omega)=\int_{-\infty}^{\infty} f(t)\mathrm{e}^{-\mathrm{j}\omega t}\mathrm{d}t$$

同样，对于傅里叶级数

$$f(t)=\sum_{n=-\infty}^{\infty}\dot{F}(n\omega_1)\mathrm{e}^{\mathrm{j}n\omega_1 t}$$

将由于 $T_1\to\infty$ 而引起的上述变化代入上式可得傅里叶反变换的定义式

$$f(t)=\frac{1}{2\pi}\int_{-\infty}^{\infty}F(\omega)\mathrm{e}^{\mathrm{j}\omega t}\mathrm{d}\omega$$

必须指出，傅里叶变换应该满足一定的条件才能存在，傅里叶变换存在的充分条件是在无限区间内满足绝对可积条件，即要求

$$\int_{-\infty}^{\infty}\left|f(t)\right|\mathrm{d}t<\infty$$

由于实际中的信号大多存在傅氏变换，所以我们不再讨论傅里叶变换的存在性问题。

3．几种常见信号的频谱

利用傅里叶变换公式可以直接求一些常见信号的傅里叶变换。

例 5.4.1　求单边指数信号的傅氏变换。

解：单边指数信号的时域表达式为

$$f(t)=\begin{cases}\mathrm{e}^{-at} & (a>0\ ,\ t\geqslant 0)\\ 0 & (t<0)\end{cases}$$

傅氏变换为　$$F(\omega)=\int_{-\infty}^{\infty}f(t)\mathrm{e}^{-\mathrm{j}\omega t}\mathrm{d}t=\int_{0}^{\infty}\mathrm{e}^{-at}\mathrm{e}^{-\mathrm{j}\omega t}\mathrm{d}t=\frac{1}{a+\mathrm{j}\omega}$$

其中

$$\left.\begin{aligned}\left|F(\omega)\right|&=\frac{1}{\sqrt{a^2+\omega^2}}\\ \varphi(\omega)&=-\arctan\left(\frac{\omega}{a}\right)\end{aligned}\right\}$$

可以记为

$$\mathrm{e}^{-at}\varepsilon(t)\leftrightarrow\frac{1}{a+\mathrm{j}\omega}\tag{5.4.3}$$

由式（5.4.3）作频谱图，如图 5.4.1 所示。

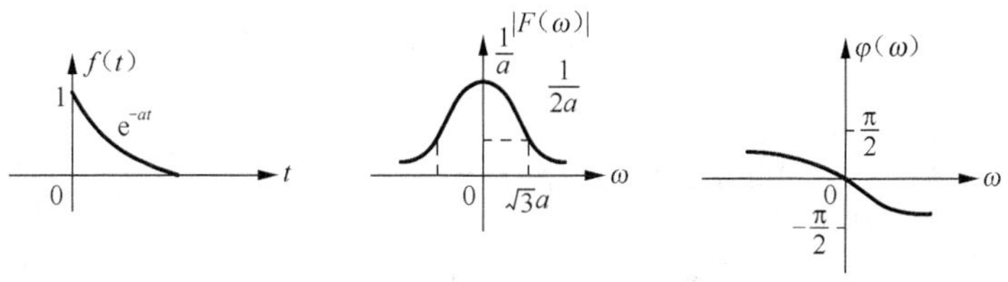

（a）　时域波形　　（b）　幅度频谱　　（c）　相位频谱

图 5.4.1　单边指数信号和它的频谱图

例 5.4.2 求冲激信号的傅氏变换。

解： 冲激信号的时域表达式为

$$\begin{cases} \delta(t)=0, & t\neq 0 \\ \delta(t)=\infty, & t=0 \end{cases}$$

及

$$\int_{-\infty}^{\infty}\delta(t)\mathrm{d}t=1$$

其傅里叶变换为 $F(\omega)=\int_{-\infty}^{\infty}f(t)\mathrm{e}^{-\mathrm{j}\omega t}\mathrm{d}t=\int_{-\infty}^{\infty}\delta(t)\mathrm{e}^{-\mathrm{j}\omega t}\mathrm{d}t=1$

记为

$$\delta(t)\leftrightarrow 1 \tag{5.4.4}$$

由式（5.4.4）作频谱图，如图 5.4.2 所示。

$\delta(t)$ 的频谱函数为 1，意味着在整个频率范围（$-\infty<\omega<\infty$）内，频谱分布是均匀的。同时可以看出，脉冲信号在时域占用时间的宽度与频域的带宽成反比。δ 函数是一种极限情况，它的脉宽为无穷小，所以带宽为无限大。由此可以推论，如果脉宽为无限大，则其带宽必为无穷小。

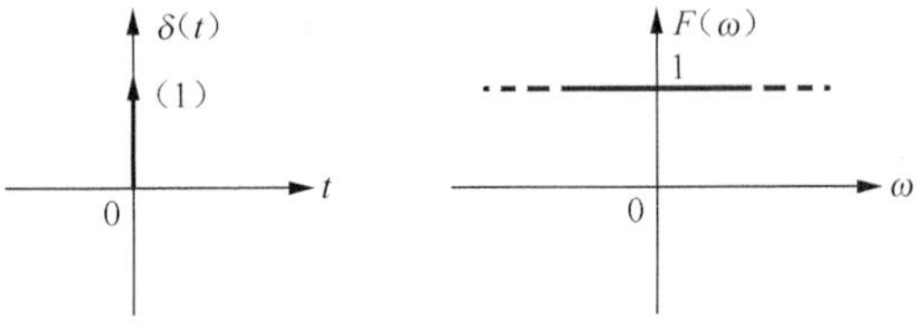

（a） 时域图形　　（b） 频谱图

图 5.4.2　冲激信号和它的频谱图

例 5.4.3 求正负号信号 $S_{\mathrm{gn}}(t)$ 的频谱函数。

解： 如图 5.4.3（a）、（b）所示。

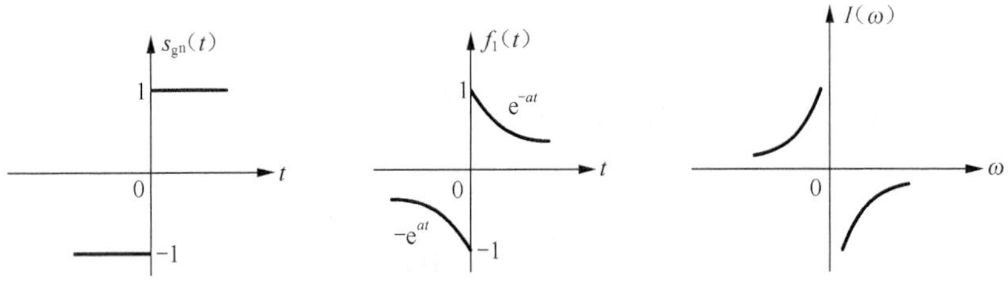

（a） 时域图形　　（b）　　（c） 频谱虚部图形

图 5.4.3　符号函数和它的频谱图

正负号信号可表示为 $s_{\mathrm{gn}}(t)=\lim\limits_{a\to 0}f_1(t)$，而 $f_1(t)=\begin{cases}\mathrm{e}^{-at} & (a>0,\ t>0) \\ -\mathrm{e}^{at} & (a>0,\ t<0)\end{cases}$

而

$$F_1(\omega)=\int_0^{\infty}\mathrm{e}^{-at}\mathrm{e}^{-\mathrm{j}\omega t}\mathrm{d}t-\int_{-\infty}^{0}\mathrm{e}^{at}\mathrm{e}^{-\mathrm{j}\omega t}\mathrm{d}t$$

$$=\frac{1}{\mathrm{j}\omega+a}-\frac{1}{a-\mathrm{j}\omega}=\frac{-\mathrm{j}2\omega}{a^2+\omega^2}$$

从而 $$F(\omega)=\lim_{a\to 0}F_1(\omega)=\frac{2}{\mathrm{j}\omega}$$

记为 $$Sgn(t)\leftrightarrow\frac{2}{\mathrm{j}\omega} \tag{5.4.5}$$

其频谱虚部 $I(\omega)$ 如图 5.4.3（c）所示，其幅度频谱 $|F(\omega)|$ 如图 5.4.4 所示。

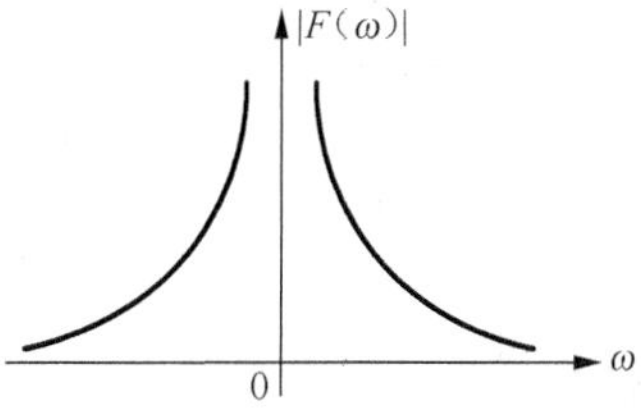

图 5.4.4　正负号信号的幅度频谱

其他常见信号及其频谱函数见附录 5。

任务 5　傅里叶变换性质的应用

【问题引入】傅里叶变换建立了信号的时域描述与频域描述的关系，两者是一一对应关系，即与时域信号所对应的频域信号是唯一的。当信号在一个域中发生某种变化，则在另一个域中必将发生相应的变化。这种相应变化的规律称为傅氏变换的性质。傅氏变换的性质可以进一步揭示信号的时域特性与频域特性的内在联系，表明信号在一个域中的运算与另一个域中运算的对应关系。本任务中我们将学习傅里叶变换的主要性质，这些性质在通信系统中有重要意义。

【本任务要求】

1. 识记：傅里叶变换频移性、尺度变换性。
2. 领会：信号的调制。

1. 傅里叶变换频移性（调制）

傅里叶变换频移性定义为

若 $f(t)\leftrightarrow F(\omega)$，则 $$f(t)\cdot \mathrm{e}^{\mathrm{j}\omega_0 t}\leftrightarrow F(\omega-\omega_0) \tag{5.5.1}$$

$$f(t)\mathrm{e}^{-\mathrm{j}\omega_0 t}\leftrightarrow F(\omega+\omega_0)\ （\omega_0\text{ 为实常数}） \tag{5.5.2}$$

频移性说明：频域信号 $F(\omega)$ 在频率轴上右移 ω_0，对应于时域信号 $f(t)$ 乘以虚指数 $\mathrm{e}^{\mathrm{j}\omega_0 t}$。实际应用时，常常是反过来用，即时域信号 $f(t)$ 乘以虚指数 $\mathrm{e}^{\mathrm{j}\omega_0 t}$ 后，对应于频谱 $F(\omega)$ 沿频率轴右移 ω_0。

时域信号 $f(t)$ 所乘的虚指数 $\mathrm{e}^{\mathrm{j}\omega_0 t}$ 包含在正弦或余弦信号中。因此，用 $f(t)$（称为控制信号）乘以所谓的载波信号（又称被调制信号）$\cos\omega_0 t$ 或 $\sin\omega_0 t$，就能实现频率的搬移，这一过程在通信技术中称为信号的调制。由于 $f(t)$ 与载波信号相乘时，使得载波信号的幅度按 $f(t)$ 规律变化，所以这种调制称为幅度调制。

具体实现过程如下。

由于 $$\cos\omega_0 t=\frac{1}{2}\left(e^{j\omega_0 t}+e^{-j\omega_0 t}\right),\quad \sin\omega_0 t=\frac{1}{j2}\left(e^{j\omega_0 t}-e^{-j\omega_0 t}\right)$$

所以 $$f(t)\cos\omega_0 t=\frac{1}{2}\left[f(t)e^{j\omega_0 t}+f(t)e^{-j\omega_0 t}\right]$$

$$f(t)\sin\omega_0 t=\frac{1}{j2}\left[f(t)e^{j\omega_0 t}-f(t)e^{-j\omega_0 t}\right]$$

设 $f(t)\leftrightarrow F(\omega)$，根据频移性，得

$$\begin{aligned}f(t)\cos\omega_0 t&\leftrightarrow\frac{1}{2}\left[F(\omega+\omega_0)+F(\omega-\omega_0)\right]\\ f(t)\sin\omega_0 t&\leftrightarrow\frac{j}{2}\left[F(\omega+\omega_0)-F(\omega-\omega_0)\right]\end{aligned}\tag{5.5.3}$$

上式表明：时域信号 $f(t)$ 乘以 $\cos\omega_0 t$ 或 $\sin\omega_0 t$，对应于把频域信号 $F(\omega)$ 一分为二（即幅度均匀减小一半）后，沿频率轴向左、向右各平移载频 ω_0，而频谱图形未发生变化。

利用调制可将要传递的多个低频信号 $f(t)$，分别搬移到不同的载波频率 ω_0 上而频谱互不重叠，从而实现在一个信道内可同时传送多路信号的频分复用多路通信。

例 5.5.1 已知矩形调幅信号 $f(t)=EG_\tau(t)\cos\omega_0 t$，试求其频谱函数 $F(\omega)$，并画出频谱图。

解： 控制信号 $EG_\tau(t)$ 为矩形脉冲，如图 5.5.1（a），载波 $\cos\omega_0 t$ 是高频等幅波，如图 5.5.1（b）所示，两者相乘即为载波幅度随矩形脉冲变化的矩形调幅波，如图 5.5.1（c）所示。

$EG_\tau(t)\leftrightarrow EG(\omega)=E\tau Sa\left(\dfrac{\omega\tau}{2}\right)$，其频谱图如图 5.5.1 (d) 所示。

而 $$f(t)=EG_\tau(t)\cos\omega_0 t=\frac{E}{2}G_\tau(t)e^{j\omega_0 t}+\frac{E}{2}G_\tau(t)e^{-j\omega_0 t}$$

由式（5.5.1）和式（5.5.2）可得 $f(t)$ 的频谱函数 $F(\omega)$ 为

$$F(\omega)=\frac{E}{2}\left[G(\omega+\omega_0)+G(\omega-\omega_0)\right]=\frac{E\tau}{2}\left\{Sa\left[\frac{(\omega+\omega_0)\tau}{2}\right]+Sa\left[\frac{(\omega-\omega_0)\tau}{2}\right]\right\}$$

$F(\omega)\sim\omega$ 曲线如图 5.5.1（e）所示。

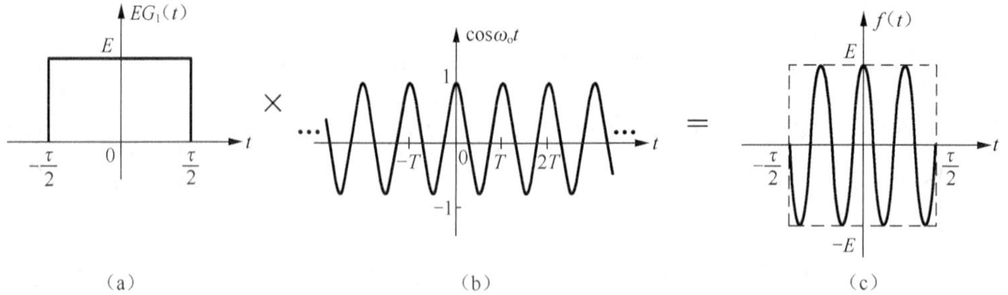

图 5.5.1 例 5.5.1 图

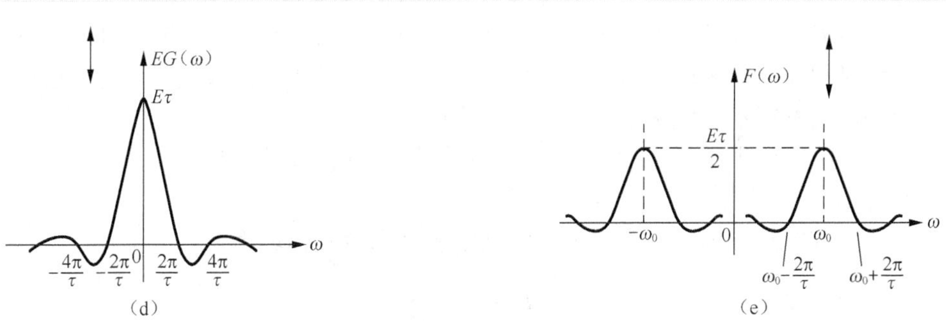

图 5.5.1　例 5.5.1 图（续）

例 5.5.2　试确定余弦信号 $\cos\omega_0 t$ 和正弦信号 $\sin\omega_0 t$ 的频谱函数 $F(\omega)$。

解： 由于 $\cos\omega_0 t=\frac{1}{2}\left(\mathrm{e}^{\mathrm{j}\omega_0 t}+\mathrm{e}^{-\mathrm{j}\omega_0 t}\right)$，$\sin\omega_0 t=\frac{1}{\mathrm{j}^2}\left(\mathrm{e}^{\mathrm{j}\omega_0 t}-\mathrm{e}^{-\mathrm{j}\omega_0 t}\right)$，且已知 $1\leftrightarrow 2\pi\delta(\omega)$，根据频移性，则有

$$1\cdot\mathrm{e}^{\mathrm{j}\omega_0 t}\leftrightarrow 2\pi\delta(\omega-\omega_0)\quad 和\quad 1\cdot\mathrm{e}^{-\mathrm{j}\omega_0 t}\leftrightarrow 2\pi\delta(\omega+\omega_0)$$

根据线性得　$\cos\omega_0 t\leftrightarrow \pi\left[\delta(\omega+\omega_0)+\delta(\omega-\omega_0)\right]$

同理可得　$\sin\omega_0 t\leftrightarrow \mathrm{j}\pi\left[\delta(\omega+\omega_0)-\delta(\omega-\omega_0)\right]$　（5.5.4）

由式（5.5.4）可知，周期信号 $\cos\omega_0 t$ 和 $\sin\omega_0 t$ 的频谱是两个强度为 π、位于 $\pm\omega_0$ 处的冲激。其频谱图如图 5.5.2 所示。

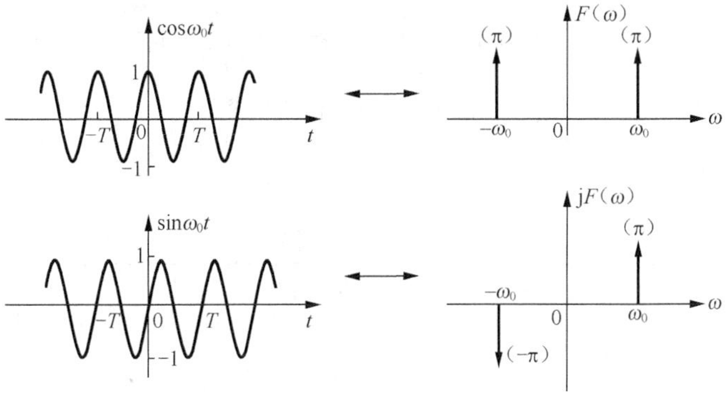

图 5.5.2　余弦和正弦信号的频谱

2. 尺度变换性的应用

尺度变换性定义为

若　$f(t)\leftrightarrow F(\omega)$，则 $f(at)\leftrightarrow \frac{1}{|a|}F\left(\frac{\omega}{a}\right)$　（$a\neq 0$）　（5.5.5）

引申：（1）$a>1$ 时，信号在时域中压缩对应于在频域中扩展；

$0<a<1$ 时，信号在时域中扩展对应于在频域中压缩。

尺度变换性揭示了信号的持续时间（即脉宽）与它所占有的频带宽度间存在着反比关系。这与前面对周期信号频谱分析的结论是一致的。所以在通信技术中，欲使通信速度提高（即压缩脉宽），就不得不以展宽信道的带宽作为代价。

尺度变换特性可由图 5.5.3 所示的矩形脉冲及其频谱加以说明。

（2）若 $a=-1$，则得 $f(-t)\leftrightarrow F(-\omega)$

信号在时域中沿纵轴反折对应于在频域中频谱也沿纵轴反折。

（3）若 a、b 均不为零，则 $f(at+b)\leftrightarrow \dfrac{1}{|a|}F\left(\dfrac{\omega}{a}\right)e^{j\frac{b}{a}\omega}$

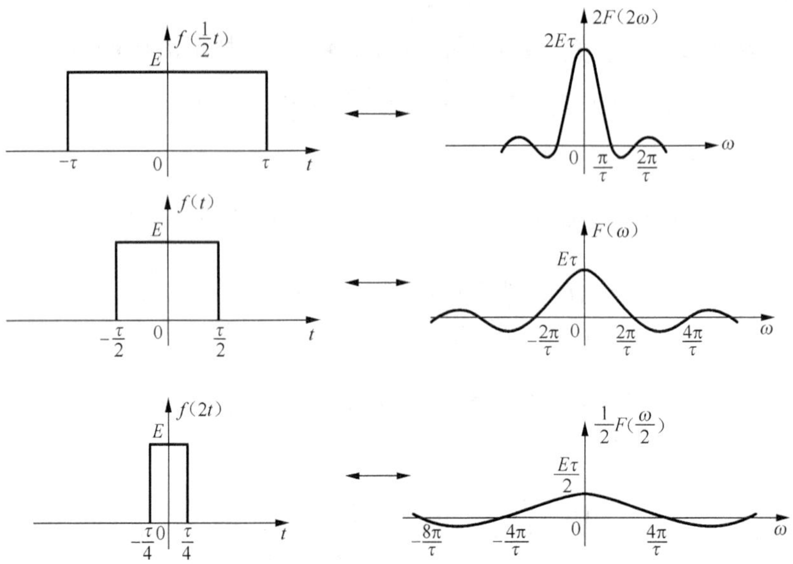

图 5.5.3　尺度变换性用图

傅里叶变换的基本性质见表 5.1.1。

表 5.5.1　傅里叶变换的基本性质

性质	时域 $f(t)$	频域 $F(\omega)$	时、频域对应关系
线性	$\sum_{i=1}^{n}a_if_i(t)$	$\sum_{i=1}^{n}a_iF_i(\omega)$	线性叠加
时移性	$f(t-t_0)$	$F(\omega)e^{-j\omega t_0}$	时移与相移
频移性	$f(t)e^{j\omega_0 t}$	$F(\omega-\omega_0)$	调制与频移
	$f(t)\cos\omega_0 t$	$\frac{1}{2}\left[F(\omega+\omega_0)+F(\omega-\omega_0)\right]$	
	$f(t)\sin\omega_0 t$	$\frac{j}{2}\left[F(\omega+\omega_0)-F(\omega-\omega_0)\right]$	
尺度变换性	$f(at)$	$\frac{1}{\lvert a\rvert}F\left(\frac{\omega}{a}\right)$	压缩与扩展

续表

性质	时域 $f(t)$	频域 $F(\omega)$	时、频域对应关系
	$f(-t)$	$F(-\omega)$	反折
对称性	$F(t)$	$2\pi f(-\omega)$	对称
时域微分性	$\dfrac{\mathrm{d}f(t)}{\mathrm{d}t}$	$\mathrm{j}\omega F(\omega)$	
	$\dfrac{\mathrm{d}^n f(t)}{\mathrm{d}t^n}$	$(\mathrm{j}\omega)^n F(\omega)$	
频域微分性	$-\mathrm{j}tf(t)$	$\dfrac{\mathrm{d}F(\omega)}{\mathrm{d}\omega}$	
时域积分性	$\int_{-\infty}^{t} f(\tau)\mathrm{d}\tau$	$\pi F(0)\delta(\omega)+\dfrac{F(\omega)}{\mathrm{j}\omega}$	
时域卷积定理	$f_1(t)*f_2(t)$	$F_1(\omega)\cdot F_2(\omega)$	乘积与卷积
频域卷积定理	$f_1(t)\cdot f_2(t)$	$\dfrac{1}{2\pi}F_1(\omega)*F_2(\omega)$	

任务 6　电路无失真传输信号的条件

【问题引入】进行信号传输时，我们总是希望无失真，到底什么才是无失真的信号传输？为了实现无失真，对传输电路又有何要求？本任务中，我们将获得这些问题的答案。

【本任务要求】

1. 识记：电路无失真传输信号的意义和条件。

2. 领会：$y_{zs}(t)=f(t)*h(t)\leftrightarrow Y_{zs}(\omega)=F(\omega)H(\omega)$、电路的频域分析法。

一个给定的线性时不变电路，在输入信号 $f(t)$ 激励下将产生零状态响应 $y_{zs}(t)$。而从信号变化的角度看，电路是一个加工或处理信号的装置，其功能是根据电路本身的特性，将输入信号 $f(t)$ 经过加工或处理就成为输出信号 $y_{zs}(t)$。电路的这种功能在时域分析中表示为

$$y_{zs}(t)=f(t)*h(t) \tag{5.6.1}$$

式中，$h(t)$ 称为电路的冲激响应，是电路在单位冲激信号 $\delta(t)$ 作用下的零状态响应。

根据傅里叶变换的时域卷积定理，这种功能在频域分析（频域输出与频域输入的关系）中表示为

$$Y_{zs}(\omega)=F(\omega)\cdot H(\omega) \tag{5.6.2}$$

其中：$F(\omega)=F\left[f(t)\right]$，$H(\omega)=F\left[h(t)\right]$，$Y_{zs}(\omega)=F\left[y_{zs}(t)\right]$，由式（5.6.2）可得

$$H(\omega)=\frac{Y_{zs}(\omega)}{F(\omega)} \tag{5.6.3}$$

$H(\omega)$是一个与输入无关、表征电路本身频域特性的重要函数，称为频响函数或网络函数。因此，信号通过电路时，从时域观点看，是改变输入波形成为新的波形输出；而从频域观点看，是改变输入信号的频谱结构组成新的频谱结构输出。显然，这种波形或频谱的改变将直接取决于电路本身的特性，即取决于其冲激响应$h(t)$或频响函数$H(\omega)$。一般$H(\omega)$是ω的复函数，可写成为

$$H(\omega)=\left|H(\omega)\right|e^{j\theta(\omega)}$$

因此，如果电路对信号的不同频率分量作用不一致，那么信号通过电路后，对各频率分量便会产生不同的幅度衰减与相移，也就是说电路使输入信号的不同频率分量不能均等地通过，它要按照电路本身的频率特性改变信号的频谱。当电路只是用来传输信号时，这就使输出信号与输入信号的波形不同而产生了失真。

如果要求信号不失真地传输，那么对传输信号的电路将有何要求呢？

所谓无失真传输，是指电路的输出与输入信号相比，只有幅度大小和出现时间先后的不同，而波形形状应保持不变。此时输出$y_{zs}(t)$与输入$f(t)$信号之间关系为

$$y_{zs}(t)=Kf(t-t_0) \tag{5.6.4}$$

即输出$y_{zs}(t)$的幅度为输入$f(t)$的 K 倍，但在时间上延迟了t_0秒，如图 5.6.1 所示。对式（5.6.4）等号两边同取傅氏变换，并根据线性和时移性，有

$$Y_{zs}(\omega)=KF(\omega)e^{-j\omega t_0} \tag{5.6.5}$$

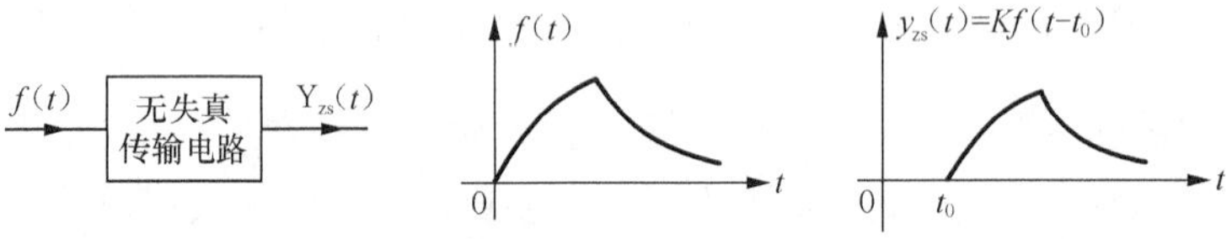

图 5.6.1　无失真传输示意图

因此，无失真传输电路的频响函数为

$$H(\omega)=\frac{Y_{zs}(\omega)}{F(\omega)}=Ke^{-j\omega t_0}=\left|H(\omega)\right|e^{j\theta(\omega)} \tag{5.6.6}$$

其中

$$\left|H(\omega)\right|=K，\quad \theta(\omega)=-t_0\omega \tag{5.6.7}$$

这说明无失真传输电路应满足两个条件：电路频响函数的幅频特性$\left|H(\omega)\right|$在整个频率范围内必须为常数，即电路的通频带为无限大；电路的相频特性$\theta(\omega)$在整个频率范围内与角频

率成正比。频谱图如图 5.6.2 所示。但实际电路的幅频特性不可能为常数，相频特性也不是 ω 的线性函数。式（5.6.7）只是无失真传输的理想条件。但是，对于任何一个被传输的实际信号而言，各谐波分量所包含的能量总是随着频率的增加而呈下降趋势，即能量主要集中在低频率的谐波分量中，称为有效频带宽度。因此，只要传输电路有足够的带宽，让信号有效频带宽度内的各谐波分量无失真地传输，就可以近似地认为是无失真地传输了。

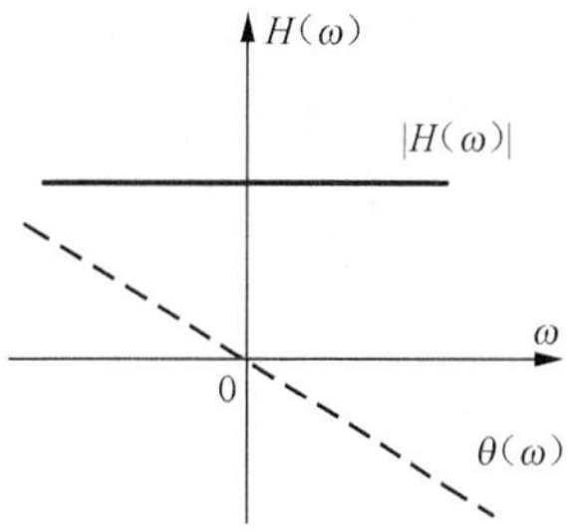

图 5.6.2　无失真传输电路的条件

另外，在实际应用中，对通信网络的无失真传输要求还会随所传输信号的不同而不同。由于人耳对声音信号的各个频率分量的相位关系变化不敏感，因此无失真传输声音信号的关键是使各频率分量的幅度关系保持不变；而传输图像信号时，保持各频率分量的相位关系不变，对于无失真地重现图像具有决定性的意义。

式（5.6.1）和式（5.6.2）表明，在 $f(t)$ 和 $h(t)$ 已知的情况下，可以由它们的频谱函数 $F(\omega)$ 和 $H(\omega)$ 相乘得到频域内的零状态响应 $Y_{zs}(\omega)$，再利用傅氏反变换确定出时域的零状态响应 $y_{zs}(t)$，避免了繁琐的时域卷积运算，这就是电路的频域分析法。

过关训练

5.1　作以下各信号的波形图。

（1）$f_1(t)=-t\left[\varepsilon(t+1)-\varepsilon(t-1)\right]$；

（2）$f_2(t)=\sin t\left[\varepsilon(t)-\varepsilon(t-6\pi)\right]$；

（3）$f_3(t)=(t+1)\left[\varepsilon(t-1)-\varepsilon(t)\right]$；

（4）$f_4(t)=\mathrm{e}^{-(t-2)}\ \varepsilon(t-1)$；

（5）$f_5(t)=\mathrm{e}^{-t}\ \varepsilon(t+1)$；

（6）$f_6(t)=\mathrm{e}^{-(t-1)}\ \varepsilon(t+1)$；

（7）$f_7(t)=\mathrm{e}^{-(t+1)}\ \varepsilon(t)$；

（8）$f_8(t)=A\,\delta(t-2)$；

5.2　计算下列各式。

（1）$5\mathrm{e}^{-\mathrm{j}t}\delta(t)$；

（2）$(1+2\cos t)\delta(t-\dfrac{\pi}{3})$　；

（3）$(3t^2-4)\delta(t)$　。

5.3　完成下列积分运算。

（1）$\int_{-\infty}^{\infty}\mathrm{e}^{-2(t+1)}\delta(t-2)\,\mathrm{d}t$　；

（2）$\int_{-\infty}^{\infty}\left(t^2-2t+3\right)\delta(t+1)\,\mathrm{d}t$。

5.4　已知 $f(t)\leftrightarrow F(\omega)$，利用傅氏变换的性质求 $f(2t-5)$ 傅氏变换。

5.5 试查表写出题 5.5 图所示信号的频谱函数。

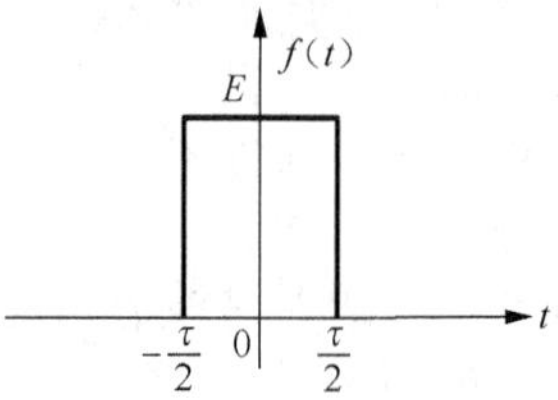

题 5.5 图

模块 6

瞬态电路的复频域分析

【本模块问题引入】前一模块讨论的傅里叶变换，揭示了信号的时域特性与频域特性间的关系，在信号分析与处理中占有十分重要的地位。但是傅里叶分析也有一定的局限性，如果工程实际中有些信号不存在傅氏变换，那又该如何处理呢？本模块介绍的拉普拉斯变换是傅里叶变换的推广，它弥补了傅里叶变换的不足，是分析线性时不变电路的有效工具。本模块中我们将运用拉普拉斯变换进行瞬态电路的复频域分析。

【本模块内容简介】本模块共分 4 个任务，包括拉普拉斯变换、拉普拉斯变换的性质、瞬态过程的一般概念与电容、电感元件初始值的计算、瞬态电路的复频域分析法。

【本模块重点难点】重点是拉普拉斯变换和拉普拉斯反变换、常见信号的拉普拉斯变换、复频域分析法；难点是拉普拉斯变换的性质。

任务 1 拉普拉斯变换

【问题引入】拉普拉斯变换是傅里叶变换的推广，能处理傅里叶变换所不能解决的问题，那么拉普拉斯变换是如何引出的？与傅里叶变换之间又有什么关系？如何求取常见信号的拉氏变换？这些都是我们在本任务中要掌握的内容。

【本任务要求】

1. 识记：（单边）拉普拉斯变换的定义式。
2. 领会：S 域分析与时域分析的比较。
3. 应用：常见信号的拉氏变换 $\delta(t)\leftrightarrow 1 \quad \varepsilon(t)\leftrightarrow\frac{1}{s} \quad \mathrm{e}^{-at}\varepsilon(t)\leftrightarrow\frac{1}{s+a} \quad t\varepsilon(t)\leftrightarrow\frac{1}{s^2}$。

在前面稳态电路分析中，认为所有元件的参数与电路结构都是恒定不变的，没有涉及电路中激励源作用时间或电路中断的问题，而是认为激励信号在（$-\infty$，∞）全部时间内都起作用，即电路已处于稳定状态。然而，实际的激励信号都有作用开始的时间。电路的激励信号的突然接入或改变，开关元件的接通或断开，以及电路参数的突变等，这些改变可统称为换路。

由于电路的换路，将导致电路中储能元件（电感元件和电容元件）的原有储能发生变化，由于能量的“存储”或“释放”是不可能在换路的一瞬间完成的，因此，电路要经历一定的时间才能由换路前的某种稳定状态转变为换路后的另一种稳定状态。通常把电路工作状态的这一转变过程称为电路的过渡过程或瞬态过程。虽然大多数实际电路的过渡过程都比较短暂，但其重要性却不可忽略，这是由于过渡过程电路的电压与电流具有完全不同于稳态时的变化规律，各支路电流和各部分电压（电感电流和电容电压除外）将发生显著的变化，甚至出现比稳态值高出数倍的电压或电流，以致损坏电气设备。因此，研究电路在过渡过程中的变化规律就显得尤为重要。当线性时不变电路中包含一个独立的动态元件时，电路的特性总可用一阶常系数线性微分方程来描述，因此称它为一阶电路，当电路中包含有二个独立的动态元件时，该电路可用二阶常系数线性微分方程来描述，因此称它为二阶电路，依此类推还有三阶、四阶等高阶电路。

一阶电路的基本形式如图 6.1.1 所示，它是仅含一个电容元件或一个电感元件的电路。而有源二端电阻网络总可以用戴维南等效电路表示。因此，对一阶电路的分析总可简单归结为对图 6.1.1（b）与图 6.1.1（d）电路的分析问题。

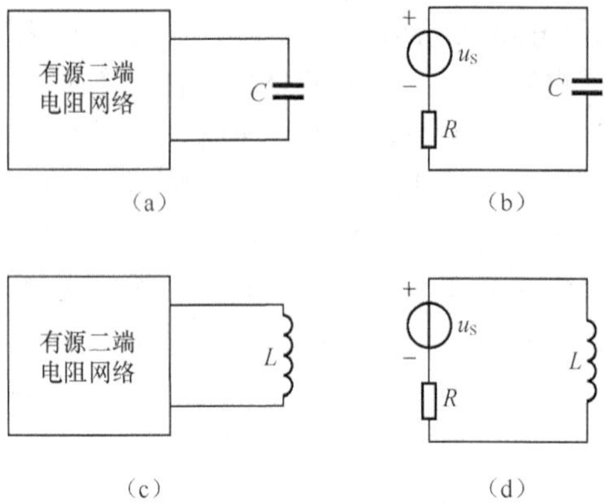

图 6.1.1　一阶电路

对于瞬态电路的分析，列写的电路方程是微分方程或积分方程。

分析方法有两种：时域分析法和复频域分析法。本模块重点讨论复频域分析法。

复频域分析法（又称 S 域分析法）主要用于瞬态电路分析，最适宜求解高阶电路的全响应。当电路的阶数较高或激励信号波形比较复杂时，高阶微分方程的求解将非常繁难，而复频域分析法通过拉普拉斯变换，将以时间 t 为变量的微分方程变换成为以复频率 s 为变量的代数方程，利用代数方程求得响应的复频域解，再通过拉普拉斯反变换求得响应的时间函数。其求解过程示意图如图 6.1.2 所示。此方法也可以用来求解一阶电路的全响应。

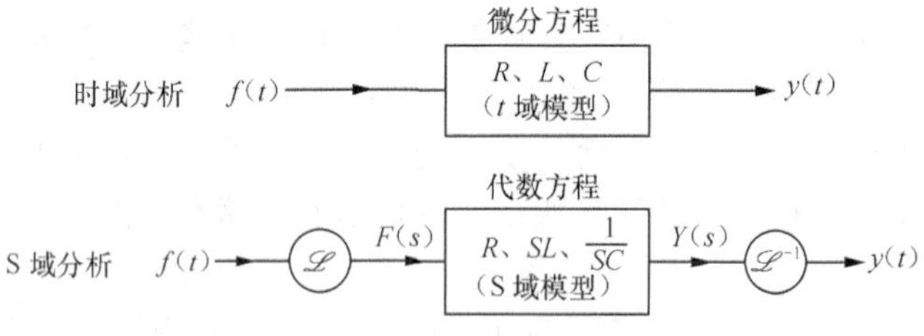

图 6.1.2　S 域分析与时域分析的比较

1. 拉普拉斯变换的定义

设 $f(t)$ 为时域信号，其拉普拉斯变换（简称拉氏变换）定义为

$$F(s)=\int_{-\infty}^{\infty}f(t)\mathrm{e}^{-st}\mathrm{d}t \tag{6.1.1}$$

式中，$s=\sigma+\mathrm{j}\omega$ 为复数。

拉普拉斯反变换（简称拉氏反变换）的定义式为

$$f(t)=\frac{1}{2\pi j}\int_{\sigma-\mathrm{j}\infty}^{\sigma+\mathrm{j}\infty}F(s)\mathrm{e}^{st}\mathrm{d}s \tag{6.1.2}$$

简记为　$f(t)\leftrightarrow F(s)$

其中 $L[f(t)]=F(s)$ 为拉氏正变换，$F(s)$又称为$f(t)$的像函数。

由于实际的信号总是有起始时刻的，所以对于实际信号的拉氏变换，积分下限从 $t=0_-$ 开始，称为**单边拉氏变换**，其定义式为

$$F(s)=\int_{0_-}^{\infty}f(t)\mathrm{e}^{-st}\mathrm{d}t \tag{6.1.3}$$

若 $t=0$ 时，$f(t)=0$，则积分下限改为 0。后面我们只讨论单边拉氏变换。

因为傅氏变换的变量为频率 ω，是实数，而拉氏变换的变量 s 是复数，所以用 $F(\omega)$ 求电路响应的方法被称为频域分析法；用 $F(s)$ 求电路响应的方法被称为复频域分析法。

2．常见信号的拉氏变换

（1）单边指数衰减信号　$f(t)=\mathrm{e}^{-at}\varepsilon(t)$

$$L[f(t)]=\int_0^{\infty}\mathrm{e}^{-at}\mathrm{e}^{-st}\mathrm{d}t=\int_0^{\infty}\mathrm{e}^{-(a+s)t}\mathrm{d}t=\frac{1}{s+a}$$

记为

$$\mathrm{e}^{-at}\varepsilon(t)\leftrightarrow\frac{1}{s+a} \tag{6.1.4}$$

（2）单位阶跃信号　$f(t)=\varepsilon(t)$

$$L[f(t)]=\int_0^{\infty}\mathrm{e}^{-st}\mathrm{d}t=\frac{1}{s}$$

记为

$$\varepsilon(t)\leftrightarrow\frac{1}{s} \tag{6.1.5}$$

（3）单位冲激信号　$f(t)=\delta(t)$

$$L[f(t)]=\int_{0_-}^{\infty}\delta(t)\mathrm{e}^{-st}\mathrm{d}t=1$$

记为

$$\delta(t)\leftrightarrow 1 \tag{6.1.6}$$

（4）单位斜变信号　$R(t)=t\varepsilon(t)$

$$L[f(t)]=\int_0^{\infty}t\,\mathrm{e}^{-st}\mathrm{d}t=\int_0^{\infty}-\frac{1}{s}t\mathrm{d}\mathrm{e}^{-st}$$

$$=-\frac{1}{s}t\mathrm{e}^{-st}\Big|_0^{\infty}+\frac{1}{s}\int_0^{\infty}\mathrm{e}^{-st}\mathrm{d}t$$

$$=\frac{1}{s^2}$$

记为 $$t\varepsilon(t)\leftrightarrow\frac{1}{s^2} \tag{6.1.7}$$

同理可得 $$t^n\varepsilon(t)\leftrightarrow\frac{n!}{s^{n+1}} \tag{6.1.8}$$

常见信号的拉氏变换见表 6.1.1。

表 6.1.1　常见信号的拉氏变换

序号	$f(t)$　（$t>0$）	$F(s)=L[f(t)]$
1	$\delta(t)$	1
2	$\varepsilon(t)$	$\frac{1}{s}$
3	e^{-at}	$\frac{1}{s+a}$
4	t^n（n 是正整数）	$\frac{n!}{s^{n+1}}$
5	$\sin\omega_0 t$	$\frac{\omega_0}{s^2+\omega_0^2}$
6	$\cos\omega_0 t$	$\frac{s}{s^2+\omega_0^2}$
7	$e^{-at}\sin\omega_0 t$	$\frac{\omega_0}{(s+a)^2+\omega_0^2}$
8	$e^{-at}\cos\omega_0 t$	$\frac{s+a}{(s+a)^2+\omega_0^2}$
9	te^{-at}	$\frac{1}{(s+a)^2}$
10	$t^n e^{-at}$（n 是正整数）	$\frac{n!}{(s+a)^{n+1}}$
11	$t\sin\omega_0 t$	$\frac{2\omega s}{(s^2+\omega_0^2)^2}$
12	$t\cos\omega_0 t$	$\frac{s^2-\omega_0^2}{(s^2+\omega_0^2)^2}$
13	$sh(at)$	$\frac{a}{s^2-a^2}$
14	$ch(at)$	$\frac{s}{s^2-a^2}$

任务 2 拉普拉斯变换的性质

【问题引入】直接用定义式来求解信号的拉普拉斯变换有时很麻烦，如果能巧妙地利用拉普拉斯变换的性质，问题就容易多了，拉普拉斯变换都有些什么样的性质呢？这些性质在工程中有何意义？如何由 S 域表达式求取信号的原函数？这些都是本任务中要回答的问题。

【本任务要求】

1. 识记：时域微分性、电感元件和电容元件的 S 域模型。
2. 应用：用部分分式法求取拉普拉斯反变换。

与傅里叶变换一样，拉氏变换也有许多重要的性质。掌握好这些性质，对求一些复杂信号的拉氏变换或由象函数求反变换都是非常方便的。拉氏变换性质也进一步揭示了信号的时域特性与其复频域（S 域）特性之间的关系。拉氏变换的性质见表 6.2.1。

表 6.2.1 拉氏变换的性质

名称	时域 $f(t)\varepsilon(t)$	复频域 $F(s)$
线性	$\sum_{i=1}^{n} a_i f_i(t)$	$\sum_{i=1}^{n} a_i F_i(s)$
尺度变换性	$f(at)$ （$a>0$）	$\frac{1}{a}F\left(\frac{s}{a}\right)$
延时性	$f(t-t_0)\varepsilon(t-t_0)$ （$t_0>0$）	$F(s)\mathrm{e}^{-st_0}$
S 域平移性	$\mathrm{e}^{s_0 t}f(t)$ （s_0 为常数）	$F(s-s_0)$
时域微分性	$\frac{\mathrm{d}f(t)}{\mathrm{d}t}$	$sF(s)-f(0_-)$
S 域微分性	$-tf(t)$	$\frac{\mathrm{d}F(s)}{\mathrm{d}s}$
时域积分性	$\int_{-\infty}^{t} f(\tau)\mathrm{d}\tau$	$\frac{F(s)}{s}+\frac{\int_{-\infty}^{0_-} f(\tau)\mathrm{d}\tau}{s}$
S 域积分性	$\frac{f(t)}{t}$	$\int_{s}^{\infty} F(\eta)\mathrm{d}\eta$
时域卷积	$f_1(t)*f_2(t)$	$F_1(s)\cdot F_2(s)$
S 卷积	$f_1(t)\cdot f_2(t)$	$\frac{1}{\mathrm{j}2\pi}F_1(s)*F_2(s)$
初值定理	$f(0_+)=\lim\limits_{t\to 0_+} f(t)=\lim\limits_{s\to\infty} sF(s)$	$F(s)$ 为真分式
终值定理	$f(\infty)=\lim\limits_{t\to\infty} f(t)=\lim\limits_{s\to 0} sF(s)$	$F(s)$ 为真分式

1. 时域微分性

拉氏变换的时域微分性如下。

若 $f(t)\leftrightarrow F(s)$， 则 $$\frac{\mathrm{d}f(t)}{\mathrm{d}t}\leftrightarrow sF(s)-f(0_-) \tag{6.2.1}$$

例 6.2.1 已知 L、C 元件在时域的伏安关系，求它们的拉氏变换。

解：①对于电感元件，其时域的伏安关系为 $u_{\mathrm{L}}=L\dfrac{\mathrm{d}i_{\mathrm{L}}}{\mathrm{d}t}$，

对等式两边同时求拉氏变换得

$$U_{\mathrm{L}}(S)=L\left[sI_{\mathrm{L}}(s)-i_{\mathrm{L}}(0_-)\right]=LSI_{\mathrm{L}}(s)-Li_{\mathrm{L}}(0_-) \tag{6.2.2}$$

根据以上拉氏变换式作出等效电路如图 6.2.1（a）所示，称为电感元件的 S 域模型。

②对于电容元件，其时域的伏安关系为 $i_{\mathrm{C}}=C\dfrac{\mathrm{d}u_{\mathrm{C}}}{\mathrm{d}t}$，

对等式两边同时求拉氏变换得

$$I_{\mathrm{C}}(s)=C\left[sU_{\mathrm{C}}(s)-u_{\mathrm{C}}(0_-)\right]=CsU_{\mathrm{C}}(s)-Cu_{\mathrm{C}}(0_-)$$

对上式整理可得

$$U_{\mathrm{C}}(s)=\frac{1}{sc}I_{\mathrm{C}}(s)+\frac{u_{\mathrm{C}}(0_-)}{s} \tag{6.2.3}$$

根据以上拉氏变换式作出的等效电路如图 6.2.1（b）所示，称为电容元件的 S 域模型。

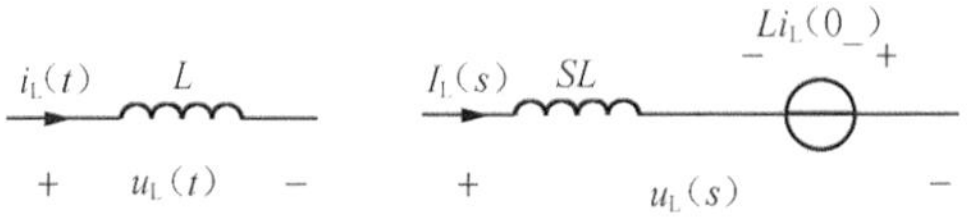

（a） 电感元件 S 域模型

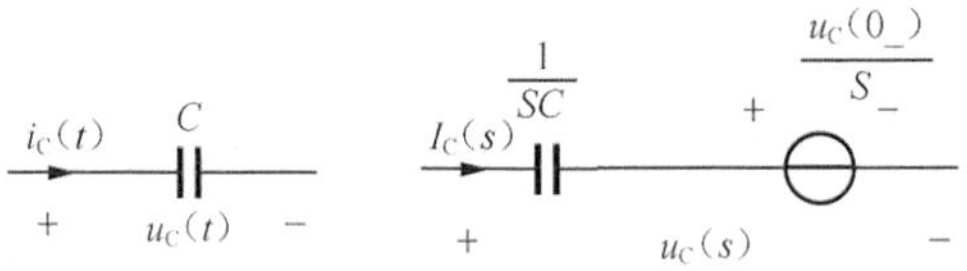

（b） 电容元件 S 域模型图

图 6.2.1 例 6.2.1 图

图 6.2.1（a）、（b）又称为运算电路。从运算电路的伏安关系看，电压和电流关系是代数关系，即由运算电路建立的方程是代数方程。复频域分析法就是应用运算电路来求解一阶、二阶或高阶电路的响应。

2. 拉氏反变换

拉氏反变换的定义式为

$$f(t)=\frac{1}{2\pi \mathrm{j}}\int_{\sigma-\mathrm{j}\infty}^{\sigma+\mathrm{j}\infty}F(s)\mathrm{e}^{st}\mathrm{d}s$$

在运算时将要用到复变函数积分，比较麻烦，所以我们通常不采用这种直接由定义式求解拉氏反变换的方法，而采用部分分式法。

如何利用部分分式法来完成拉氏反变换呢？令 F（S）的分母=0，根据求得的根的三种不同情况，采用不同的解决办法，确定系数 K 的方法有多种。本教材仅介绍最简单的代数

方法——分子恒等式法确定系数 K。下面举例说明。

例 6.2.2　已知 $F(s)=\dfrac{s}{s^2+3s+2}$，求 $f(t)$。

解：

$$F(s)=\frac{s}{s^2+3s+2}=\frac{s}{(s+2)(s+1)}$$

$$=\frac{A}{s+2}+\frac{B}{s+1}$$

得分子恒等式　$s=A(s+1)+B(s+2)$

比较系数后建立代数方程　$\begin{cases}A+2B=0 & (1)\\ A+B=1 & (2)\end{cases}$

解得　$A=2$，$B=-1$

所以　$F(s)=\dfrac{2}{s+2}+\dfrac{-1}{s+1}$

根据常见信号拉氏变换对，可直接写出反变换式

$$f(t)=\left(2\mathrm{e}^{-2t}-\mathrm{e}^{-t}\right)\varepsilon(t)$$

任务 3　瞬态过程的一般概念与电容、电感元件初始值的计算

【问题引入】前面我们研究了电路的稳态分析，与稳态相对应的就是瞬态，瞬态可以简单地理解为从一个稳态向新的稳态的过渡，引起瞬态的原因就是换路，那么什么是换路？换路过程中电路变量的变化有什么规律？这些规律在电路分析中有何意义与作用？这就是本任务中要讲述的问题。

【本任务要求】

1. 识记：换路定律。
2. 领会：瞬态过程的产生。
3. 应用：根据换路定律确定电容、电感元件的初始值 $u_c(0_+)$、$i_L(0_+)$。

1. 瞬态过程的产生

下面通过观察直流电流通过电阻向电容器充电这样一个实例，说明瞬态过程的产生。电路如图 6.3.1（a）所示，设开关 K 在 $t=0$ 时闭合（即发生了换路），换路前 $t<0$ 时，回路电流 $i=0$，电容 C 原未充电，$u_c=0$，这是一种稳定状态；当 $t\geqslant 0$ 时，K 已闭合，直流电压源 U_s 通过电阻 R 向电容 C 充电，电容电压 u_c 由零值逐渐上升，同时回路电流 i 将由初始值 U_s/R 逐渐减小。u_c 与 i 随 t 变化的曲线如图 6.3.1（b）所示。

由图（b）可见，当 $t>t_0$ 时，$u_c\approx U_s^{\alpha}$，$i\approx 0$ 可以认为电路已进入一种新的稳定状态。在新稳态与电路接通前的旧稳态之间，是一个过渡过程。

通过此实例可看出，电路产生过渡过程的外部条件是换路，但起主要作用的内因是电路中含有储能元件——电感或电容。

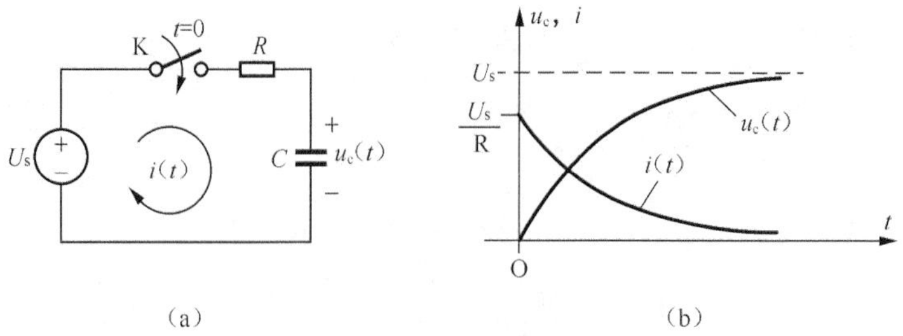

图 6.3.1　电容器充电

2. 换路定律

在模块 1 中我们已知电容和电感元件具有惯性特性，即在发生换路时，电路必定遵循换路定律。

$$u_c(0_+)=u_c(0_-)\text{，}\quad i_L(0_+)=i_L(0_-) \tag{6.3.1}$$

这是瞬态电路分析的重要依据。它表明换路前后，电容元件的两端电压 u_c 和流过电感的电流 i_L 不会发生突变。

注意

（1）除了电容电压 $u_c(t)$ 和电感电流 $i_L(t)$ 之外，电路中其余的电流和电压都不受换路定律的约束，它们在换路时都可能突变。

（2）若电路中所有储能元件的原始状态均为零，即 $u_c(0_-)=0$，$i_L(0_-)=0$，则 $u_c(0_+)=u_c(0_-)=0$，$i_L(0_+)=i_L(0_-)=0$，此时电路称为零状态电路。

3. 电容、电感元件的初始值 $u_c(0_+)$、$i_L(0_+)$ 的确定

电路在换路后一瞬间 $t=0_+$ 时刻的 $u_c(0_+)$、$i_L(0_+)$，就是该变量的初始值。用复频域分析法分析瞬态电路，首先要确定初始值 $i_L(0_+)$、 $u_c(0_+)$。

求解电路中的 $i_L(0_+)$、$u_c(0_+)$ 的步骤如下。

（1）作 $t=0_-$ 时刻的电路图，用直流电路的分析方法确定电路的原始状态 $i_L(0_-)$ 和 $u_c(0_-)$。

注意

在 $t=0_-$ 的直流稳态电路中，电感元件相当于短路，电容元件相当于开路。

（2）根据换路定律得 $i_L(0_+)=i_L(0_-)$，$u_c(0_+)=u_c(0_-)$，即得到 $i_L(0_+)$、$u_c(0_+)$。

例 6.3.1　在图 6.3.2（a）所示电路中，开关 SA 在 $t=0$ 时闭合，SA 闭合前电路处于稳定状态。试求电感元件的初始值 $i_L(0_+)$。

解：（1）首先画出 $t=0_-$ 时刻的电路图，如图 6.3.2（b）所示。

在此直流稳态电路中，电感元件作短路处理，得

$$i_L(0_-)=\frac{36}{8+6+6}=1.8\ \text{A}$$

（2）根据换路定律得　$i_L(0_+) = i_L(0_-) = 1.8\text{A}$ 。

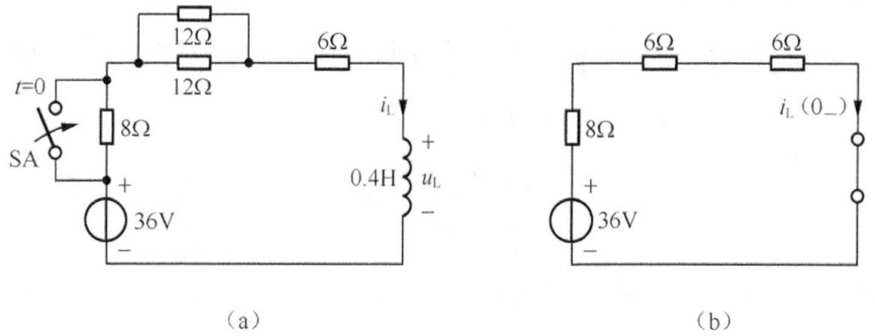

图 6.3.2　例 6.3.1 图

任务 4　瞬态电路的复频域分析法

【问题引入】复频域（S 域）分析法用于电路分析，将时域中的微积分运算转换为简单的代数运算，适宜求解高阶电路的全响应。应用 S 域分析法首先需建立电路的 S 域模型，什么是 S 域模型？如何建立？S 域分析法的分析思路、方法和步骤是什么样的？本任务中我们将用具体实例来给出上述问题的答案。

【本任务要求】

1. 识记：电阻、电感、电容元件的 S 域模型。
2. 应用：将电路的时域模型转化为 S 域模型、运用复频域分析法进行电路分析。

1. 复频域电路模型

用复频域分析法分析瞬态电路，首先要导出电路的复频域模型（也称 S 域模型），然后由复频域电路模型直接列写复频域代数方程，从而求得所需响应的变换式。

下面首先导出电路基本元件的复频域模型，再推出基尔霍夫定律的复频域形式，进而得到电路的复频域模型。

（1）电路基本元件的 S 域模型

所谓电路元件的 S 域模型，就是用电压和电流的象函数表示电路元件的伏安关系。

① 电阻元件的 S 域模型

电阻元件在图 6.4.1（a）所示的关联参考方向下，其时域模型的伏安关系为

$$u_R(t) = Ri_R(t) \quad 或 \quad i_R(t) = Gu_R(t)$$

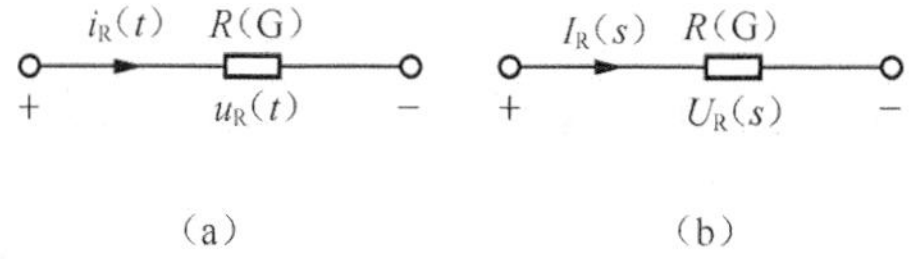

图 6.4.1　电阻元件的时域和 S 域模型

对以上两式分别取拉氏变换

$$U_R(s) = RI_R(s) \quad 或 \quad I_R(s) = GU_R(s) \tag{6.4.1}$$

式（6.4.1）即为电阻元件在 S 域的伏安关系，也称 S 域的欧姆定律。电阻元件的 S 域

模型如图 6.4.1（b）所示。

② 电感元件的 S 域模型

电感元件在图 6.4.2（a）所示的关联参考方向下，由拉氏变换的时域微分性得

$$\left.\begin{aligned} U_{\mathrm{L}}(s) &= sLI_{\mathrm{L}}(s) - Li_{\mathrm{L}}(0_-) \\ I_{\mathrm{L}}(s) &= \frac{U_{\mathrm{L}}(s)}{sL} + \frac{i_{\mathrm{L}}(0_-)}{s} \end{aligned}\right\} \tag{6.4.2}$$

式（6.4.2）即为电感元件在 S 域的伏安关系。式中 sL 及 $\frac{1}{sL}$ 表征了电感元件在 S 域中的作用，分别称为 S 域感抗（或运算阻抗）及 S 域导纳（或运算导纳）；$Li_{\mathrm{L}}(0_-)$ 及 $\frac{i_{\mathrm{L}}(0_-)}{s}$ 分别称为内电压源及内电流源，体现着电感 L 的初始储能作用。由式（6.4.2）可分别得到电感元件串联形式和并联形式的 S 域模型分别如图 6.4.2（b）、（c）所示。

当电感无初始储能，即零初始状态 $i_{\mathrm{L}}(0_-)=0$ 时，式（6.4.2）可简化为

$$U_{\mathrm{L}}(s) = sLI_{\mathrm{L}}(s) \quad 或 \quad I_{\mathrm{L}}(s) = \frac{U_{\mathrm{L}}(s)}{sL} \tag{6.4.3}$$

其 S 域模型如图 6.4.2（d）所示。

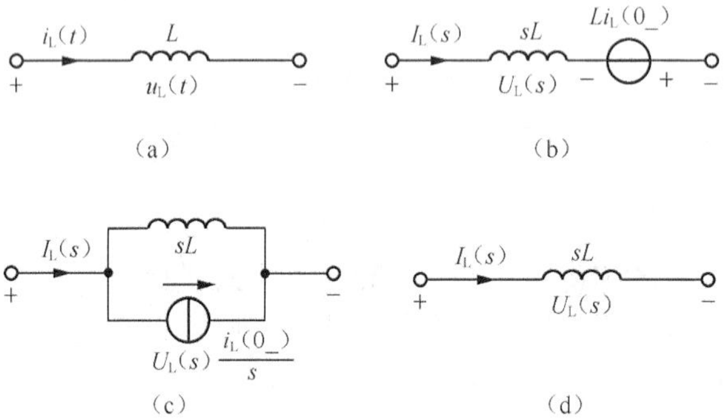

图 6.4.2　电感元件的时域和 S 域模型

③ 电容元件的 S 域模型

电容元件在图 6.4.3（a）所示的关联参考方向下，由拉氏变换的时域微分性得

$$\left.\begin{aligned} I_{\mathrm{C}}(s) &= sCU_{\mathrm{C}}(s) - Cu_{\mathrm{C}}(0_-) \\ U_{\mathrm{C}}(s) &= \frac{1}{sC}I_{\mathrm{C}}(s) + \frac{u_{\mathrm{C}}(0_-)}{s} \end{aligned}\right\} \tag{6.4.4}$$

式（6.4.4）即为电容元件在 S 域的伏安关系，式中 $\frac{1}{sC}$ 称为 S 域容抗（或运算阻抗），$Cu_{\mathrm{C}}(0_-)$ 及 $\frac{u_{\mathrm{C}}(0_-)}{s}$ 分别称为内电流源及内电压源。由式（6.4.4）可分别得到电容元件串联形式和并联形式的 S 域模型分别如图 6.4.3（b）、（c）所示。

当电容无初始储能，即 $u_{\mathrm{C}}(0_-)=0$ 时，式（6.4.4）简化为

$$I_{\mathrm{C}}(s) = sCU_{\mathrm{C}}(s) \quad 或 \quad U_{\mathrm{C}}(s) = \frac{1}{sC}I_{\mathrm{C}}(s) \tag{6.4.5}$$

此时的 S 域模型如图 6.4.3（d）所示。

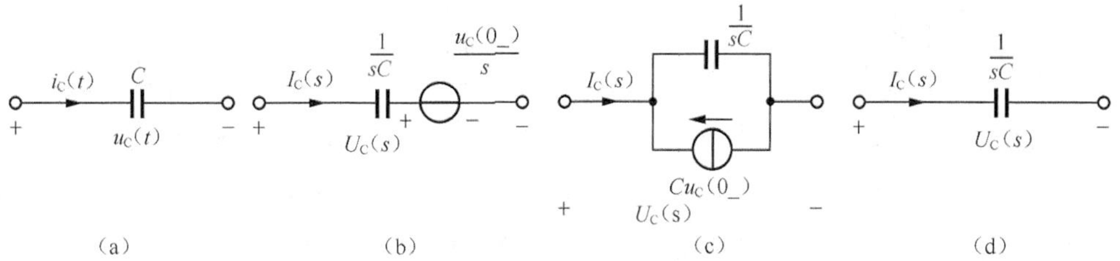

图 6.4.3　电容元件的时域和 S 域模型

当得到了电路元件的 S 域模型后，再将激励源 $f(t)$ 通过拉氏变换用像函数 $F(s)$ 表示，便可把整个时域电路模型变换成 S 域电路模型了。

（2）基尔霍夫定律的 S 域形式。

在时域中，KCL 和 KVL 的数学表达式分别为

$$\sum i(t)=0 \quad 和 \quad \sum u(t)=0$$

利用拉氏变换的线性性质，对上式两边分别取拉氏变换即得

$$\sum I(s)=0 \quad 和 \quad \sum U(s)=0 \tag{6.4.6}$$

式（6.4.6）分别称为 KCL 和 KVL 的 S 域形式。

既然 KCL、KVL 在 S 域电路模型中完全适用，那么由基尔霍夫定律导出来的电路分析的各种方法、定理和公式将在 S 域电路模型中完全适用，可以像分析直流电路那样列写出象函数响应与象函数激励间的代数方程并求解，最后通过拉氏反变换，得到响应的时域解。这就是复频域分析法。

2. 复频域分析法举例

复频域分析法的解题步骤如下。

（1）求瞬态电路的初始值 $i_L(0_-)$ 和 $u_C(0_-)$；若初始值 $i_L(0_+)$，$u_C(0_+)$ 已知或只求零状态响应，则此步可省略。

（2）将激励源 $f(t)$ 变换成象函数 $F(s)$。

（3）作 $t>0$ 时 S 域电路模型（又称运算电路）。

（4）应用直流电路的分析方法列写出求解响应 $Y(s)$ 的方程式，并进行求解。

（5）将响应 $Y(s)$ 反变换为时域响应 $y(t)$。

例 6.4.1　如图 6.4.4（a）所示，已知 $i_L(0_-)=0$，用 S 域分析法求 $t>0$ 时的 $i_L(t)$。

解　（1）对激励进行拉氏变换得

$$8\varepsilon(t)\leftrightarrow\frac{8}{s}$$

（2）作电路的 S 域模型如图 6.4.4（b）所示。

（3）列电路方程

$$I(s)=\frac{\frac{8}{s}}{s+1}=\frac{8}{s(s+1)}=\frac{8}{s}-\frac{8}{s+1}$$

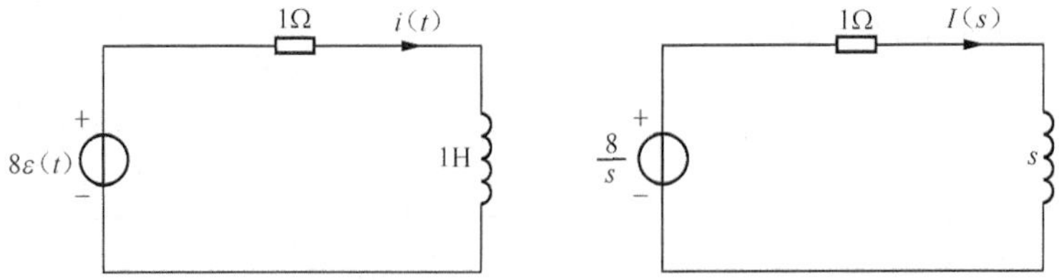

（a）　　　　（b）

图 6.4.4　例 6.4.1 图

（4）求反变换

$$i(t)=8\left(1-\mathrm{e}^{-t}\right)\varepsilon(t)\,\mathrm{A}$$

例 6.4.2　如图 6.4.5（a）所示，$i_{\mathrm{L}}(0_{-})=0$，$u_{\mathrm{C}}(0_{-})=0$，$u_{\mathrm{s}}(t)=20\varepsilon(t)\mathrm{V}$，用 S 域分析法求$t>0$时的$i_{\mathrm{L}}(t)$。

解　（1）对激励进行拉氏变换得

$$20\varepsilon(t)\leftrightarrow\frac{20}{s}$$

（2）作电路的 S 域模型如图 6.4.5（b）所示。

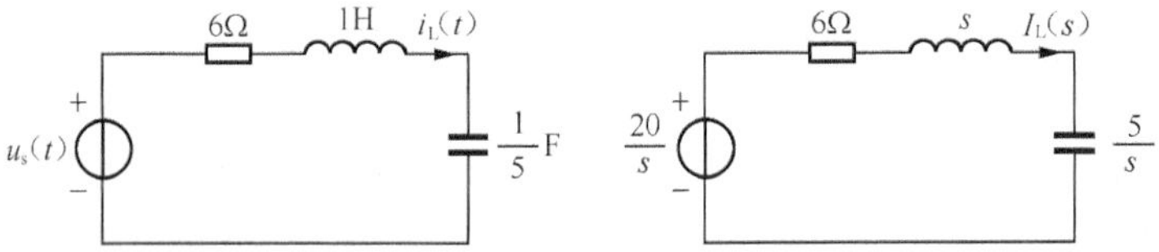

（a）题图　　　　（b）S 域模型

图 6.4.5　例 6.4.2 图

（3）列电路方程

$$\left(6+s+\frac{5}{s}\right)I_{\mathrm{L}}(s)-\frac{20}{s}$$

得　$$I_{\mathrm{L}}(s)=\frac{20}{s^{2}+6s+5}=\frac{20}{(s+1)(s+5)}=\frac{5}{s+1}+\frac{-5}{s+5}$$

（4）求反变换

$$i_{\mathrm{L}}(t)=\left(5\mathrm{e}^{-t}-5\mathrm{e}^{-5t}\right)\varepsilon(t)\,\mathrm{A}$$

过关训练

6.1　试确定下列各信号的拉氏变换。（查表）

（1）$1-\mathrm{e}^{-at}$

（2）$5\mathrm{e}^{-5t}$

（3） $\sin t + 2\cos t$

6.2　用部分分式展开法，求象函数 $\frac{42}{(s+7)(s+4)(s+2)}$ 的反变换。

6.3　如习题 6.3 图所示。已知 $i_L(0_-)=0.5\,\text{A}$， $u_C(0_-)=30\,\text{V}$，作 $t>0$ 时 S 域电路模型

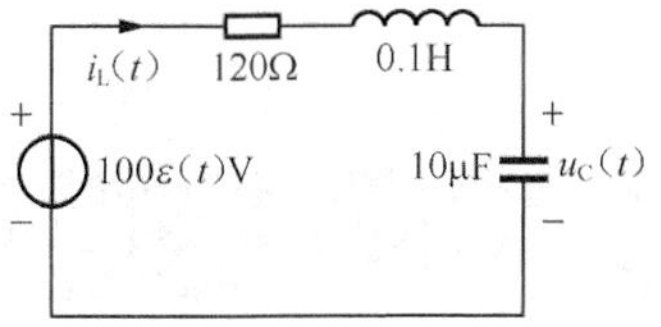

习题 6.3 图

6.4　电路如习题 6.4 图所示，作 $t>0$ 时 S 域电路模型。

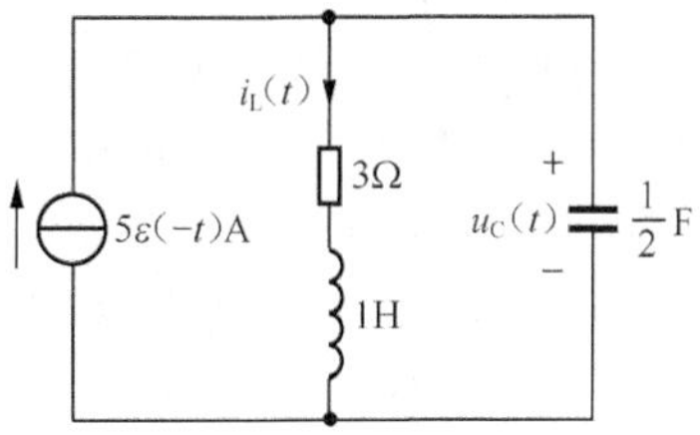

习题 6.4 图

6.5　电路如习题 6.5 图所示，已知 $u_C(0_-)=0$，用 S 域分析法求 $t>0$ 时的 $u_C(t)$。

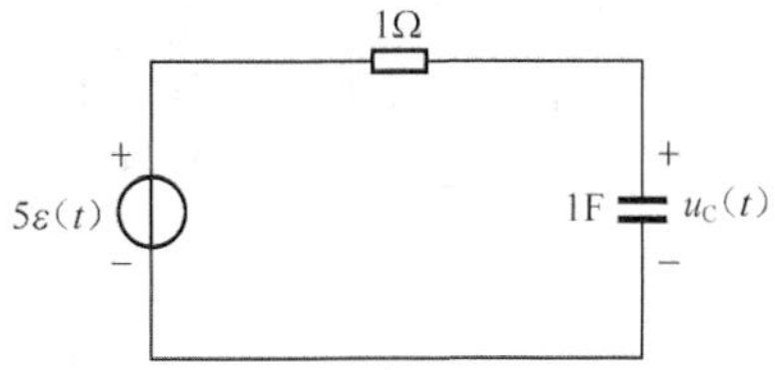

习题 6.5 图

6.6　电路如习题 6.6 图所示，求 $t>0$ 时的电压 $u(t)$。

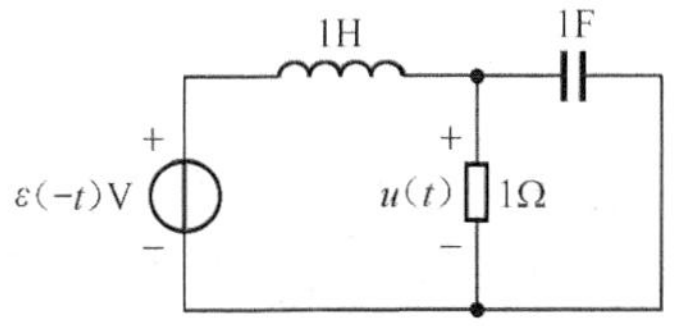

习题 6.6 图

模块 7 电路与信号实验

【本模块问题引入】“电路与信号”课程实践性极强，只有通过实践才能更好地理解理论知识在工程实践中的应用，而工程实践又离不开电工电子仪器及设备的正确使用，更需要具备科学分析和处理实验数据的能力。通过本模块的学习，不仅使我们提升了上述能力，还通过6个精心设计的实验环节，更深入地理解相关理论的知识点。

【本模块内容简介】本模块共分 3 个任务，包括实验须知、常用电工电子仪表的使用、电路与信号实验。

【本模块重点难点】重点掌握常用电工电子仪表的使用、电路与信号实验；难点是实验数据的处理和误差分析。

任务1 实验须知

【问题引入】在进行实验之前，我们先要明确实验目的和实验方法，知晓实验安全注意事项，掌握实验故障检查和处理方法，如实记录实验结果并客观地分析和处理，科学撰写实验报告，这是我们进行实验的基础。

【本任务要求】

1. 识记：实验误差的分类及表示方法。
2. 领会：实验故障的检查及处理方法。
3. 应用：科学分析实验数据、进行误差处理、撰写实验报告。

1. 实验课目的

（1）培养实验基本技能

① 学会按电路图连接线路，提高电路接线能力。

② 提高看说明书使用仪器的能力，为今后使用新仪器打下基础。

③ 分析处理实验数据，找出不合理数据，培养独立完成高质量实验的能力。

④ 分析处理电路故障的能力（故障包括开路、短路、连线错误等）。

⑤ 编写高质量的实验报告。

（2）巩固、加深并扩大所学的理论知识，培养运用基本理论分析、处理和解决实际问题的能力。

（3）学习并掌握基本的测量方法。

2．实验课进行方式

（1）预习

① 明确了解实验的目的、原理、任务及实验步骤。

② 根据每个实验的具体要求完成有关的思考题和计算题。

③ 画好需要填写实验数据的表格及绘制曲线的坐标等。

④ 根据每个实验的要求准备好应携带的文具、计算器、圆规、直尺、笔等。

将有关预习内容写在统一的“实验报告”纸上，上实验课时带到实验室，以便编写实验报告。

（2）进行实验

① 做实验之前，检查仪器设备是否齐全、完好，仪器设备的型号、规格是否符合实验要求。

② 阅读仪器设备的说明书，了解仪器设备的使用方法。

③ 按电路图连接线时，应注意仪表的排列位置，以便于实验操作和读取数据。

④ 根据实验步骤要求进行电路接线后，应检查确认线路无误后，方可接通电源进行实验，防止接错线路损坏仪器。

⑤ 为了培养分析数据的能力，在做每一步实验时，要求记录下来的实验数据（或绘出的波形）与预习时的计算值或理论分析应基本相等，才改接线路进行下一步实验。

⑥ 完成实验任务后，拆线前一定要断开电源，拆线后将仪器设备按原位放好，并按安排做好环境卫生工作。

（3）实验报告

实验报告纸用学校规定的统一纸张。实验报告每人需要写一份，于实验后三天内交实验指导老师。

实验报告格式要求如下。

① 实验名称、实验日期。

② 实验目的。

③ 实验步骤（简述）。

④ 实验电路图及实验条件（包括元件参数、输入信号参数等）。

⑤ 实验的原始记录数据表及数据处理结果（包括误差计算和分析）。

⑥ 实验的曲线图或波形图。

⑦ 实验结论，计算过程与分析（在充分了解实验原理的基础上，对实验数据、曲线或波形进行分析，并与理论计算结果进行对比后得出结论。如实验验证了哪个理论问题？或学到了何种测量方法和实验技巧？），解答讨论题或思考题。

曲线不能简单地在坐标图上把相邻的数据点用直线相连，应进行“曲线拟合”。最简单的方法是利用观察法，人为地画出一条光滑曲线，使所给数据点均匀地分布于曲线两侧。这种方法的缺点是不精确。

画图时应标明纵、横坐标轴代表的物理量、单位及坐标刻度。需要互相对比的曲线或波形，应画在同一坐标平面上，每条曲线（或波形）必须标明参变量或条件。

如果所有的图集中安排在报告的最后一页，则每个图必须标明是哪个实验内容的何种曲线（或波形）。

3．几个问题的说明

（1）人身安全和设备安全

不乱接通电源；接通电源后，不触及带电部分，遵守“先接线后合电源，先断电源后拆线”的操作程序。实验时发现异常现象（声响、焦臭味等）应立即断开电源、报告指导老师。

（2）读数据前要弄清楚仪表的量程及刻度，读数时注意姿势正确，要求“眼、指针、影成一线”。

记录数据力求表格化，一目了然。要合理取舍有效数字（最后一位为估计数字）。

（3）故障的检查及处理

在实验过程中发现有异常现象，应立即切断电源。然后根据现象分析原因，查找故障并进行处理。检查故障的方法一般有以下几种。

① 外观法

从外观检查线路连接是否正确；导线接头有无脱焊、折断、松动现象；元器件是否损坏（如电阻烧焦发黑），其额定值是否合适；仪表规格、量程是否适宜等。

② 替代法

通过对故障现象分析，可用正常元器件或导线，替代电路中被怀疑元器件或确定故障点。

③ 欧姆表法

首先要切断电路中的电源，然后用万用表的欧姆档单独测试各元器件是否完好；导线连接点是否断开，接触是否良好；电路有无短路；若遇有分支电路的回路时，可以分别断开部分电路，进行检查。

④ 电压表法

首先检查电路供电是否正常，然后用万用表的电压档测量可能产生故障的各部分电压或该点电位，查出故障的位置和原因。

（4）测量的误差

① 误差的种类

a．系统误差（有规律误差）

是指在一定条件下，误差的数值是恒定的误差，或按某种已知的函数规律变化的误差。产生系统误差的原因有仪表误差、操作误差、方法误差、环境影响误差、人身误差等。

b．随机误差（偶然误差）

这种误差的数值与符号均不一定，出现的时间和变化规律也不清楚。随机误差是在重复测量的情况下发现的。使用同样的方法和设备进行多次仔细测量时，所测得结果总有差别，但多次测量结果综合起来，是有规律的。

在有随机误差因素的条件下，欲使测量结果有更大的可靠性，可在相同条件下进行重复多次的测量，最后取多次测量的算术平均值作为测量结果。这个值是测出的量的概率最大的数值，是最可信的数值，更近于实际值。

c．疏失误差（也称粗大误差、粗差或巨差）

是在一定条件下，测量结果明显地偏离其实际值时所对应的误差。如测量方法不当；测量时电源突然跳动、仪器中某元件打火；测量人员读错了仪表指示数；测量前未对仪表进行校准、调零及记录的错误等而产生的误差。粗大误差明显地、严重地歪曲了测量结果。

② 误差表示法

a．绝对误差

被测量的测量值X与被测量的实际值（即真值）A之差称为绝对误差Δ。

$$\Delta = X - A$$

绝对误差Δ值可正可负。切记Δ的正负是以真值A为参考决定的。

b．相对误差

绝对误差与被测量真值之比的百分数称为相对（真值）误差β_A.

即

$$\beta_A = \frac{\Delta}{A} \times 100\%$$

绝对误差表示了被测量的误差大小。相对误差表示了被测量的准确度。

任务2 常用电工电子仪表的使用

【问题引入】“欲工其事，先利其器”，要高质量地完成实验任务，必须熟练地掌握实验平台和设备的功能及使用。本任务中我们将了解常用实验平台及仪器，为后续实验的开展奠定基础。

【本任务要求】掌握 TH-TD 型通用电工电子实验装置、GOS-6021 型双踪示波器、DA-16 型晶体管交流毫伏表、500 型指针式万用表、UT51 型数字万用表的原理、结构、功能及使用。

1．TH-TD 型通用电工电子实验装置的使用

（1）概述

TH-TD 型通用电工电子实验装置由实验屏、实验桌和若干实验组件挂箱等组成的。全套设备能满足各类学校“电工学”、“电路与信号”、“电子技术”课程的实验要求。

（2）实验屏操作、使用说明

实验屏为铁质喷塑结构，铝质面板。屏上固定装置着交流电源的起动控制装置，三相电源电压指示切换装置，低压直流稳压电源、恒流源、受控源、数控智能函数信号发生器、定时器兼报警记录仪和各种测量仪表等。

① 交流电源的启动控制

a．实验屏的左后侧有一根接有三相四芯插头的电源线，先在电源线下方的接线柱上接好机壳的接地线，然后将三相四芯插头接通三相四芯 380V 交流市电。这时，屏左侧的三相四芯插座即可输出三相 380V 交流电。必要时此插座上可插另一实验装置的电源线插头，但请注意，连同本装置在内，串接的实验装置不能多于 3 台。

b．将实验屏左侧面的三相自耦调压器的手柄调至零位，即逆时针旋到底。

c．将“电压指示切换”开关置于“三相电网输入”侧。

d．开启钥匙式电源总开关，停止按钮灯亮（红色），三只电压表，（0～450V）指示出输入三相电源线电压之值，此时，实验屏左侧面单相二芯 220V 电源插座和右侧面的单相三

芯 220V 处均有相应的交流电压输出。

e．按下启动按钮（绿色），红色按钮灯灭，绿色按钮灯亮，同时可听到屏内交流接触器的瞬间吸合声，面板上与 U1、V1 和 W1 相对应的黄、绿、红三个 LED 指示灯亮。至此，实验屏启动完毕。

② 三相可调交流电源输出电压的调节

a．将三相“电源指示切换”开关置于右侧（三相调压输出），三只电压表指针回到零位。

b．按顺时针方向缓缓旋转三相自耦调压器的旋转手柄，三只电压表将随之偏转，即指示出屏上三相可调电压输出端 U、V、W 两相之间的线电压之值，直至调节到某实验内容所需的电压值。实验完毕时，将旋柄调回零位，并将“电压指示切换”开关拨至左侧。

③ 用于照明和实验的日光灯的使用

本实验屏上有两个 30W 日光灯管，分别供照明和实验使用。照明用的日光灯管通过三刀手动开关进行切换，当开关拨至上方时，照明用的日光灯管亮；当开关拨至下方时，照明灯管灭。日光灯管的四个引脚已独立引至屏上，以供日光灯实验用。

④ 定时兼报警记录仪

A．定时器与报警记录仪是专门为教师对学生的实验考核而设置的。可以调整考核时间，到达设定时间，可自动断开电源。可累计操作过程中的报警次数，以考察学生的实验质量。

B．报警器的报警功能分电流、电压表的超量程报警；内电路漏电报警；过流、过压报警三部分，显示的报警次数即三项报警次数的累加。

C．操作步骤如下。

a．开机并按“复位”键后，显示器将从 00.00.00 开始计时。

b．设置密码：密码为 3 位数，个位必须是 9，即出厂密码。设所选密码为 569。

ⓐ 按“功能”键，显示器的最右一位（右 1 位）会循环显示 1～7，分别代表屏上“功能指示”下的 6 个功能及时钟功能。前 6 个功能的相应指示灯会依次点亮。选择功能 6。

ⓑ 按住“数位”键约 2 秒钟，显示器中会出现逐位跳动的小数点。

ⓒ 点动“数位”键，使小数点位于右 3 位。

ⓓ 按“数据”键，右 3 位会循环显示 0～9，选取 5。

ⓔ 参照ⓒ、ⓓ两步，设置好右 2 位为 6，右 1 位为 9。

ⓕ 按“确认”键，右 1 位显示 6，表明密码设置成功。再按“复位”键。

c．输入密码

ⓐ 按“功能”键，使右 1 位显示 1。

ⓑ 参照 b．的ⓑ～ⓔ，使右 3～右 1 位显示 569。

ⓒ 按“确认”键，左 1 位即显示 1，表明密码输入正确。如果输入的密码有误，则按“确认”键后，输入数不变。

d．设置实验的起始时间和结束（报警）时间：

ⓐ 按“功能”键，使右 1 位显示 2。

ⓑ 参照 b．的ⓑ～ⓔ，将起始时间的时、分（四位数）依次输入到左 1～左 4 位。再使右 1 位显示 1。按“确认”键，则右 1 位会显示 C（clock），表明设置成功。

ⓒ 参照 b．设置结束（报警）时间，再在右 1 位输入 9，按“确认”键，则右 1 位显示 A（alarm），表明设置成功。

e．告警次数清零。

按“功能”键，使右 1 位显示 3，再按“确认”键，则右 3～右 1 位显示 000，表明告警次数已清零。

f．定时时间查询。

按“功能”键，使右 1 位显示 4，再按“确认”键，显示器即显示设定的结束（报警）时间。

g．告警次数记录查询。

按“功能”键，使右 1 位显示 5，再按“确认”键，显示器的右 3～右 1 位将显示已出现故障告警的次数。

h．时钟显示

按“功能”键，使右 1 位显示 7，再按“确认”键，显示器的六位数码管将显示当前的时间（时、分、秒）。

i．运行提示。

当计时时间到达所设定的结束（报警）时间后，机内蜂鸣器会鸣叫一分钟。再过 4 分钟，机内接触器跳闸。如果按本表的“复位”键，再按本装置的启动按钮，则重复鸣叫 1 分钟，再过 4 分钟跳闸的过程。

跳闸后，有两种方法可使本表恢复到初始状态。

ⓐ 按“复位”键，并在 5 分钟内重新输入密码，设置新的开始和结束时间。

ⓑ 切断本装置的总电源，十秒钟后重新启动。

⑤ 低压直流稳压、恒流电源输出与调节

开启直流稳压电源带灯开关，U_A和 U_B两路稳压源输出插孔均有电压输出。

a．将“电压指示切换”按键弹起，数字式电压表指示第一路稳压源（U_A）输出的电压值；将此按键按下，则电压表指示第二路稳压源（U_B）输出的电压值。

b．调节 U_A或 U_B稳压源的“输出调节”多圈电位器旋钮可平滑地调节输出电压值。调节范围为 0～30V（自动换挡），额定电流为 1A。

c．两路稳压源既可单独使用，也可组合构成 0～±30V 或 0～±60V 电源。

d．两路稳压源输出均设有软截止保护功能，但应尽量避免输出短路，以免烧坏电源。

e．恒流源的输出与调节。将负载接至“恒流输出”两端，开启恒流源开关，数字式毫安表即指示输出电流之值。调节“输出粗调”波段开关和“输出细调”多圈电位器旋钮，可在三个量程段（满量程为 2mA、20mA 和 200mA）连续调节输出的恒流电流值。

f．本恒流源虽有开路保护功能，但不应长期处于输出开路状态。

操作注意事项：当输出口接有负载时，如果需要将“输出粗调”波段开关从低挡向高挡切换，则应将输出“细调旋钮”调至最低（逆时针旋到头），再拨动“输出粗调”开关。否则会使输出电压或电流突增，可能导致负载器件损坏。

⑥ 直流数字电压/电流表的使用

直流数字电压表由三位半 A/D 转换器 ICL7107 和四个 LED 共阳极红色数码管等组成，量程分 200mV、2V、20V、200V 四挡，由琴键开关切换量程。被测电压信号应并接在“0～200V”“+”“−”两个插孔处，使用时要注意选择合适的量程，否则若被测电压值超过所选择挡位的极限值，则该仪表告警指示灯亮。控制屏内蜂鸣器发出告警信号，并使接触器跳开，按下仪表的“复位”按纽，蜂鸣器停止发出声音，重新选择量程或测量值恢复正常后，还必须重新启动控制屏，才能继续实验。

注意　每次使用完毕，要放在最大量程挡200V挡。

直流毫安表结构的特点均类同数字直流电压表，只是这里的测量对象是电流，即仪表的“0～2A”“+”“-”两个输入端应串接在被测的电路中；量程分 2mA、20mA、200mA、2 000mA 四挡，其余同上。

⑦ 指针式交流电压表的使用

采用带镜面、双刻度线（红、黑）表头（不同的量程读取相应的刻度线），测量范围0～500V，量程分为 10V、30V、100V、300V、500V 五挡，输入阻抗 5～10kΩ/V，精度为1.0 级，直键开关切换，每挡均有超量程告警、指示及切断总电源功能。

仪表量程的选择：按下合适量程的按键，相应挡位的绿色指示灯亮，指针指示出被测量值。

若被测量值超过仪表的量限，则该表告警指示灯亮，控制屏内蜂鸣器发出告警信号，并使接触器跳开。将超量程仪表的“复位”按钮按一下，蜂鸣器停止发出声音，重新选择量程或测量值恢复正常后，必须重新启动控制屏，才可开始实验。

⑧ 指针式交流电流表的使用

采用带镜面、双刻度线（红、黑）表头（不同的量程读取相应的刻度线），测量范围0～5A，量程分 0.3A、1A、3A、5A 四挡，精度为 1.0 级，直键开关切换，每挡均有超量程告警、指示及切断总电源功能。

在实验接线、量程换挡及不需要指示测量时，将“测量/短接”键处于“短接”状态；需要测量时，将“测量/短接”键处于“测量”状态。

仪表量程的选择：按下合适量程的按键，相应挡位的绿色指示灯亮，指针指示出被测量值。

若被测量值超过仪表的量限，则该表告警指示灯亮，控制屏内蜂鸣器发出告警信号，并使接触器跳开。将超量程仪表的“复位”按钮按一下，蜂鸣器停止发出声音，重新选择量程或测量值恢复正常后，必须重新启动控制屏，才可开始实验。

⑨ 有效值交流电压表的使用

进行有效值的测量，测量范围 0～500V，量程自动判断、自动切换，精度 0.5 级，三位半数显。测量时将被测信号线并接入测量端口即可进行测量。

⑩ 多功能数控智能函数信号发生器

a．概述

该信号源是一种新型的以单片机为核心的数控式函数信号发生器。它可输出正弦波、三角波、锯齿波、矩形波、四脉方列和八脉方列六种信号波形。通过面板上键盘的简单操作，就可以很方便地连续调节输出信号的频率，并由 LED 数码管直接显示出输出信号的频率值、矩形波的占空比及内部基准幅值。输出信号波形的各项技术指标都能满足大专院校电工、电路、模拟和数字电路实验的需求。本仪器还兼有频率计的功能，可精确地测定各种周期信号的频率。本仪器采用先进技术，智能化程度高，因而具有输出波形失真小、精度高、输出稳定、工作可靠、功耗低、线路简洁、使用调节灵活简便、结构轻巧等突出的优点。

b．主要技术指标

输出频率范围：正弦波为 1Hz～150kHz；矩形波为 1Hz～150kHz；三角波和锯齿波为 1Hz～10kHz；四脉方列和八脉方列固定为 1kHz。频率调整步幅：1Hz～1kHz 为 1Hz；1～10kHz 为 10Hz；10～150kHz 为 100Hz。

输出脉宽调节：占空比固定为 1:1、1:3、1:5 和 1:7 四挡；输出脉冲前后沿时间小于 50ns。

输出幅度调节范围：A 口　15mV～17.0V（峰峰值），B 口　0～4.0V（峰峰值）。

输出阻抗：小于 50Ω。

频率测量范围：1Hz～200kHz。

c．使用操作说明

输入、输出接口：模拟信号（包括正弦波、三角波和锯齿波）从 A 口输出；脉冲信号（包括矩形波、四脉方列和八脉方列）从 B 口输出。

开机后的初始状态：选定为正弦波形，相应的红色 LED 指示灯亮；输出频率显示为 1kHz；内部基准幅度显示为 5V。

按键操作：包括输出信号波形的选择、频率的调节、脉冲宽度的调节、测频功能的切换等操作。

按“A 口”、“B 口/B↑或 B 口/B↓”，选择输出端口。

选择 A 口输出时，按波形键可依次选择正弦波、方波和锯齿波。B 口输出时，按波形键可依次选择矩形波、四脉方列和八脉方列。被选中的波形，相应的指示灯亮。

在选定矩形波后，按“脉宽”键，可改变矩形波的占空比。此时显示占空比的数码管将依次显示 1:1，1:3，1:5，1:7。

按“测频/取消”键，本仪器便转换为频率计的功能。六只显示数码管将显示接在面板“信号输入口”处的被测信号的频率值（“信号输出口”仍保持原来信号的正常输出）。此时除“测频/取消”键外，按其他键均无效；只有再按“测频/取消”键，撤消测频功能后，整个键盘才可恢复对输出信号的控制操作。

按“粗↑”键或“粗↓”键，可单步改变（调高或调低）输出信号频率值的最高位。

按“中↑”键或“中↓”键，可连续改变（调高或调低）输出信号频率值的次高位。

按“细↑”键或“细↓”键，可连续改变（调高或调低）输出信号频率值的第二次高位。

输出幅度调节功能如下。

A 口波形的输出幅度可由面板上幅度调节旋钮调节，其中主调旋钮为粗调，辅调旋钮为细调，幅度调节精度为 1mV。

B 口幅度调节按 B 口/B↑键将连续增大输出口幅度；按 B 口/B↓键将连续减小输出口幅度。

输出衰减的选择：输出衰减分 0dB、20dB、40dB、60dB 四挡，由两个“衰减”按键选择，具体选择方法如表 7.2.1 所示。

⑪ 受控源的使用

电源为内部供给（只需开启启动按钮），通过适当的连接（见实验指导书），可获得

CCVS、VCCS 的变换功能。

表 7.2.1 输出衰减的选择

20dB 按键	40dB 按键	衰减值（dB）
弹起	弹起	0
按下	弹起	20
弹起	按下	40
按下	按下	60

此外，打开电源开关，还可输出±12 V 两路直流稳定电压，并有发光二极管指示，可做为电源进行对外供电。

（3）实验桌

实验桌上装置有实验控制屏，并有一个较宽敞的工作台面，在实验桌的正前方设有两个抽屉。

（4）实验组件挂箱

① DGJ-03 电工基础实验挂箱

提供叠加定理、戴维南定理、双口网络、谐振、选频及一、二阶电路实验模块。

各实验器件齐全，实验单元隔离分明，实验线路完整清晰，在需要测量电流的支路上均设有电流插座。

② DGJ-04 交流电路实验挂箱

提供单相、三相、日光灯、变压器、互感器、电度表等实验所需的器件。

灯组负载为三个各自独立的白炽灯组，可连接成 Y 形或△形两种形式，每个灯组设有三只并联的白炽灯罗口灯座（每个灯组均设有三个开关，控制三个并联支路的通断），可装 60W 以下的白炽灯九只，各灯组均设有电流插座，每个灯组均设有过压保护线路。当电压超过 245V 时会自动切断电源并报警，避免烧坏灯泡；日光灯实验器件有 30W 镇流器、4.7μF 电容器、0.47μF 电容器、启辉器插座、短路按钮 1 只；铁芯变压器 1 只，50VA、220V/36V，原、副边均设有电流插座；互感器，实验时临时挂上,两个空心线圈 L1、L2 装在滑动架上，可调节两个线圈间的距离，可将小线圈放到大线圈内，并附有大、小铁棒各 1 根和非导磁铝棒 1 根；电度表 1 只，规格为 220V、3/6A，实验时临时挂上，其电源线、负载进线均已接在电度表接线架的空心接线柱上，以便接线。

③ DGJ-05 元件挂箱

提供实验所需各种外接元件（如电阻器、发光二极管、稳压管、电容器、电位器及 12V 灯泡等），三相高压电容组，还提供十进制可变电阻箱，输出阻值为 0～99 999.9Ω/1W。

④ DG17-2 信号与系统实验挂箱

提供基本运算单元、50Hz 非正弦周期信号的分解与合成、无源和有源滤波器、信号的采样与恢复等实验模块。

⑤ D71－2 数电、模电实验箱

提供±5V（0.5A）、±15V（0.5A）四路直流稳压电源，单次脉冲源、三态逻辑笔、四组 BCD 码十进制七段译码器、BCD 码拔码开关 2 位、逻辑电平指示器 8 位、逻辑开关 8

位、高可靠圆脚集成插座（40P 一只、28P 一只、14P 三只、16P 四只、8P 二只），另外还提供的元器件包括（三端稳压块 7812、7912、LM317 各一只，晶体三极管 3DG6 三只、3DG12 一只、3CG12 一只、3DJ6F 一只、稳压管 2DW231、2CW54、2CW53 各一只、单结晶体管 BT33、单向可控硅 3CT3A、整流桥堆、电容、电位器（1K、10K、100K 各一只）、12V 信号灯、扬声器（0.2W，8Ω）、振荡线圈、复位按钮等。由单独一只变压器为实验提供低压交流电源，分别输出 6V、10V、14V 及两路 17V 低压交流电源（50Hz）。实验面板上还设有可装、卸固定线路实验小板的绿色固定插座四只，配有共射极单管/负反馈放大器、射极跟随器、RC 正弦波振荡器、差动放大器及 OTL 功率放大器共五个固定实验单元的线路板。实验连接点、测试点均采用高可靠防转叠式插座，插元件采用接触可靠的镀银长紫铜管。本挂箱能完成常规的“数电”、“模电”所有实验。

（5）实验连接线

根据不同实验项目的特点，配备两种不同的实验连接线。强电部分采用高可靠护套结构手枪插连接线，不存在任何触电的可能。里面采用无氧铜抽丝而成的头发丝般细的多股线，达到超软目的；外包丁晴聚氯乙烯绝缘层，具有柔软、耐压高、强度大、防硬化、韧性好等优点。插头采用实芯铜质件外套铍青铜弹片，接触安全可靠。弱电部分采用弹性铍青铜裸露结构联接线，两种导线都只能配合相应内孔的插座，不能混插，大大提高了实验的安全及合理性。

（6）装置的安全保护系统

① 三相四线制电源输入，总电源由断路器和三相钥匙开关控制，设有三相带灯熔断器作为短路保护和断相指示。

② 控制屏电源由交流接触器通过启动、停止按钮进行控制。

③ 屏上装有电压型漏电保护装置，控制屏内或强电输出若有漏电现象，即告警并切断总电源，确保实验进程的安全。

④ 各种电源及各种仪表均有一定的保护功能。

⑤ 屏内设有过流保护装置，当交流电源输出有短路或负载电流过大时,会自动切断交流电源,以保护实验装置。

（7）装置的保养与维护

① 装置应放置平稳，平时注意清洁，长时间不用时最好加盖保护布或塑料布。

② 使用前应检查输入电源线是否完好，屏上开关是否置于“关”的位置，调压器是否回到零位。

③ 使用中，对各旋钮进行调节时，动作要轻，用力切忌过度，以防旋钮开关等损坏。

④ 如遇电源、仪器及仪表不工作时，应关闭控制屏电源，检查各熔断器熔管是否完好。

⑤ 更换挂箱时，动作要轻，防止强烈碰撞，以免损坏部件及影响外表等。

2．GOS-6021 型双踪示波器的使用

（1）简介

① GOS-6020 系列双踪示波器，最大垂直灵敏度为 1mV/div，垂直灵敏度扩展至 10～20V/div，最大扫描速度为 0.2μs/div 并可扩展 10 倍使扫描速度达到 20ns/div。该示波器采用 6 英寸并带有内刻度的矩形 CRT，操作简单，稳定可靠。

② 特性

a．高亮度及高加速极电压的 CRT

这种示波管速度快，亮度高。加速极电压为 2kV（6020/6021），12kV（6040/6041），即使在高速扫描的情况下也能显示清晰的轨迹。

b．触发电平锁定功能

将触发电平锁定在一固定值上，当输入信号幅度，频率变化时无需再调整触发电平即可获得稳定波形。

c．交替触发功能可以观察两个频率不同的信号波形。

d．电视信号同步功能。

e．CH1 输出。

在后面板上的 50Ω 输出信号可以直接驱动频率计或其他仪器。

f．Z 轴输入

亮度调制功能可以给示波器加入频率或时间标识，正信号轨迹消隐，TTL 匹配。

g．X—Y 操作

当设定在 X—Y 位置时，该仪器可作为 X—Y 示波器，CH1 为水平轴，CH2 为垂直轴。

h．全编码扫速，衰减开关，轻巧可靠。

i．光标直读功能，可测量⊿V，⊿T，1 / ⊿T。

（2）操作前注意事项

① CRT 磁光质涂层

为了避免永久性损坏 CRT 内的磁光质涂层，请不要将 CRT 的轨迹设在极亮的位置或把光点停留过长的时间。

② 输入端的最大电压

输入端和探头的最大电压参见表 7.2.2。当探头设定在 1:1 位置时，有效读出电压（峰峰值）是 40V（14Vrms，在正弦波时）；当探头设定在 10:1 位置时，最大有效读数（峰峰值）是 400V（140Vrms，在正弦波时）。

表 7.2.2　输入端和探头的最大电压

输入端	最大输入电压
CH1，CH2	300V（峰峰值）
外触发输入（EXT TRIG IN）	300V（峰峰值）
探头	600V（峰峰值）
Z 轴	30V（峰峰值）

注意　为了避免损坏仪器，请勿超出表 7.2.2 中的值。最大输入电压的频率必须小于 1kHz。

如果一个 AC 电压叠加在 DC 电压之上，则 CH1 和 CH2 输入的最大峰峰值电压不得超过±300V，所以对于一个平均值为零的 AC 电压，它的峰峰值是 600V。

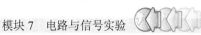

（3）操作方法

① 前面板介绍（参见图 7.2.1）。

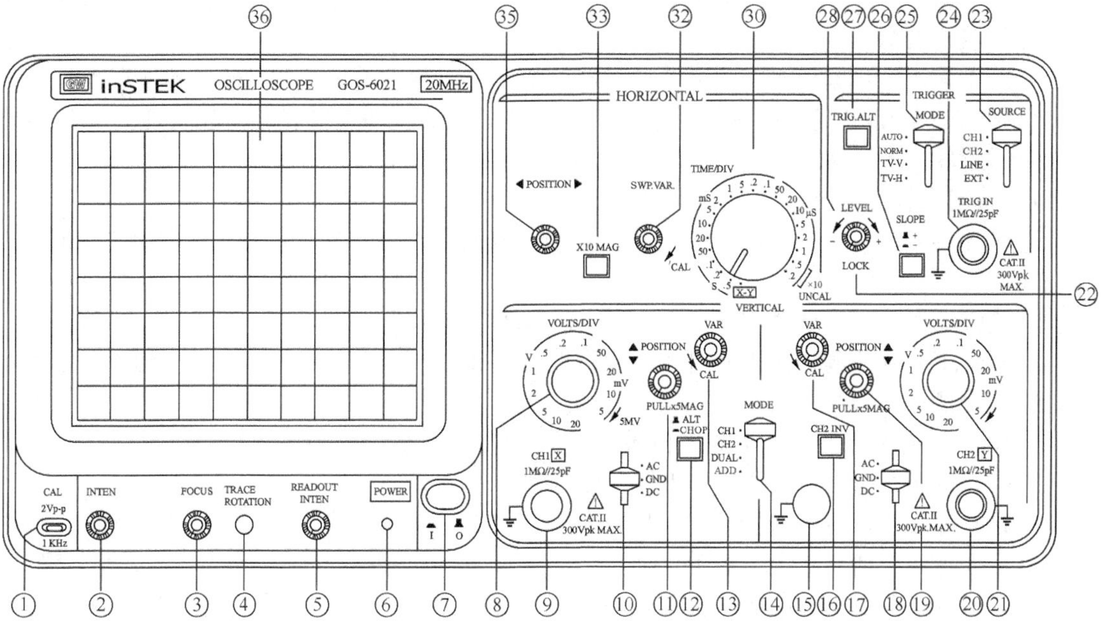

图 7.2.1 GOS-6021 型双踪示波器的面板图

a．CRT 上的键。

⑦是电源：主电源开关，当此开关开启时发光二极管⑥发亮。

②是亮度：调节轨迹或亮点的亮度。

③是聚焦：调节轨迹或亮点的聚焦。

④是轨迹旋转：半固定的电位器用来调整水平轨迹与刻度线的平行。

㊱是滤色片：使波形看起来更加清晰。

b．垂直轴上的键。

⑨是 CH1（X）输入：在 X—Y 模式下，作为 X 轴输入端。

⑳是 CH2（Y）输入：在 X—Y 模式下，作为 Y 轴输入端。

⑩和⑱是 AC--GND--DC：选择垂直轴输入信号的输入方式。

AC：交流耦合。

GND：垂直放大器的输入接地，输入端断开。

DC：直流耦合。

⑧和㉑是垂直衰减开关：调节垂直偏转灵敏度从 5mV/div～20V/div，分 12 挡。

⑬和⑰是垂直微调：微调灵敏度大于或等于 1/2.5 标示值，在校正位置时，灵敏度校正为标示值。

⑪和⑲是▼▲垂直位移：调节光迹在屏幕上的垂直位置。当该旋钮拉出后（X5MAG 状态）放大器的灵敏度乘以 5。

⑭是垂直方式：选择 CH1 与 CH2 放大器的工作模式。

CH1 或 CH2：通道 1 或通道 2 单独显示。

DUAL：两个通道同时显示。

ADD：显示两个通道的代数和 CH1+CH2。按下 CH2 INV⑯按钮，为代数差 CH1−CH2。

⑫是 ALT/CHOP：在双踪显示时，放开此键，表示通道 1 与通道 2 交替显示（通常用在扫描速度较快的情况下）。

当此键按下时，通道 1 与通道 2 同时断续显示（通常用于扫描速度较慢的情况下）。

⑯是 CH2 1NV：通道 2 的信号反相，当此键按下时，通道 2 的信号以及通道 2 的触发信号同时反相。

c．触发面板上的键。

㉔是外触发输入端子：用于外部触发信号。当使用该功能时，开关㉓应设置在 EXT 的位置上。

㉓是触发源选择：选择内（1NT）或外（EXT）触发。

CH1/CH2：当垂直方式选择开关⑭设定在 DUAL 或 ADD 状态时，选择通道 1/2 作为内部触发信号源。

LINE：选择交流电源作为触发信号。

EXT：外部触发信号接于㉔作为触发信号源。

㉗是 TRIG．ALT：当垂直方式选择开关⑭设定在 DUAL 或 ADD 状态，而且触发源开关㉓选在通道 1 或通道 2 上，按下㉗时，它会交替选择通道 1 和通道 2 作为内触发信号源。

㉖是极性：触发信号的极性选择。“+”——上升沿触发，“-”——下降沿触发。

㉘是触发电平：显示一个同步稳定的波形，并设定一个波形的起始点。向“+”旋转触发电平向上移，向“−”旋转触发电平向下移。

㉕是触发方式：选择触发方式。

AUTO：自动　当没有触发信号输入时扫描在自由模式下。

NORM：常态　当没有触发信号时，踪迹处在待命状态并不显示。

TV-V：电视场　当想要观察一场的电视信号时。

TV-H：电视行　当想要观察一行的电视信号时。

（仅当同步信号为负脉冲时，方可同步电视场和电视行）。

㉒是触发电平锁定：将触发电平旋钮㉘向顺时针方向转到底，听到咔嗒一声后，触发电平被锁定在一固定电平上，这时改变扫描速度或信号幅度时，不再需要调节触发电平即可获得同步信号。

d．基面板上的键。

㉚是水平扫描速度开关：扫描速度可以分 20 挡，从 0.2μs/div 到 0.5s/div。当设置到 X—Y 位置时可用作 X—Y 示波器。

㉜是水平微调：微调水平扫描时间，使扫描时间被校正到与面板上 TIME/DIV 指示的一致。TIME/DIV 扫描速度可连续变化，当顺时针旋转到底为校正位置，整个延时可达 2.5 倍以上。

㉟是◄►水平位移：调节光迹在屏幕上的水平位置。

㉝是扫描扩展开关：按下时扫描速度扩展 10 倍。

e．其他键。

①是 CAL：提供幅度（峰峰值）为 2V、频率为 1kHz 的方波信号，用于校正 10:1 探头的补偿电容器和检测示波器垂直与水平的偏转因数。

⑮是 GND：示波器机箱的接地端子。

② 单通道操作

接通电源前务必先检查电压是否与当地电网一致，然后将有关控制元件按表 7.2.3 设置。

表 7.2.3

功　　能	序　　号	设　　置
电源（POWER）	⑦	关
亮度（INTEN）	②	居中
聚焦（FOCUS）	③	居中
垂直方式（VERT MODE）	⑭	通道 1
交替/断续（ALT/CHOP）	⑫	释放（ALT）
通道 2 反向（CH2 INV）	⑯	释放
垂直位置（▲▼POSITION）	⑪　⑲	居中
垂直衰减（VOLTS/DIV）	⑧　㉑	0.5V/DIV
AC—GND—DC	⑩　⑱	GND
触发源（Source）	㉓	通道 1
极性（SLOPE）	㉖	+
触发交替选择（TRIG.ALT）	㉗	释放
触发方式（TRIGGER MODE）	㉕	自动
扫描时间（TIME/DIV）	㉚	0.5ms/DIV
微调（SWP.VER）	㉜	校正位置
水平位置（◀▶POSITION）	㉟	居中
扫描扩展（X10 MAG）	㉝	释放

a．电源接通，电源指示灯亮约 20s 后，屏幕出现光迹。如果 60s 后还没有出现光迹，请重新检查开关和控制旋钮的设置。

b．分别调节亮度、聚焦，使光迹亮度适中清晰。

c．调节通道 1 位移旋钮与轨迹旋转电位器，使光迹与水平刻度平行（用螺丝刀调节轨迹旋转电位器 4）。

d．用 10:1 探头将校正信号输入至 CH1 输入端。

e．将 AC—GND—DC 开关设置在 AC 状态。一个如图 7.2.2 所示的方波将会出现在屏幕上。

f．调整聚焦使图形清晰。

g．对于其他信号的观察，可通过调整垂直衰减开关、扫描时间到所需的位置，从而得到清晰的图形。

h．调整垂直和水平位移旋钮，使得波形的幅度与时间容易读出。

i．幅度的测量

先把“Y 轴灵敏度”微调旋钮顺时针旋到底置“校正”位置。

将“Y 轴灵敏度”粗调旋钮置于某一合适的量程挡（V/div）。

将被测波形移至屏幕的中心位置，按坐标刻度的分度读出整个波形在 Y 轴方向占有的大格数，计算信号的幅度 U_{p-p}（峰峰值）。

U_{p-p}=（被测波形在 Y 轴上占有的大格数）×（“Y 轴灵敏度”旋钮的量程值）

j．频率的测量

先把“扫描速度”微调旋钮顺时针旋到底置“校正”位置。

将“扫描速度”粗调旋钮置于某一合适的量程挡（t/div）。

将被测波形移至屏幕的中心位置，按坐标刻度的分度读出波形一个周期在 X 轴方向占有的大格数，计算信号的周期 T。

T=（被测波形 1 个周期在 X 轴上占有的大格数）×（“扫描速度”旋钮的量程值）

通过测量信号波形的周期 T，将该时间值取倒数即为被测信号的频率：即 $f=1/T$。

以上为示波器最基本的操作，通道 2 的操作与通道 1 的操作相同。

③ 双通道操作

改变垂直方式到 DUAL 状态，于是通道 2 的光迹也会出现在屏幕上(与 CH1 相同)。这时通道 1 显示一个方波（来自校正信号输出的波形），而通道 2 则仅显示一条直线，因为没有信号接到该通道。现在将校正信号接到 CH2 的输入端与 CHl 一致，将 AC-GND-DC 开关设置到 AC 状态，调整垂直位置⑪和⑲使两通道的波形如图 7.2.3 所示。释放 ALT/CHOP 开关（置于 ALT 方式）。CHl 和 CH2 的信号交替地显示到屏幕上，此设定用于观察扫描时间较短的两路信号。按下 ALT / CHOP 开关（置于 CHOP 方式），CHl 与 CH2 上的信号以 250kHz 的速度独立地显示在屏幕上，此设定用于观察扫描时间较长的两路信号。在进行双通道操作时（DUAL 或加减方式），必须通过触发信号源的开关来选择通道 1 或通道 2 的信号作为触发信号。如果 CHl 与 CH2 的信号同步，则两个波形都会稳定地显示出来，反之，则仅有触发信号源的信号可以稳定地显示出来；如果 TRIG/ALT 开关按下，则两个波形会同时稳定地显示出来。

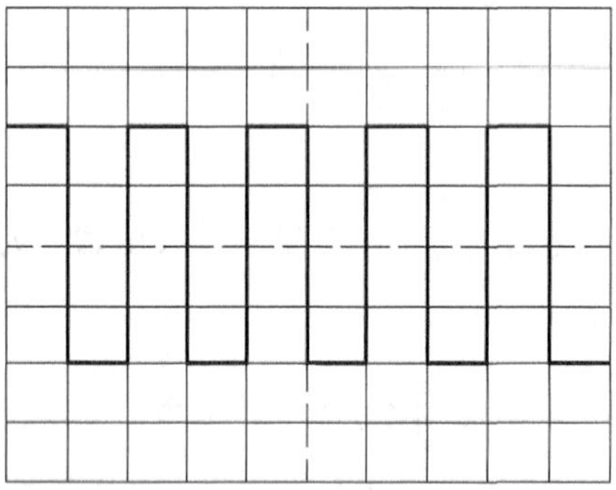

图 7.2.2　方波

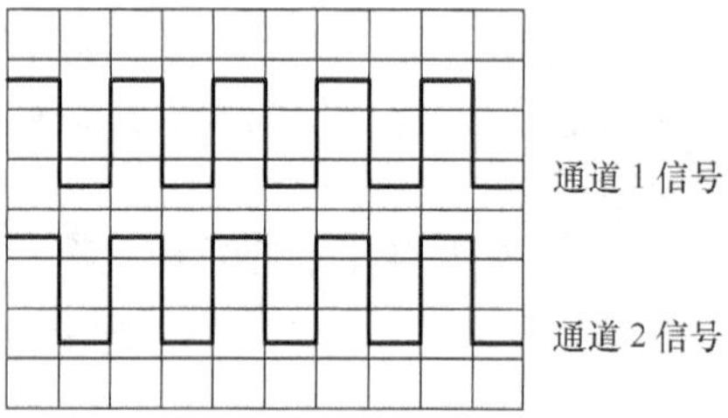

图 7.2.3　两通道的波形

④ 加减操作

通过设置“垂直方式开关”到“加”的状态，可以显示 CH1 与 CH2 信号的代数和，如果 CH2 INV 开关被按下则为代数减。为了得到加减的精确值，两个通道的衰减设置必须一致。垂直位置可以通过“位置键”来调整，鉴于垂直放大器的线性变化，最好将该旋钮设置在中间位置。

⑤ 触发源的选择

正确地选择触发源对于有效地使用示波器至关重要，所以必须十分熟悉触发源的选择功能及其工作次序。

a．MODE 开关

AUTO：当为自动模式时，扫描发生器自由地产生一个没有触发信号的扫描信号；当有触发信号时，它会自动转换到触发扫描。通常第一次观察一个波形时，将其设置于“AUTO”，当一个稳定的波形被观察到以后，再调整其他设置。当其他控制部分设定好以后，通常将开关设回到“NORM”触发方式，因为该方式更加灵敏。当测量直流信号或小信号时必须采用“AUTO”方式。

NORM：常态，通常扫描器保持在静止状态，屏幕上无光迹显示。当触发信号经过由“触发电平开关”设置的阀门电平时，扫描一次，之后扫描器又回到静止状态，直到下一次被触发。在双踪显示“ALT”与“NORM”扫描时，除非通道 1 与通道 2 都有足够的触发电平，否则不会显示。

TV-V：电视场，当需要观察一个整场的电视信号时，将 MODE 开关设置到 TV-V，对电视信号的场信号进行同步，扫描时间通常设定到 2ms/div（一帧信号）或 5ms/div（一场两帧隔行扫描信号）。

TV-H：电视行，对电视信号的行信号进行同步，扫描时间通常为 10μs/div 显示几行信号波形，可以用微调旋钮调节扫描时间到所需要的行数。送入示波器的同步信号必须是负极的，见图 7.2.4。

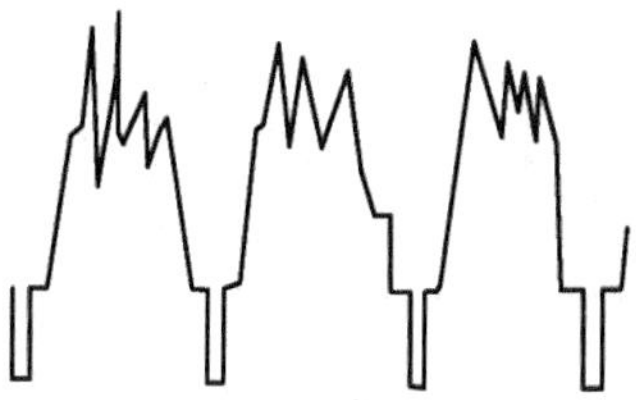

图 7.2.4　同步信号

b．触发信号源功能

为了在屏幕上显示一个稳定的波形，需要给触发电路提供一个与显示信号在时间上有关连的信号，触发源开关就是用来选择该触发信号的。

CH1/CH2：大部分情况下采用内触发模式。送到垂直输入端的信号在预放以前分一支到触发电路中。

由于触发信号就是测试信号本身，因此显示屏上会出现一个稳定的波形。在 DUAL 或 ADD 方式下，触发信号由触发源开关来选择。

LINE：用交流电源作为触发信号。这种方法对于测量与电源频率有关的信号十分有效，如音响设备的交流噪音、可控硅电路等。

EXT：用外来信号驱动扫描触发电路。该外来信号因与要测的信号有一定的时间关系，波形可以更加独立地显示出来。

c．触发电平和极性开关

当触发信号通过一个预置的阀门电平时会产生一个扫描触发信号。

调整触发电平旋钮可以改变该电平，向“+”方向时，阀门电平向正方向移动；向

“-”方向时，阀门电平向负方向移动；当在中间位置时，阀门电平设定在信号的平均值上。触发电平可以调节扫描起点在波形的任一位置上。对于正弦信号，起始相位是可变的。

注意 如果触发电平的调节过正或过负，也不会产生扫描信号，因为这时触发电平已经超过了同步信号的幅值。

极性触发开关设置在“+”时，上升沿触发，极性触发开关设置在“-”时，下降沿触发（见图 7.2.5）。

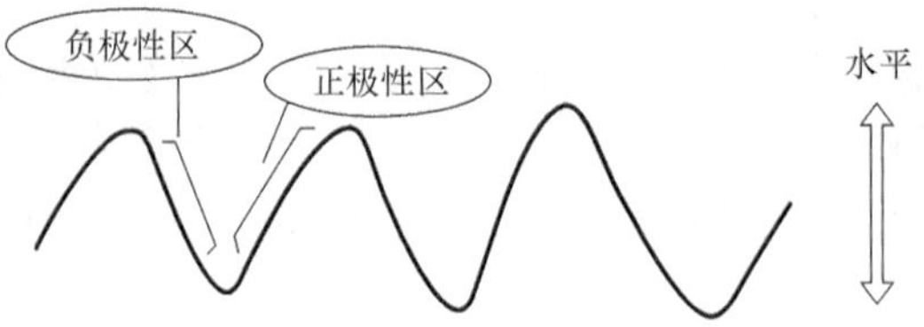

图 7.2.5 极性触发开关设置

触发电平锁定：顺时针调节触发电平旋钮㉘到底，听到卡嗒一声后，触发电平被锁定在一固定值，此时改变信号幅度、频率不需要调整触发电平即可获得一稳定的波形。当输入信号的幅度或外触发信号的幅度在以下范围时该功能有效。

50Hz～4MHz>1.0 DIV

5MHz～20MHz>1.5 DIV

d. 触发交替开关

当垂直方式选定在双踪显示时，该开关用于交替触发和交替显示，适用于 CH1、CH2 或相加方式。在交替方式下，每一个扫描周期，触发信号交替一次。这种方式有利于波形幅度、周期的测试，甚至可以观察两个在频率上并无联系的波形。但不适合于相位和时间对比的测量。对于此测量，两个通道必须采用同一同步信号触发。在双踪显示时，如果“CHOP”和“TRIG.ALT”同时按下，则不能同步显示，因为“CHOP”信号成为触发信号。请使用“ALT”方式或直接选择 CH1 或 CH2 作为触发信号源。本机在双通道工作方式时，如“CHOP/ALT”置“ALT”挡且“TRIG.ALT”键被按下时，仪器不支持测频功能。

⑥ 扫描速度控制

调节扫描速度旋钮，可以选择你想要观察的波形个数。如果屏幕上显示的波形过多，则调节扫描时间更快一些；如果屏幕只有一个周期的波形，则可以减慢扫描时间。当扫描速度太快时，屏幕上只能观察到周期信号的一部分，如对于一个方波信号，可能在屏幕上显示的只是一条直线。

⑦ 扫描扩展

当需要观察一个波形的一部分时，通常需要很高的扫描速度。但是如果想要观察的部分远离扫描的起点，则要观察的波形可能已经出到屏幕以外，这时就需要使用扫描扩展开关。当扫描扩展开关按下后，显示的范围会扩展 10 倍，这时的扫描速度是：（“扫描速度开关”上的值）×1/10（见图 7.2.6）。

如 1μs/div 可以扩展到 100ns/div。

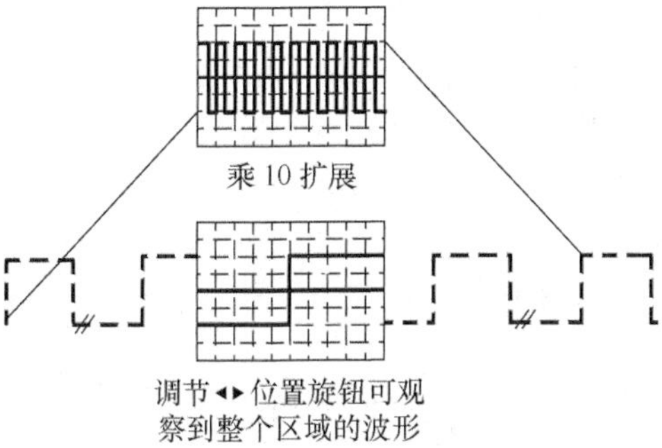

图 7.2.6 扫描扩展

⑧ X-Y 操作

将扫描速度开关设定在 X-Y 位置时，示波器工作方式为 X-Y。

X-轴：CH1 输入。

Y-轴：CH2 输入。

注意 当高频信号在 X-Y 方式时，应注意 X 与 Y 轴的频率、相位上的不同。

X-Y 方式允许示波器进行常规示波器所不能做的很多测试。CRT 可以显示一个电子图形或两个瞬时的电平。它可以是两个电平直接的比较，就像向量示波器显示视频彩条图形一样。如果使用一个传感器将有关参数（频率、温度、速度等）转换成电压的话，X-Y 方式就可以显示几乎任何一个动态参数的图形。一个通用的例子就是频率响应测试，这里 Y 轴对应于信号幅度，X 轴对应于频率（见图 7.2.7）。

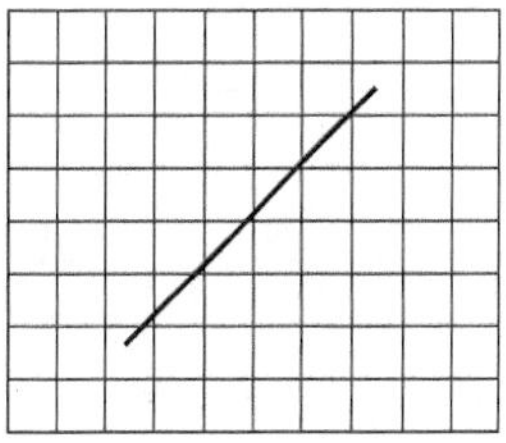

图 7.2.7 频率响应测试

⑨ 探头校正

正如以前所述，示波器探头可用于一个很宽的频率范围，但必须进行相位补偿。失真的波形会引起测量误差，因此，在测量前，要进行探头校正。连接 10∶1 探头 BNC 到 CH1 或 CH2 的输入端，将衰减开关设定到 50mV，连接探极探针到校正信号的输出端，调整补偿电容直到获得最佳的方波为止（没有过冲、圆角、翘起），见图 7.2.8。

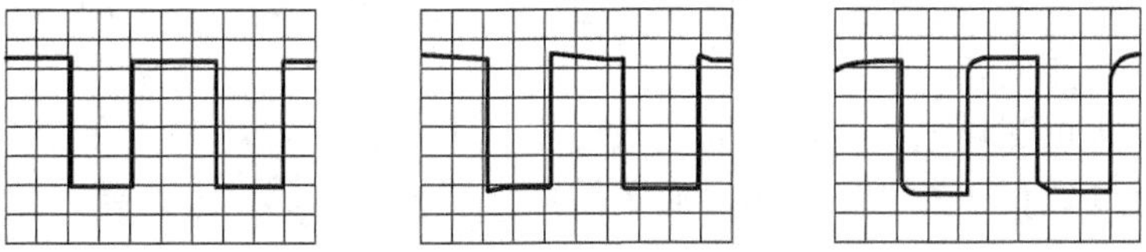

（a） 补偿合适 （b） 过补偿 （c） 欠补偿

图 7.2.8

（4）方框图

GOS-6021 型双踪示波器的方框图如图 7.2.9 所示。

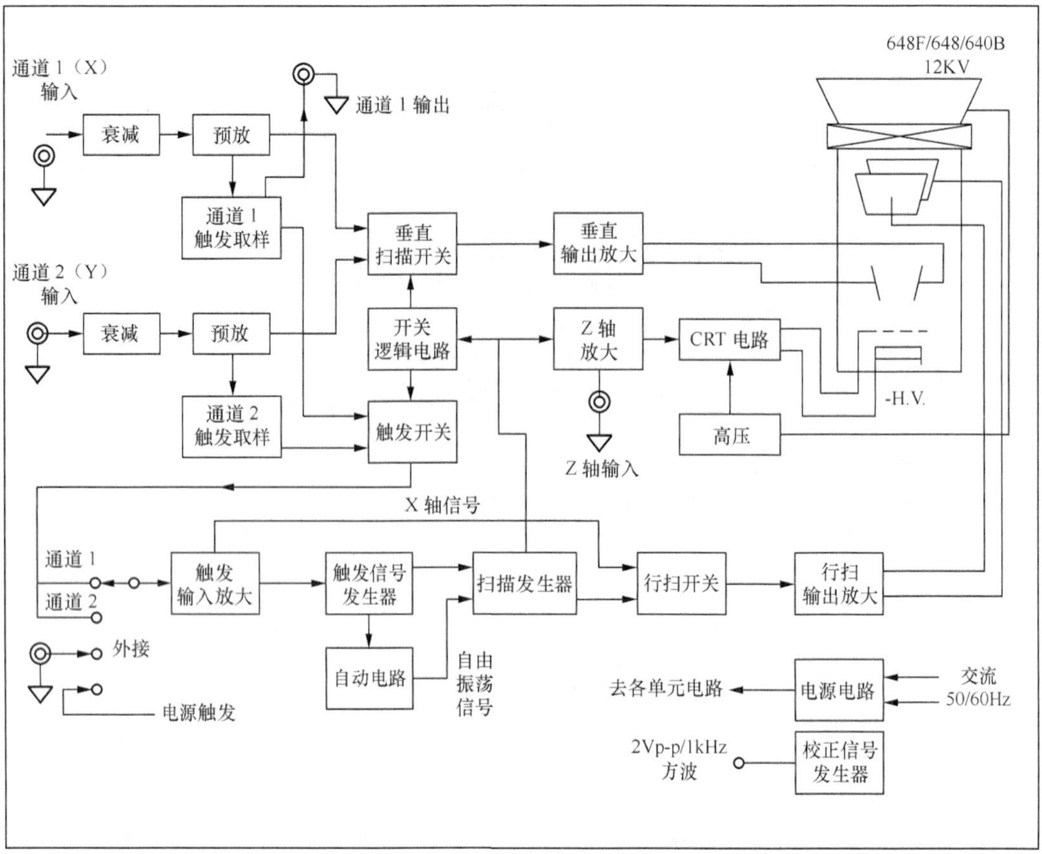

图 7.2.9　GOS-6021 型双踪示波器的方框图

3．DA-16 型晶体管交流毫伏表的使用

（1）综述

电压表是电子测量技术中一种最基本的仪表。选用电压表主要考虑以下技术特性。

① 频率范围。与所有电子仪器一样，每种电压表也各有一定的工作频段，例如 DA-16 型晶体管毫伏表测量电压的频率范围是 20Hz～1MHz。

② 量程。电子式电压表的电压测量范围一般可从毫伏级到数百伏。高灵敏度的数字式电压表的灵敏度可高达 10^{-9}V。电压表的量程应根据被测电压的大小选用，选择原则是使电压表指针偏转在满偏位置的 2 / 3 以上。

③ 输入阻抗。为使电压表对被测电路的工作状态影响尽量小，要求电压表的输入阻抗较之被测阻抗尽可能高。

虽然万用表也可测量电压，但它的灵敏度不高于 0.1V，频率响应在 3kHz 以下，电表内阻仅为几十千欧到数百千欧，不能满足电子线路（或设备）测试中的要求，在这种场合下须使用电子式电压表。

（2）DA-16 型晶体管毫伏表的使用

DA-16 型晶体管毫伏表是一种放大-检波式电子电压表，具有较高的灵敏度和稳定度，用于正弦电压有效值的测量。其电压测量范围为 100μV～300V；被测电压频率范围为 20Hz～1MHz；固有误差<3%（基准频率 1kHz）；频率响应误差当频率在 100Hz～100kHz

时≤3%，当频率在 20Hz～1MHz 时≤5%；输入阻抗为 1MΩ，70pF（频率为 1kHz 时）。

图 7.2.10 所示为 DA-16 型晶体管毫伏表的面板图。

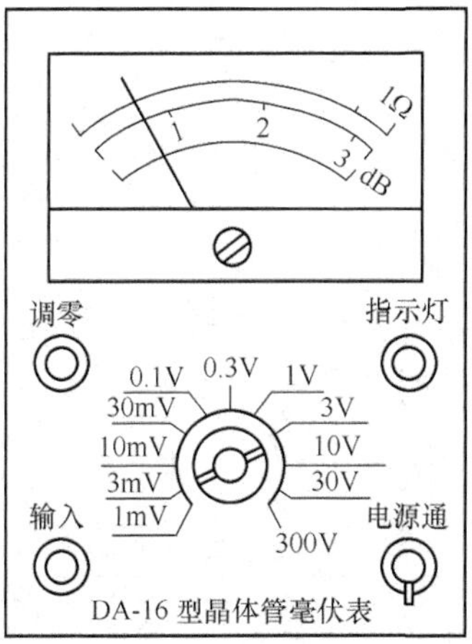

图 7.2.10　DA-16 型晶体管毫伏表的面板图

DA-16 型晶体管毫伏表使用方法及注意事项如下。

① 为保证测量精度，使用时应使毫伏表表面垂直放置。

② 注意调零。接通电源，待指针稳定后，将量程置较大位置（如 10V 挡），将电压表输入端短路，调节“调零”旋钮，使指针指准零位后即可进行测量。

③ 量程的选择。量程选择的原则是在不打表针的前提下，指针偏转尽可能大。为此，可先将量程放大一点，输入电压后，若指针偏转过小（甚至指零刻度），可逆时针一挡一挡地调节“量程开关”，直至指针有较大偏转时才读数。注意读数后立即将量程调回至大挡位，以免造成打表针的现象。

④ 测量时要正确选择接“地”点，以免造成测量误差。电压表的“地”应尽可能与信号源的“地”接在一起。

⑤ 使用仪表的低量程挡时，输入端不能开路，应先将测试线接到被测电路上。从高量程换至低量程，测量完毕，则先将毫伏表置于大量程挡（10V）再拆测试线，否则引入的工频干扰电压可能会把电表的指针撞弯。

⑥ 注意正确读数，不要读错刻度尺。毫伏表有 3 条刻度线：第一条满偏值为 10，供量程开关指示 0.1、1、10 等 1×10^n 挡级使用，在哪个挡，则满偏值代表这挡的值；第二条最大刻度值为 3，供量程 0.3、3、30 等 3×10^n 挡级使用，同样，最大刻度代表该挡的值；第三条刻度线供音频电平（dB）测量使用。

4．500 型指针式万用表的使用

500 型万用表是一种用作交、直流电压，直流电流，电阻和音频电平测量的多功能、多量程仪表。500 型万用表的外形如图 7.2.11 所示。它有两个“功能/量程”转换开关，每个开关的上方均有一个矢形标志。如欲测量直流电压，应首先旋动右边的“功能/量程”开关，使开关上的符号“$\underline{V}$”对准标志位；然后将左边的“功能/量程”开关旋至所需直流电压量程（有“$\underline{V}$”标志者为直流电压量程）后即可进行测量。利用两个转换开关的不同位置组合，可以实现上述多种测量。

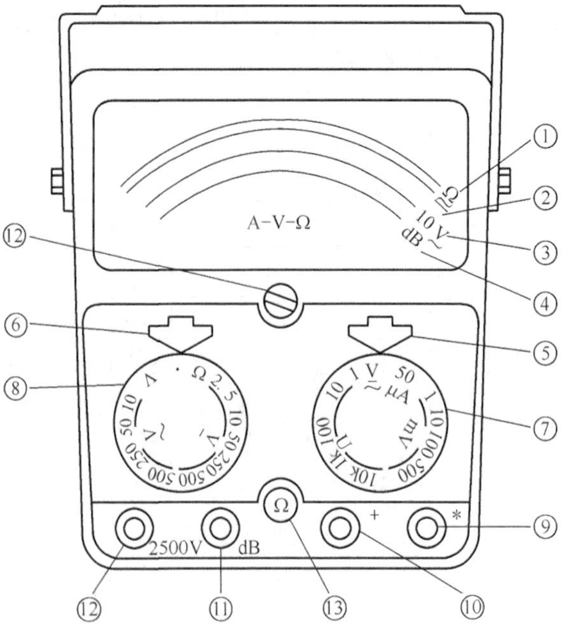

①—欧姆刻度；②—直、交流刻度；③—交流 10V 专用刻度；④—音频电平（分贝刻度）；⑤、⑥—标志符；
⑦、⑧—功能/量程开关；⑨—公共插孔；⑩—通用测量插孔；⑩—音频电平测量插孔；
⑩—测高压插孔（直、交流通用）；⑩—欧姆调零旋钮；⑩—机械调零

图 7.2.11　500 型万用表表盘图

（1）主要技术特性

主要技术性能如表 7.2.4 所示。

表 7.2.4　　500 型万用表的主要技术性能

测量范围		灵敏度	准确度等级	基本误差表示法
直流电压	0～2.5～10～50～250～500V	20 000Ω/V	2.5	以刻度尺工作部分上量限的百分数表示之
	2 500V	4 000Ω/V	4.0	
交流电压	0～10～50～250～500V	4 000Ω/V	5.0	
	2 500V	4 000Ω/V	5.0	
直流电流	0～50μA～1mA～10～100～500mA		2.5	
电　　阻	0～2kΩ～20kΩ～200kΩ～2MΩ～20MΩ		2.5	以刻度尺工作部分长度百分数表示之
音频电平	−10～+22dB			

表中有关名词的意义如下.

① 灵敏度

电压表内阻 R_V 值与电压量程 U_m 成正比，R_V 与 U_m 的比值是衡量电压表内阻大小的一个参数，用符号“Ω/V”表示，读作“欧姆每伏”，例如 2 000Ω/V 读作 20 千欧姆每伏。实

际上它是电压表满偏电流 I_m（$=U_m/R_V$）的倒数。“Ω / V”越大，为使电压表指针偏转同样角度所需驱动电流越小。因此“Ω/V”又称电压灵敏度（简称灵敏度）。

若已知电压灵敏度值为 $S\Omega\cdot V^{-1}$，且电压表量程（满偏值）U_m 已确定，则该量程的内阻 R_v 为 SU_m。

② 准确度

准确度也叫精确度。万用表是一种直读式电工测量仪表，其准确度不高，但因功能繁多、使用方便而获广泛使用。用仪表进行测量时，仪表表示值与被测量真值间存在一定误差。在符合仪器校准试验所规定的基准条件下对仪器测定的误差称固有误差。

国家规定，根据仪表固有误差的大小，直读式电工测量仪表的精确度划分为 7 级，如表 7.2.5 所示。表中固有误差是以测量仪器的绝对误差与该仪器刻度尺上量限（称量程）之比的百分数来定义的。不同型号或同一型号但工作在不同功能和量程时的万用表，其准确度可不同。各量程的准确度级别均于电表面板或使用说明书上标明。

表 7.2.5　　直读式电工测量仪表的精确度划分

准确度级别	0.1	0.2	0.5	1.0	1.5	2.5	5.0
固有误差（%）	± 0.1	± 0.2	± 0.5	± 1.0	± 1.5	± 2.5	± 5.0

③ 音频电平

电平是一种用来表示功率或电压相对大小的参数，单位是 dB（分贝）。首先指定某一功率 P_O 或电压 U_O 作为基准（称零电平基准），被测功率 P_X 或电压 U_X 的电平值 N 定义为

$$N=10\lg\frac{P_X}{P_O}=10\lg\frac{U_X^2/R}{U_O^2/R}=20\lg\frac{U_X}{U_O}\,\text{dB}$$

当 $P_X>P_O$ 或 $U_X>U_O$ 时，N 为正值，反之为负值。

工程上通常规定在 600Ω 电阻上消耗 1mW 的功率为零电平基准。由此可以推算出对应的基准电压值 $U_O=\sqrt{P_O\times 600}=0.775\text{V}$。由此可知，万用表上分贝（dB）刻度的 0dB 对应交流刻度的 0.775V 处。若已知电平 N 值，则可用下式换算出电压 U_x 值。

$$U_X=0.775\cdot 10^{\frac{N}{20}}\,\text{V}$$

在电平刻度上，N 值为−10～+22dB，实际对应的 U_X 值为 0.24～9.76V，相当于交流 10V 量程。当被测电平值大于+22dB 时，应将万用表置于交流电压 50V 或 250V 挡进行测量，但应注意，在 50V 挡测量时，N 值应是分贝刻度上读到的值加 14dB。同样，在 250V 挡测量时，应加 28dB。

（2）500 型万用表的表面刻度

①“Ω”——测量电阻的刻度线，自上而下数为最上面一条。读数标在刻度线上端，右端为“0”，左端为“∞”。

②“$\underset{\sim}{=}$”——测交流、直流电压及直流电流的刻度线，自上而下数为第二条刻度线。

刻度为均等分，刻度最左端为“0”，最右端为指针满偏的刻度值，在刻度线下面标有 0～50、0～250 二行读数，表示测量范围。

③“10$\underset{\sim}{\text{V}}$”——测交流电压 10$\underset{\sim}{\text{V}}$以内的专用刻度线，即第三条刻度线，刻度线上面有一行 0～10 交流电压读数。

④“dB”——测音频电平的刻度线，即第四条刻度线，它将电压值按一定规律折换“dB”（分贝）。刻度线下面标有一行-10～+22dB 读数。

（3）500 型万用表的使用方法

① 如图 7.2.12 所示，使用之前须调整机械调零旋钮“S_3”使指针准确地指示在标度尺的零位上。

② 直流电压测量

通常将测试表笔的红表笔短头插在插孔“K_2”（“+”插孔）内，黑表笔短头插在插孔“K_1”（“*”插孔）内。将开关旋钮“S_1”旋至“$\underline{V}$”符号对准旋钮上方箭头指示位置，开关旋钮“S_2”旋至所需测量直流电压的相应量程位置对准箭头，再将红、黑两测试表笔长头并联接在被测电路两端测量。

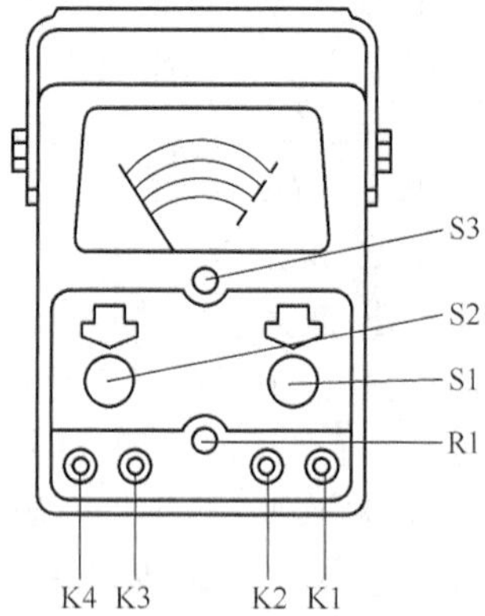

图 7.2.12　万用表表盘图

测量直流电压前，应先判别被测电压极性，以防指针逆向偏转损坏表头；可采用“点测法”，即将表笔的一端可靠地接触在一个待测端上，另一个表笔快速、短暂地接触一下另一个待测端，同时注意指针偏转方向，以确定被测电压的极性。

测量 2 500V 直流高压时将测试红表笔短头插在插孔“K_4”（高压插孔）内，黑表笔短头仍然插在插孔“K_1”（“*”插孔）内。

读数见“≂”刻度线。每个量程对应的刻度线当指针满偏时，读出的数值应为所对应量程的数值。当指针偏转在刻度线的某一刻度数时，读取该刻度数后，再除以指针满偏的刻度，然后乘以量程即得所测数值。

③ 交流电压测量

将开关旋钮“S_1”旋至“$\underset{\sim}{V}$”符号对准箭头，开关旋钮“S_2”旋至所欲测量交流电压的相应量程位置对准箭头，再将红、黑两测试表笔长头并联在被测电路两端测量。

读数时，50V 及 50V 以上各量程的指示值见“≂”刻度线，10V 量程见“10$\underset{\sim}{V}$”专用刻度线。

④ 直流电流测量

将开关旋钮“S_2”旋至“$\underline{A}$”符号对准箭头，开关旋钮“S_1”旋到需要测量直流电流相应的量程位置对准箭头，再将红、黑两测试表笔长头串联接在被测电路内，采用“点测法”测量。

读数见“≂”刻度线。根据选择的量程进行读数的换算。

⑤ 电阻的测量

第一步：先将左边的开关旋钮“S_2”旋到“Ω”符号对准箭头。

第二步：根据待测电阻大约数值（标称值）确定适当的量程，其量程有：×1，×10，×100，×1KΩ，×10KΩ。为了提高测试精度，确定量程的原则应使指针所指示被测电阻之值尽可能指示在刻度中间一段。如果指针接近∞处，则应将量程开关（即右边的“S_1”）旋至量程较大的挡位，反之，如指针接近 0Ω 位，则应旋至量程较小挡位。

第三步：确定好适当的量程挡位后，应进行“Ω 调零”，方法是左手将两表笔短接，右手调节“Ω 调零”电位器（“R_1”旋钮），使指针指示在欧姆刻度线“0Ω”位置上。若改变量程挡位，应重新进行“欧姆调零”。

第四步：作好“Ω 调零”的校正后，将两测试表笔分开接入被测电阻进行测量。读取电表“Ω”刻度线指针指示数为 R，则待测电阻阻值为 R×（量程值）。

⑥ 音频电平测量

测量方法与测量交流电压相似，将测试红表笔短头插在插孔“K_3”（音频电平测量插孔）内，黑表笔短头仍插在插孔“K_1”（“*”插孔）内。转换开关旋钮“S_1”、“S_2”分别放在“V̰”和相应的交流电压量程位置对准箭头。读数见“dB”刻度线。

（4）使用万用表注意事项

① 根据万用表盘上的表面标记符号“⌐¬”，即要求将电表水平放置读数，不要垂直放置（标记符号为“⊥”），以免产生读数误差。

② 电表在测试时，不能旋转开关旋钮。

③ 测量电压、电流前必须按被测电量的性质和大小，确定正确的功能挡位和适当的量程挡位。若不能估计被测电量的大约数值时，应将量程开关旋到最大量程的位置上，然后根据指示值之大约数值，再选择适当的量程位置，使指针得到最大的偏转度。这样，既可防止损坏仪表，又能得到准确读数。

测量电压或电流时，一般不接死在线路中，而是用测笔长头试探所要测的端点，这样不仅可使仪表不易受到意外损坏，还可提高仪表的利用率。测量时，使用测笔搭接不要用力过猛，以免测笔滑动碰到其他电路，造成短路或超压事故。

④ 测量直流电流时，应将万用表的电流挡与被测电路串联，严禁将电表的电流挡直接跨接（并联）在被测电路的电压两端测量，以防止仪表过负荷而损坏。

⑤ 测电阻时，应将被测电阻所在电路中的电源切断，如果电路中有电容器，应先将其放电后才能测量，以防止烧坏电表。

测大阻值电阻时不要将双手接触被测电阻两端（人体两手间有几十到几百千欧的电阻会并联到被测电阻两端，引起读数不准）。

⑥ 电表使用完毕后，应将转换开关置于交流 500V 挡位，防止以后使用时，因误置开关旋钮位置进行测量，导致仪表损坏。

⑦ 为了确保安全，测量交直流 2 500V 量程，应将测试表笔的一端固定接在电路地电位上，将测试表笔的另一端去接触被测高压电源，测试过程中应严格执行高压操作规程，双手必须带高压绝缘橡胶手套，地板上应铺置高压绝缘橡胶板，测试时应谨慎从事。

5．UT51 型数字万用表的使用

（1）概述

“UT50”系列中的 3-1/2 位 DMM 是一种性能稳定、高可靠性手持式数字多用表，整机电路设计以大规模集成电路、双积分 A/D 转换器为核心并配以全功能过载保护，可用来测量直流和交流电压、电流、电阻、电容、二极管、温度、频率以及电路通断，是实验中使用的理想工具。

（2）安全操作准则

① 后盖没有盖好前严禁使用，否则有电击危险。

② 量程开关应置于正确测量位置。

③ 检查表笔绝缘层应完好，无破损和断线。

④ 红、黑表笔应插在符合测量要求的插孔内，保证接触良好。

⑤ 输入信号不允许超过规定的极限值，以防电击和损坏仪表。

⑥ 严禁量程开关在电压测量或电流测量过程中改变挡位，以防损坏仪表。
⑦ 必须用同类型规格的保险丝更换坏保险丝。
⑧ 为防止电击，测量公共端“COM”和大地“⏚”之间电位差不得超过 1 000V。
⑨ 被测电压高于直流 60V 或交流 30Vrms 的场合，均应小心谨慎，防止触电。
⑩ 液晶显示“🔋”符号时，应及时更换电池，以确保测量精度。
⑪ 测量完毕应及时关断电源。长期不用时，应取出电池。
⑫ 不要接高于 1 000V 直流电压或高于 750V 交流有效值电压。
⑬ 不要在功能开关处于电流挡位、Ω 和→|—、·))位置时，将电压源接入。

（3）电气符号

电气符号如表 7.2.6 所示。

表 7.2.6

🔋	机内电池电量不足	⏚	接地
～	AC（交流）	⎓	DC（直流）
ϟ	高压	→|—	二极管
▣	双重绝缘	·))	蜂鸣通断
⚠	警告提示	⊟	保险丝
MC	中国技术监督局，制造计量器具许可证		
CE	符合欧洲共同体（European Union）标准		

（4）外表结构（见图 7.2.13）

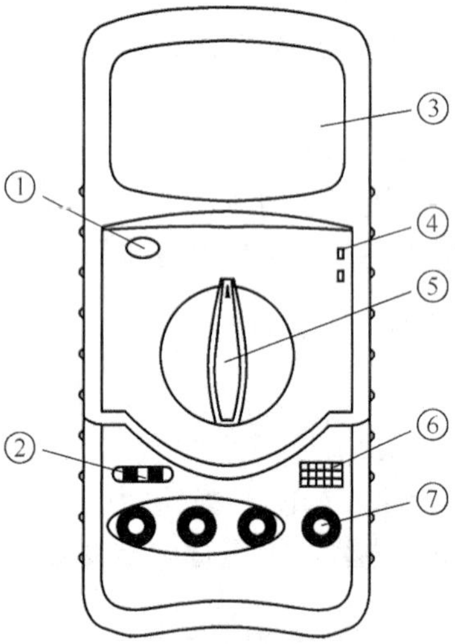

图 7.2.13　UT51 型数字万用表的外表图

① 电源开关
② 电容测试座
③ LCD 显示器
④ 温度测试座

⑤ 功能开关

⑥ 晶体管测试座

⑦ 输入插座

（5）测量操作说明

操作前注意事项如下。

a．将 POWER 开关按下，检查 9V 电池，如果电池电压不足，“🔋”将显示在显示器上，这时则需更换电池。

b．测试笔插孔旁边的“⚠”符号，表示输入电压或电流不应超过显示值，这是为了保护内部线路免受损坏。

c．测试之前，功能开关应置于你所需要的量程。

① 直流电压测量

a．将黑色笔插入 COM 插孔，红表笔插入 V 插孔。

b．将功能开关置于 V⎓量程范围，并将测试表笔并接到待测电源或负载上，红表笔所接端子的极性将同时显示。

注意

如果不知被测电压范围，将功能开关置于最大量程并逐渐下调；

如果显示器只显示“1”，表示过量程，功能开关应置于更高量程；

“⚠”表示不要输入高于 1 000V 的电压，显示更高的电压值是可能的，但有损坏内部线路的危险；

当测量高电压时要格外注意避免触电。

---

② 交流电压测量

a．将黑表笔插入 COM 插孔，红表笔插入 V 插孔。

b．将功能开关置于 V～量程范围，并将测试表笔并接到待测电源或负载上。

注意

参看直流电压“注意”；

“⚠”表示不要输入高于 750V 有效值的电压，显示更高的电压值是可能的，但是有损坏内部线路的危险。

---

③ 直流电流测量

a．将黑表笔插入 COM 插孔，当测量最大值为 200mA(UT51 为 2A)以下的电流时，红表笔插入 mA 插孔。当测量最大值为 20A(10A)的电流时，红表笔插入 A 插孔。

b．将功能开关置 A⎓ 量程，并将测试表笔串联接入到待测负载回路里，电流值显示的同时，将显示红表笔的极性。

注意

如果使用前不知道被测电流范围，将功能开关置于最大的量程并逐渐下调；

如果显示器只显示“1”，表示过量程，功能开关应置于更高量程；

“⚠”表示最大输入电流为 200mA（UT51 为 2A），过量的电流将烧坏保险丝，应即时再更换，20A 量程无保险丝保护，UT51（10A 量程）有保险丝保护。

---

④ 交流电流的测量

a．将黑表笔插入 COM 插孔，当测量最大值为 200mA（UT51 为 2A）以下的电流时，红表笔插入 mA 插孔。当测量最大值为 20A（10A）的电流时，红色笔插入 A 插孔。

b．将功能开关置于 A～量程，并将测试表笔串联接入到待测负载回路里。

注意

参看直流电流测量“注意”。

⑤ 电阻测量

a．将黑表笔插入 COM 插孔，红表笔插入 Ω 插孔。

b．将功能开关置于 Ω 量程，将测试表笔并接到待测电阻上。

注意

如果被测电阻值超出所选择量程的最大值，将显示过量程“1”，应选择更高的量程，对于大于 1MΩ 或更高的电阻，要几秒种后读数才能稳定，对于高阻值读数这是正常的；

当无输入时，例如开路情况，仪表显示为“1”；

当检查内部线路阻抗时，被测线路必须将所有电源断开，电容电荷放尽；

200MΩ 短路时有 10 个字，测量时应从读数中减去，如测 100MΩ 电阻时，显示为 101．0，10 个字应被减去。

⑥ 二极管测试及蜂鸣通断测试

a．将黑色表笔插入 COM 插孔，红表笔插入 VΩ 插孔（红表笔极性为“+”），将功能开关置于“→|—、·))”挡，并将表笔连接到待测二极管上，读数为二极管正向压降的近似值。

b．将表笔连接到待测线路的两端，如果两端之间电阻值低于约 70Ω，内置蜂鸣器发声。

⑦ 晶体管 hFE 测试

a．将功能开关置 hFE 量程。

b．确定晶体管是 NPN 或 PNP 型，将基极、发射级和集电极分别插入面板上相应的插孔。

c．显示器上将显示 hFE 的近似值，测试条件：$I_b \approx 10\mu A$，$V_{ce} \approx 2.8V$。

任务3　电路与信号实验

【问题引入】围绕基本仪表的使用和本课程的主要知识点，本任务中精选了 6 个实验，通过这些实验，不仅能提高设备使用水平和数据处理能力，还能进一步加深对理论知识在工程实践中应用的理解。

【本任务要求】明确每一个实验的实验目的和原理，熟悉实验设备和仪器，根据实验要求和步骤，高质量地完成实验，记录实验过程和实验数据并加以分析整理，总结实验结果，提交实验报告。

1．基本电工电子仪表的使用

（1）实验目的

① 熟悉实验台上各类电源及各类测量仪表的布局和使用方法。

② 掌握指针式电压表、电流表内阻的测量方法。

③ 熟悉电工电子仪表测量误差的计算方法。

（2）原理说明

为了准确地测量电路中实际的电压和电流，必须保证仪表接入电路后不会改变被测电路的工作状态。这就要求电压表的内阻为无穷大；电流表的内阻为零，而实际使用的指针式电工仪表都不能满足上述要求。因此，当测量仪表一旦接入电路，就会改变电路原有的工作状态，这就导致仪表的读数值与电路原有的实际值之间出现误差。误差的大小与仪表本身内阻的大小密切相关。只要测出仪表的内阻，即可计算出由其产生的测量误差。以下介绍几种测量指针式仪表内阻的方法。

① 用“分流法”测量电流表的内阻

如图 7.3.1 所示，A 表为被测内阻（R_A）的直流电流表。测量时先断开开关 S，调节可调电流源的输出电流 I 使 A 表指针满偏转。然后合上开关 S，并保持 I 值不变，调节电阻箱 R_B 的阻值，使电流表的指针指在 1/2 满偏转位置，此时有

$$I_A = I_B = I/2$$

所以，电流表的内阻为：$R_A = R_B /\!/ R_1$

式中，R_1 为固定电阻器之值，R_B 可由电阻箱的刻度盘上读出。

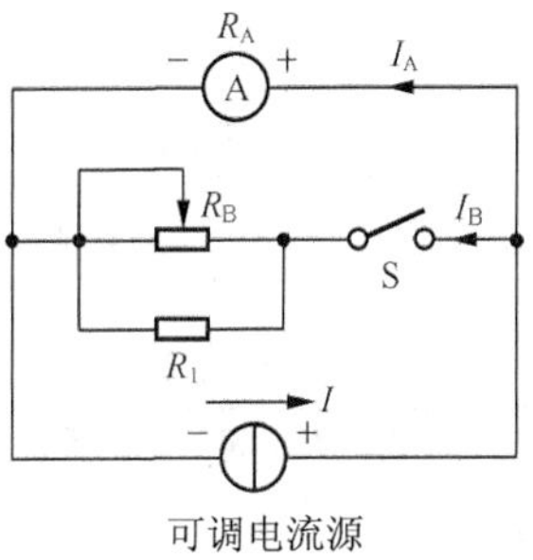

图 7.3.1　分流法

② 用分压法测量电压表的内阻。

如图 7.3.2 所示，V 表为被测内阻（R_V）的电压表。测量时先将开关 S 闭合，调节可调稳压电源的输出电压，使电压表 V 的指针为满偏转。然后断开开关 S，调节电阻箱 R_B 使电压表 V 的指示值减半。此时电压表的内阻为

$$R_V = R_B + R_1$$

电压表的灵敏度为：$S = R_V/U$（Ω/V），式中 U 为电压表满偏时的电压值。

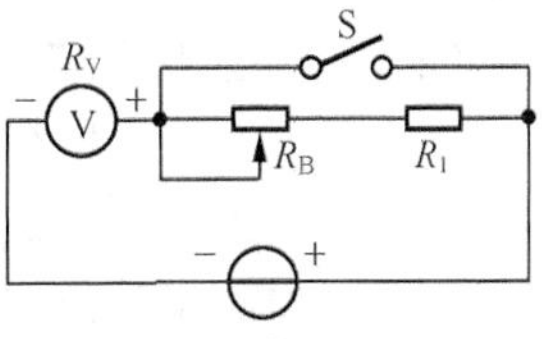

图 7.3.2　分压法

③ 仪表内阻引起的测量误差（通常称之为方法误差，而仪表本身结构引起的误差称为仪表基本误差）的计算

a．以图 7.3.3 所示电路为例，R_1 上的电压为 $U_{R1}=\dfrac{R_1}{R_1+R_2}U$，若 $R_1=R_2$，则 $U_{R1}=\dfrac{1}{2}U$。

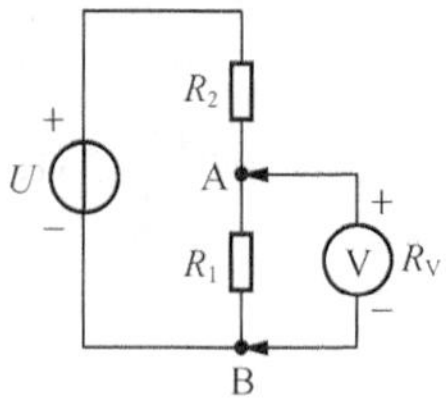

图 7.3.3　测量误差的计算

现用一内阻为 R_V 的电压表来测量 U_{R1} 的值，当 R_V 与 R_1 并联后，$R_{AB}=\dfrac{R_VR_1}{R_V+R_1}$，以此来替代上式中的 R_1，则得 $U'_{R1}=\dfrac{\dfrac{R_VR_1}{R_V+R_1}}{\dfrac{R_VR_1}{R_V+R_1}+R_2}U$

绝对误差为　$\Delta U=U'_{R1}-U_{R1}=U\left(\dfrac{\dfrac{R_VR_1}{R_V+R_1}}{\dfrac{R_VR_1}{R_V+R_1}+R_2}-\dfrac{R_1}{R_V+R_1}\right)$

化简后得　$\Delta U=\dfrac{-R_1^2R_2U}{R_V(R_1^2+2R_1R_2+R_2^2)+R_1R_2(R_1+R_2)}$

若 $R_1=R_2=R_V$，则得 $\Delta U=-\dfrac{U}{6}$

相对误差　$\Delta U\%=\dfrac{U'_{R1}-U_{R1}}{U_{R1}}\times100\%=\dfrac{-U/6}{U/2}\times100\%=-33.3\%$

由此可见，当电压表的内阳与被则电路的电阻相近时，测量的误差是非常大的。

b．伏安法测量电阻的原理为：测出流过被测电阻 R_X 的电流 I_R 及其两端的电压降 U_R，则其阻值 $R_X=U_R/I_R$。实际测量时，有两种测量线路，即相对于电源而言：电流表 A（内阻为 R_A）接在电压表 V（内阻为 R_V）的内侧；A 接在 V 的外侧。两种线路见图 7.3.4（a）、（b）。

由图 7.3.4（a）可知，只有当 $R_X<<R_V$ 时，R_V 的分流作用才可忽略不计，A 的读数接近于实际流过 R_X 的电流值。图 7.3.4（a）的接法称为电流表的内接法。

由图 7.3.4（b）可知，只有当 $R_X>>R_A$ 时，R_A 的分压作用才可忽略不计，V 的读数接近于 R_X 两端的电压值。图 7.3.4（b）的接法称为电流表的外接法。

实际应用时，应根据不同情况选用合适的测量线路，才能获得较准确的测量结果。以下举一实例。

在图 7.3.4 中，设：U=20V，R_A=100Ω，R_V=20kΩ。假定 R_X 的实际值为 10kΩ。

如果采用图 7.3.4（a）测量，经计算，A、V 的读数分别为 2.96mA 和 19.73V，故

R_X=19.73÷2.96=6.667（kΩ），相对误差为：（6.667−10）÷10×100%=−33.3%

如果采用图 7.3.4（b）测量，经计算，A、V 的读数分别为 1.98mA 和 20V，故

R_X=20÷1.98=10.1（kΩ），相对误差为：（10.1−10）÷10×100%=1%

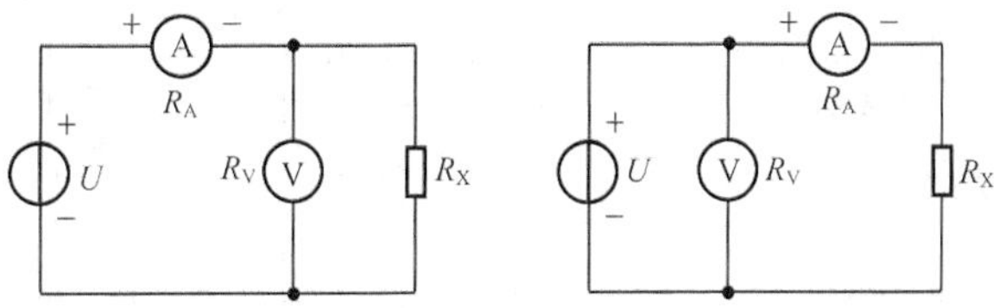

（a）电流表内接法　　（b）电流表外接法

图 7.3.4　伏安法测量电阻

（3）实验设备

实验设备如表 7.3.1 所示。

表 7.3.1　所需实验设备

序号	名　称	型号与规格	数　量	备　注
1	可调电压源	0～30V	1	U_A或 U_B
2	可调电流源	0～200mA	1	
3	指针式万用表	500 型或其他	1	自备
4	可调电阻箱	0～9 999.9Ω	1	DGJ-05
5	电阻器	按需选择		DGJ-05

（4）实验内容

① 根据“分流法”原理，测试指针式万用表直流电流 1mA 和 10mA 量程的内阻。

首先将电流源的输出细调旋钮逆时针旋至零位，使 I=0mA。按图 7.3.5 所示连接电路，图中 A 表为被测内阻（R_A）的直流电流表，R_B 可选用元件挂箱（DGJ-05）中的可调电阻箱，R_1 可选用元件挂箱中的 1kΩ。

测量时先断开开关 S，调节电流源的输出电流 I 使 A 表指针满偏转。然后合上开关 S，并保持 I 值不变，调节电阻箱（R_B）的阻值，使 A 表的指针指在 1/2 满偏转位置。按表 7.3.2 记录数据。

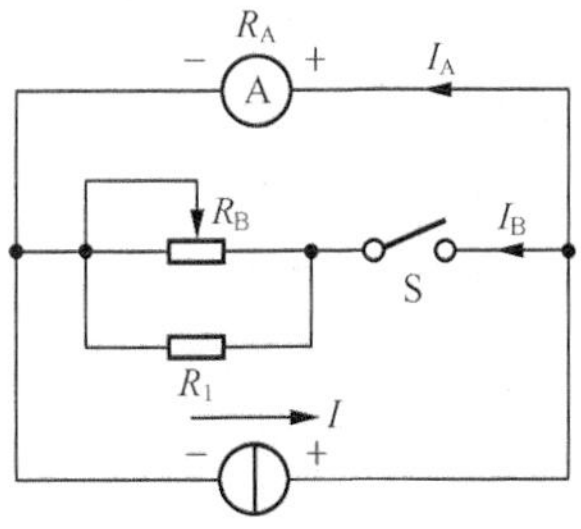

图 7.3.5　分流法

② 根据“分压法”原理，测试指针式万用表直流电压 2.5V 和 10V 量程的内阻。

首先将电压源（U_A或 U_B）的输出电压调节旋钮逆时针旋至零位，使 U=0V。按图 7.3.6 所示连接电路，V 表为被测内阻（R_V）的电压表。

表 7.3.2

被测电流表量程	开关 S 断开时 A 表读数（mA）	开关 S 闭合时 A 表读数（mA）	可调电阻箱 R_B（Ω）	R_1（kΩ）	计算内阻 R_A（Ω）
1 mA				1	
10 mA				1	

测量时先将开关 S 闭合，调节电压源的输出电压，使电压表 V 的指针为满偏转。然后断开开关 S，调节电阻箱（R_B）使电压表 V 的指示值减半。按表 7.3.3 记录数据。

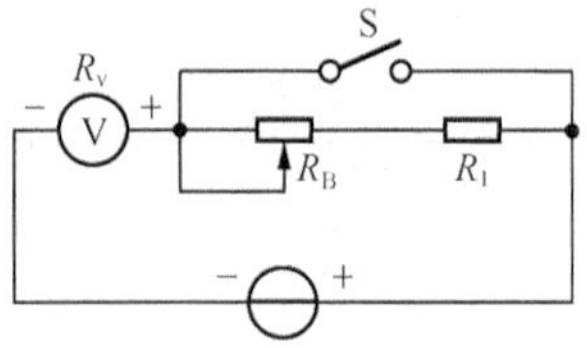

图 7.3.6　分压法

表 7.3.3

被测电压表量程	开关 S 闭合时 V 表读数（V）	开关 S 断开时 V 表读数（V）	可调电阻箱 R_B（kΩ）	R_1（kΩ）	计算内阻 R_V（kΩ）	计算灵敏度 S（Ω/V）
2.5V				1		
10V				100		

③ 先将电压源（U_A或 U_B）的输出电压调节旋钮逆时针旋至零位，按图 7.3.7 所示连接电路，将电压源（U_A或 U_B）的输出电压调节为 U=12V（指针式万用表直流电压 50V 量程的测量值），图中 R_1 用可调电阻箱调节为 50 kΩ，R_2 可选用元件挂箱中的 10 kΩ。

用指针式万用表直流电压 10V 量程，测量电路中 R_1 上的电压 U'_{R1} 的值，并计算测量的绝对误差与相对误差，按表 7.3.4 记录数据。

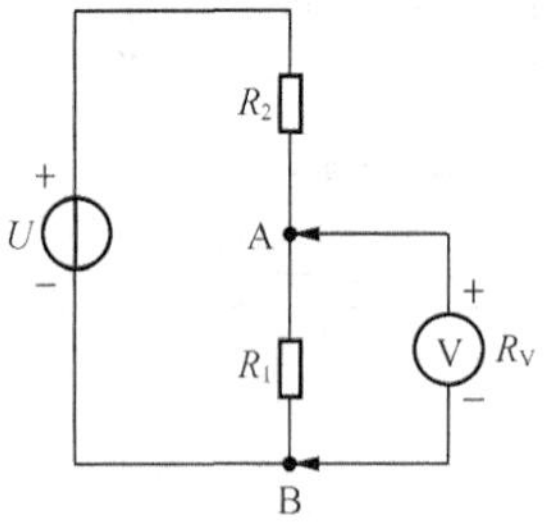

图 7.3.7　测量误差的计算

（5）实验注意事项

① 在开启直流稳压电源的电源开关前，应将两路电压源的输出调节旋钮调至最小（逆

表 7.3.4

U	R_2	可调电阻箱 R_1	实测值 U'_{R1}（V）	计算值 U_{R1}（V）	绝对误差 ΔU	相对误差（$\Delta U/U$）×100%
12V	10kΩ	50kΩ				

时针旋到底）；并将恒流源的输出粗调旋钮拨到 2mA 挡，输出细调旋钮应调至最小（逆时针旋到底）。接通电源后，再根据需要缓慢调节输出值。

② 当电流源输出端接有负载时，如果需要将其粗调旋钮由低挡位向高挡位切换时，必须先将其细调旋钮调至最小。否则输出电流会突增，可能会损坏外接器件。

③ 电压表应与被测电路并联，电流表应与被测电路串联，并且都要注意正、负极性与量程的合理选择。

④ 实验内容 1、2 中，R_1 的取值应与 R_B 相近。

⑤ 本实验仅测试指针式仪表的内阻。由于所选指针表的型号不同，本实验中所列的电流、电压量程及选用的 R_B、R_1 等均会不同。实验时应按选定的表型自行确定。

（6）思考题

① 根据实验内容 1 和 2，若已求出 0.5mA 挡和 2.5V 挡的内阻，可否直接计算得出 5mA 挡和 10V 挡的内阻？

② 用量程为 10A 的电流表测实际值为 8A 的电流时，实际读数为 8.1A，求测量的绝对误差和相对误差。

（7）实验报告

① 列表记录实验数据，并计算各被测仪表的内阻值。

② 分析实验结果，总结应用场合。

③ 对思考题的计算。

2．电路元件伏安特性的测试

（1）实验目的

① 学会识别常用电路元件的方法。

② 掌握线性电阻、非线性电阻元件伏安特性的测试方法。

③ 掌握实验台上直流电工电子仪表和设备的使用方法。

（2）原理说明

任何一个二端元件的特性都可用该元件上的端电压 U 与通过该元件的电流 I 之间的函数关系 $I=f(U)$来表示，即用 I-U 平面上的一条曲线来表征，这条曲线称为该元件的伏安特性曲线。

① 线性电阻器的伏安特性曲线是一条通过坐标原点的直线，例如图 7.3.8 中 a 直线，该直线的斜率等于该电阻器的电阻值。

② 白炽灯是非线性电阻元件，它的伏安特性如图 7.3.8 中 b 曲线所示。白炽灯在工作时灯丝处于高温状态，其灯丝电阻随着温度的升高而增大，通过白炽灯的电流越大，其温度越高，阻值也越大，一般灯泡的“冷电阻”与“热电阻”的阻值可相差几倍至十几倍。

③ 半导体二极管是非线性电阻元件，其伏安特性如图 7.3.8 中 c 曲线所示。二极管的正向压降很小（一般的锗管为 0.2～0.3V，硅管为 0.5～0.7V），正向电流随正向压降的升

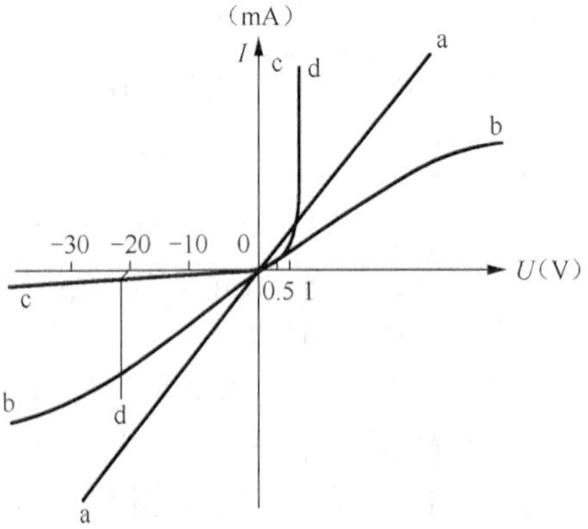

图 7.3.8　元件的伏安特性曲线

高而急骤上升，而反向电压从零一直增加到十几伏至几十伏时，其反向电流增加很小，粗略地可视为零。可见，二极管具有单向导电性。但若反向电压加得过高，超过管子的极限值，则会导致管子击穿损坏。

④ 稳压二极管是一种特殊的半导体二极管，其正向特性与普通二极管类似，但其反向特性较特别，如图 7.3.8 中 d 曲线所示。在外加的反向电压开始增加时，其反向电流几乎为零，但当反向电压增加到某一数值时（称为管子的稳压值，有各种不同稳压值的稳压管）电流将突然增加，以后它的端电压将基本维持恒定，当反向电压继续升高时其端电压仅有少量增加。

注意　流过二极管或稳压二极管的电流不能超过管子的极限值，否则管子会被烧坏。

（3）实验设备

实验设备如表 7.3.5 所示。

表 7.3.5　所需实验设备

序号	名　称	型号与规格	数　量	备　注
1	可调电压源	0～30V	1	U_A或 U_B
2	万用表		1	自备
3	直流数字毫安表	0～200mA	1	
4	直流数字电压表	0～200V	1	
5	二极管	IN4007	1	DGJ-05
6	稳压管	2CW51	1	DGJ-05
7	白炽灯	12V，0.1A	1	DGJ-05
8	线性电阻器	200Ω，1kΩ/8W	1	DGJ-05

（4）实验内容

① 测试线性电阻器的伏安特性

按图 7.3.9 所示连接电路，图中电阻 R=1kΩ 从元件挂箱（DGJ-05）上取得，将其串接在电路中。调节电压源（U_A或 U_B）的输出电压 U，从 0V 开始缓慢地增加到 10V，使得并

联在电阻 R 上的电压表测出的电压 U_R 为 0V、2V…、10V，用毫安电流表测出对应 U_R 的电流 I，将数据记入表 7.3.6。

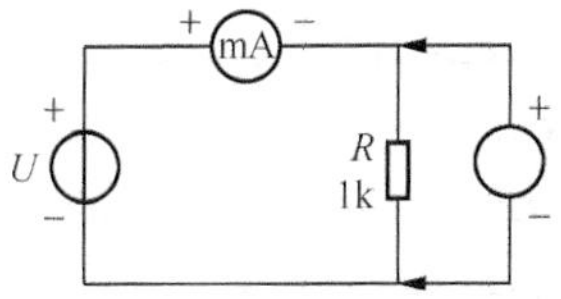

图 7.3.9　线性电阻和白炽灯的伏安特性测试

表 7.3.6

U_R（V）	0	2	4	6	8	10
I（mA）						

② 测试非线性元件白炽灯泡的伏安特性

首先将电压源（U_A 或 U_B）的输出电压调节旋钮逆时针旋至零位，使 U=0V。将图 7.3.9 中的电阻 R 换成一只 12V、0.1A 的灯泡，然后调节电压源的输出电压 U，从 0V 开始缓慢地增加到 5V（注意不要超过 12V，0.1A 以免烧坏灯泡），按表 7.3.7 重复实验内容 1 的测试，将数据记入表 7.3.7。表中 U_L 为灯泡的端电压。

表 7.3.7

U_L（V）	0.1	0.5	1	2	3	4	5
I（mA）							

③ 测试半导体二极管的伏安特性

首先将电压源（U_A 或 U_B）的输出电压调节旋钮逆时针旋至零位，使 U=0V。按图 7.3.10 所示连接电路，D 为二极管（IN4007），R（200Ω）为限流电阻器，然后调节电压源的输出电压 U，从 0V 开始缓慢增加，按表 7.3.8、表 7.3.9 重复实验内容 1 的测试，将数据记入表 7.3.8、表 7.3.9。表中 U_{D+}、U_{D-}为二极管的端电压。

测二极管的正向特性时，其正向电流不得超过 35mA，二极管 D 的正向电压 U_{D+}可在 0～0.75V 之间取值，在 0.5～0.75V 之间应多取几个测量点。

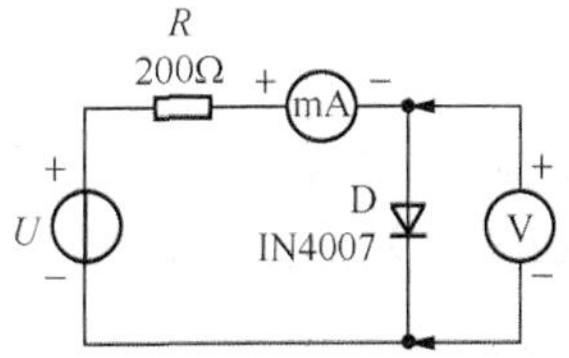

图 7.3.10　二极管的伏安特性测试

表 7.3.8　　正向特性实验数据

U_{D+}（V）	0.10	0.30	0.50	0.55	0.60	0.65	0.70	0.75
I（mA）								

测反向特性时，只需将图 7.3.10 中的二极管 D 反接。

表 7.3.9　　反向特性实验数据

U_{D-}（V）	0	−3	−6	−9	−12	−15	−18	−20
I（mA）								

④ 测试稳压二极管的伏安特性

a．正向特性实验

首先将电压源（U_A 或 U_B）的输出电压调节旋钮逆时针旋至零位，使 U=0V。将图 7.3.10 中的二极管换成稳压二极管 2CW51，重复实验内容 3 中的正向测量，将数据记入表 7.3.10。表中 U_{Z+}为 2CW51 的正向电压。

表 7.3.10

U_{Z+}（V）	0.10	0.30	0.50	0.60	0.65	0.70	0.73	0.75
I（mA）								

b．反向特性实验

将图 7.3.10 中的 R（200Ω）换成 1kΩ，2CW51 反接，测量 2CW51 的反向特性。稳压电源的输出电压 U 从 0V 缓慢增加到 20V，测量 2CW51 二端的反向电压 U_{Z-}及电流 I，将数据记入表 7.3.11。

表 7.3.11

U（V）	0	3	6	9	12	15	18	20
U_{Z-}（V）								
I（mA）								

（5）实验注意事项

① 测二极管正向特性时，稳压电源输出应由小至大逐渐增加，应时刻注意电流表读数不得超过 35mA。

② 如果要测定 2AP9 的伏安特性，则正向特性的电压值应取 0，0.10，0.13，0.15，0.17，0.19，0.21，0.24，0.30（V），反向特性的电压值取 0，2，4，……，10（V）。

③ 进行不同实验时，应先估算电压和电流值，合理选择仪表的量程，勿使仪表超量程，仪表的极性亦不可接错。

（6）思考题

① 线性电阻与非线性电阻的概念是什么？电阻器与二极管的伏安特性有何区别？

② 设某器件伏安特性曲线的函数式为 $I=f(U)$，试问在逐点绘制曲线时，其坐标变量应如何放置？

③ 稳压二极管与普通二极管有何区别，其用途如何？

④ 在图 7.3.10 中，设 U=2V，U_{D+}=0.7V，则毫安电流表（mA）的读数为多少？

（7）实验报告

① 根据各实验数据，分别在实验报告纸上绘制出光滑的伏安特性曲线（其中二极管和稳压管的正、反向特性均要求画在同一张图中，正、反向电压可取为不同的比例尺）。

② 根据实验结果，总结、归纳被测各元件的特性。

③ 必要的误差分析。

3. 叠加定理的验证

（1）实验目的

验证线性电路叠加定理的正确性，加深对线性电路的叠加性和齐次性的认识和理解。

（2）原理说明

叠加定理指出：在有多个独立源共同作用下的线性电路中，通过每一个元件的电流或其两端的电压，可以看成是由每一个独立源单独作用时在该元件上所产生的电流或电压的代数和。

线性电路的齐次性是指当激励信号（某独立源的值）增加或减小 K 倍时，电路的响应（即在电路中各电阻元件上所建立的电流和电压值）也将增加或减小 K 倍。

（3）实验设备

实验设备如表 7.3.12 所示。

表 7.3.12　所需实验设备

序号	名　称	型号与规格	数　量	备　注
1	可调电压源	0～30V	二路	U_A和 U_B
2	万用表		1	自备
3	直流数字电压表	0～200V	1	
4	直流数字毫安表	0～200mV	1	配置专用电流插头线
5	叠加定理实验电路板		1	DGJ-03

（4）实验内容

实验电路如图 7.3.11 所示，用 DGJ-03 挂箱的“基尔霍夫定律/叠加定理”实验电路板。

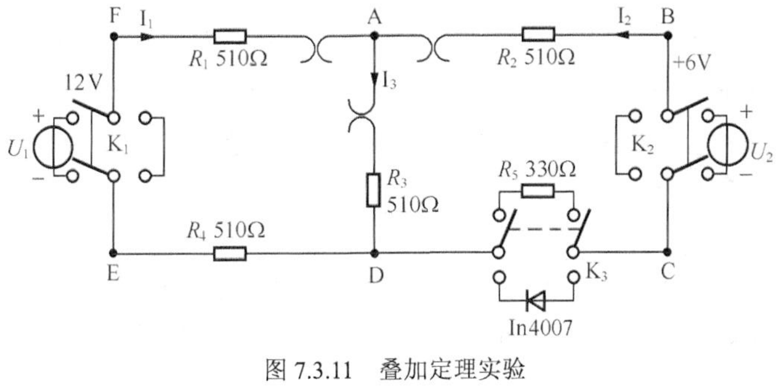

图 7.3.11　叠加定理实验

① 将两路电压源 U_A和 U_B的输出电压分别调节为 12V 和 6V，用导线将 U_A和 U_B接入实验电路板上 U_1和 U_2处，使得 $U_1=U_A=12V$，$U_2=U_B=6V$。将开关 K_3 投向 R_5（330Ω）侧，实验电路板左下方的 3 个故障设置按键暂不要按下。

② 令 U_1 电源单独作用（将开关 K_1 投向 U_1 侧，开关 K_2 投向 B、C 短路侧）。用直流数字电压表和直流数字毫安表（接专用电流插头线），测量各支路电流及各电阻元件两端的电压，将数据记入表 7.3.13。

③ 令 U_2 电源单独作用（将开关 K_1 投向 F、E 短路侧，开关 K_2 投向 U_2 侧），重复实验内容 2 的测量和记录，将数据记入表 7.3.13。

④ 令 U_1 和 U_2 共同作用（开关 K_1 和 K_2 分别投向 U_1 和 U_2 侧），重复上述的测量和记录，将数据记入表 7.3.13。

⑤ 将 U_2 的数值由＋6V 调至＋12V 变成 $2U_2$，令 $2U_2$ 单独作用（将开关 K_1 投向 F、E 短路侧，开关 K_2 投向 U_2 侧），重复上述的测量并记录，将数据记入表 7.3.13。

表 7.3.13

测量项目 实验内容	U_1（V）	U_2（V）	I_1（mA）	I_2（mA）	I_3（mA）	U_{AB}（V）	U_{CD}（V）	U_{AD}（V）	U_{DE}（V）	U_{FA}（V）
U_1 单独作用										
U_2 单独作用										
U_1、U_2 共同作用										
$2U_2$ 单独作用										

⑥ 将 R_5（330Ω）换成二极管 IN4007（即将开关 K_3 投向二极管 IN4007 侧），重复实验内容 1～5 的测量过程，将数据记入表 7.3.14。

表 7.3.14

测量项目 实验内容	U_1（V）	U_2（V）	I_1（mA）	I_2（mA）	I_3（mA）	U_{AB}（V）	U_{CD}（V）	U_{AD}（V）	U_{DE}（V）	U_{FA}（V）
U_1 单独作用										
U_2 单独作用										
U_1、U_2 共同作用										
$2U_2$ 单独作用										

⑦ 任意按下某个故障设置按键，重复实验内容 4 的测量和记录数据（自制表格），再根据测量结果判断出故障的性质。

（5）实验注意事项

① 故障的性质通常分为“断路”和“短路”两种情况。若测量某条支路电流为零，则可判断该条支路断路；若测量某个电阻上的电压为零，并且测量该电阻所处的支路电流不为零，则可判断该电阻被短路了。

② 用电流表测量各支路电流时，或者用电压表测量电压降时，应注意仪表的极性，正确判断测量值的+、-号后，记入数据表格。

③ 注意仪表量程的及时更换。

（6）预习思考题

① 在叠加定理实验中，要令 U_1、U_2 分别单独作用，应如何操作？可否直接将不作用的电源（U_1 或 U_2）短接置零？

② 实验电路中，若有一个电阻器改为二极管，试问叠加定理的叠加性与齐次性还成立吗？为什么？

（7）实验报告

① 根据实验表格 7.3.2 的数据，进行分析、比较，归纳、总结实验结论，即验证线性电路的叠加性与齐次性。

② 各电阻器所消耗的功率能否用叠加定理计算得出？试用上述实验数据，进行计算并作结论。

③ 通过实验步骤及分析表 7.3.3 的数据，你能得出什么样的结论？

4．戴维南定理的验证

（1）实验目的

① 验证戴维南定理的正确性，加深对该定理的理解。

② 掌握测量有源二端网络等效参数的一般方法。

（2）原理说明

任何一个线性含源网络，如果仅研究其中一条支路的电压和电流，则可将电路的其余部分看作是一个有源二端网络（或称为含源一端口网络）。

戴维南定理指出：任何一个线性有源网络，总可以用一个电压源与一个电阻的串联来等效代替，此电压源的电动势 Us 等于这个有源二端网络的开路电压 U_{OC}，其等效内阻 R_0 等于该网络中所有独立源均置零（理想电压源视为短接，理想电流源视为开路）时的等效电阻。

U_{OC}（Us）和 R_0 称为有源二端网络的等效参数。

有源二端网络等效参数的测量方法如下。

① 开路电压、短路电流法测等效内阻 R_0

在有源二端网络输出端开路时，用电压表直接测其输出端的开路电压 U_{OC}，然后再将其输出端短路，用电流表测其短路电流 I_{SC}，则等效内阻为

$$R_0 = \frac{U_{OC}}{I_{SC}}$$

如果二端网络的内阻很小，若将其输出端口短路则易损坏其内部元件，因此不宜用此法。

② 伏安法测等效内阻 R_0

如图 7.3.12 所示，用电压表、电流表测出有源二端网络的外特性，并绘出外特性曲线，根据外特性曲线求出斜率 $\tan\varphi$，则内阻为

$$R_0=\tan\varphi = \frac{\Delta U}{\Delta I} = \frac{U_{OC}}{I_{SC}}\text{。}$$

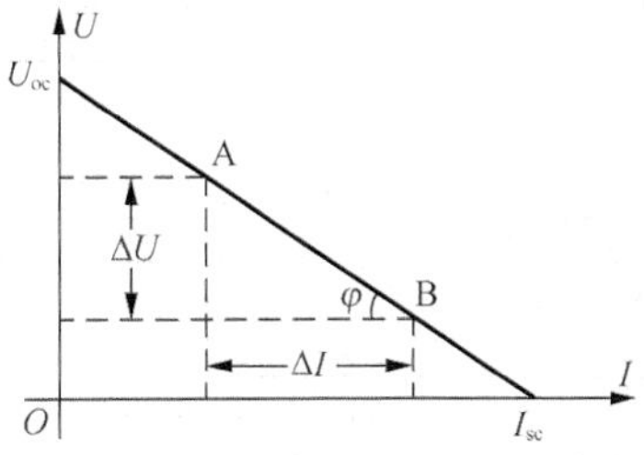

图 7.3.12　伏安法

也可以先测量开路电压 U_{OC}，再测量电流为额定值 I_N 时的输出端电压值 U_N，则内阻为

$$R_0=\frac{U_{OC}-U_N}{I_N}。$$

③ 半电压法测等效内阻 R_0

如图 7.3.13 所示，当负载电压为被测网络开路电压的一半时，负载电阻（由电阻箱的读数确定）即为被测有源二端网络的等效内阻值。

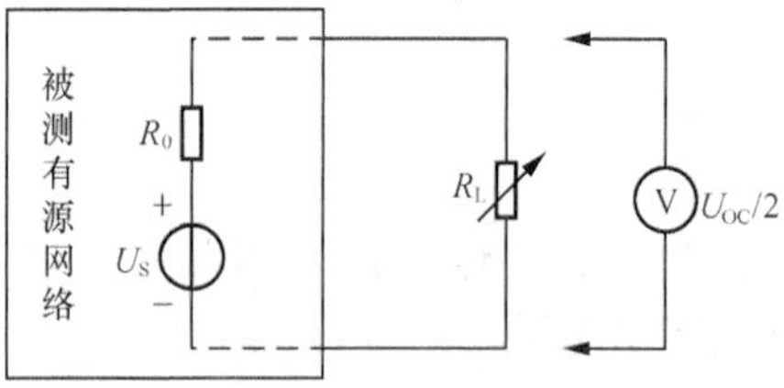

图 7.3.13 半电压法

④ 零示法测开路电压 U_{OC}

如图 7.3.14 所示，为零示法测 U_{OC}。在测量具有高内阻有源二端网络的开路电压时，用电压表直接测量会造成较大的误差，为了消除电压表内阻的影响，往往采用零示测量法。

零示法测量原理是用一低内阻的稳压电源与被测有源二端网络进行比较，当稳压电源的输出电压与有源二端网络的开路电压相等时，电压表的读数将为“0”。然后将电路断开，测量此时稳压电源的输出电压，即为被测有源二端网络的开路电压。

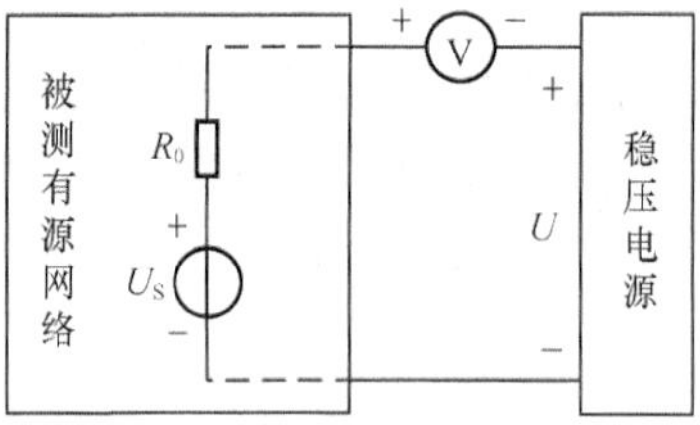

图 7.3.14 零示法

（3）实验设备

实验设备如表 7.3.15 所示。

表 7.3.15 所需实验设备

序号	名　称	型号与规格	数　量	备　注
1	可调电压源	0～30V	2	U_A和 U_B
2	可调电流源	0～500mA	1	
3	直流数字电压表	0～200V	1	
4	直流数字毫安表	0～200mA	1	
5	万用表		1	自备
6	可调电阻箱	0～99999.9Ω	1	DGJ-05
7	电位器	1K/5W	1	DGJ-05
8	戴维南定理实验电路板		1	DGJ-03

（4）实验内容

被测有源二端网络电路如图 7.3.15（a）所示。

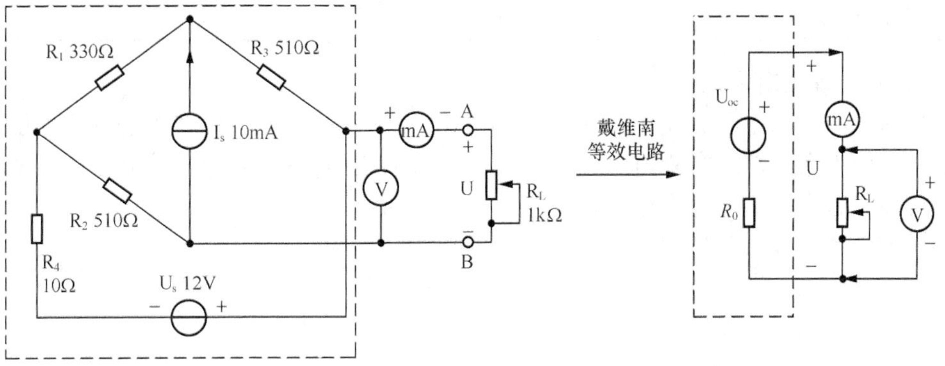

（a） 被测有源二端网络电路　　（b） 戴维南等效电路

图 7.3.15　戴维南定理实验

① 用开路电压、短路电流法测量戴维南等效电路的开路电压 U_{OC}、等效内阻 R_0

按图 7.3.15（a）所示将电压源（U_A 或 U_B）及电流源用导线接入实验电路板 U_S、I_S 处，调节电压源和电流源的输出，使得 U_S=12V 和 I_S=10mA，A、B 两端不接入负载 R_L。

实验电路板上设置了开关，当开关扳向右侧为 A、B 两端开路；当开关扳向左侧为 A、B 两端短路。

将 A、B 两端开路，用电压表测出开路电压 U_{OC}；将 A、B 两端短路，用毫安表测出短路电流 I_{SC}，并计算出等效内阻 R_0，将数据记入表 7.3.16。

表 7.3.16

U_{OC}（V）	I_{SC}（mA）	$R_0=U_{OC}/I_{SC}$（Ω）

② 负载实验

按图 7.3.16 所示，将开关扳向右侧，在 A、B 两端接入电位器（1K/5W）作为负载 R_L。改变负载 R_L（即调节电位器的旋钮在 0～1K 范围内变化）的阻值，使得并联在负载 R_L 上的直流电压表测出的电压 U 为 10V、9V…、2V，用直流毫安电流表测出对应 U 流过 R_L 的电流 I，将数据记入表 7.3.17。

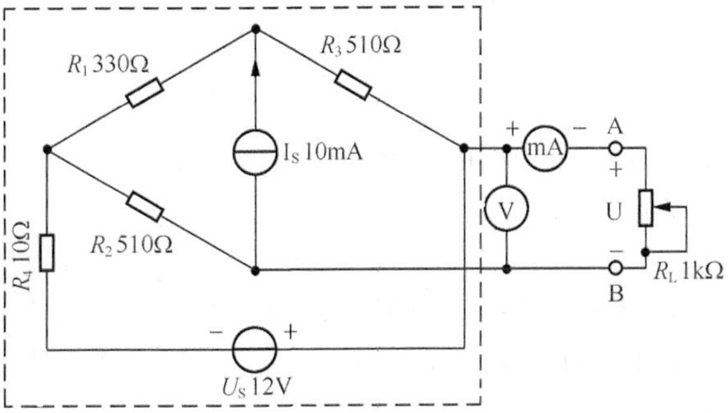

图 7.3.16　被测有源二端网络电路

表 7.3.17

U（V）	10	9	8	7	6	5	4	3	2
I（mA）									

③ 验证戴维南定理

如图 7.3.17 所示，先将电压源（U_A或 U_B）调到实验内容 1 时测得的开路电压 Uoc 的电压值，可调电阻箱调到实验内容 1 时计算的等效内阻 R_0 的电阻值，然后按图 7.3.17 连接电路，仿照实验内容 2 进行测量，将数据记入表 7.3.18。

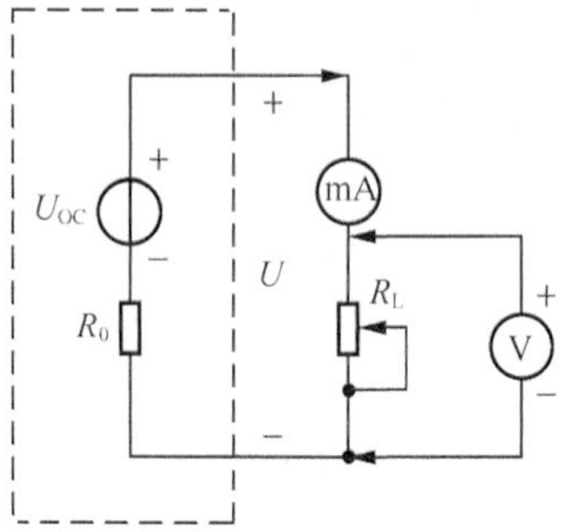

图 7.3.17　戴维南等效电路

表 7.3.18

U（V）	10	9	8	7	6	5	4	3	2
I（mA）									

④ 有源二端网络等效内阻的直接测量法

如图 7.3.15（a）所示，先将被测有源网络内的所有独立源置零（去掉电流源 I_S 和电压源 U_S，并在原电压源所接的两点用一根短路导线相连），然后直接用万用表的欧姆挡或者伏安法测量负载 R_L 开路时 A、B 两点间的电阻，即为被测网络的等效内阻 R_0，也称网络的入端电阻 R_i。

⑤ 用半电压法和零示法测量被测网络的等效内阻 R_0 及其开路电压 U_{oc}。实验电路按原理说明中的图 7.3.13 和图 7.3.14 连接。

（5）实验注意事项

① 测量时应注意电流表和电压表量程的更换。

② 实验内容 4 中，电压源置零时不可将电压源短接。

③ 用万用表直接测 R_0 时，网络内的独立源必须先去掉，以免损坏万用表。其次，欧姆挡必须经调零后再进行测量。

④ 用零示法测量 U_{OC} 时，应先将电压源的输出调至接近于 U_{OC}，再按图 7.3.14 测量。

⑤ 改接线路时，要关掉电源。

（6）预习思考题

① 在求戴维南等效电路时，作短路试验，测 I_{SC} 的条件是什么？在本实验中可否直接作负载短路实验？请实验前对图 7.3.15（a）预先作好计算，以便调整实验线路及测量时可准确地选取电表的量程。

② 说明测有源二端网络开路电压及等效内阻的几种方法，并比较其优缺点。

（7）实验报告

① 根据实验内容 2、3，分别绘出外特性曲线，验证戴维南定理的正确性，并分析产生误差的原因。

② 将实验内容 1、4、5 测得的 U_{OC} 和 R_0 与预习时的计算结果作比较，能得出什么结论？

5. RLC 串联谐振电路的测试

（1）实验目的

① 学习用实验方法绘制 RLC 串联电路的幅频特性曲线。

② 加深理解电路发生谐振的条件、特点，掌握电路品质因数（电路 Q 值）的物理意义及其测试方法。

（2）原理说明

① 在图 7.3.18 所示的 RLC 串联电路中，当正弦交流信号源的频率 f 改变时，电路中的感抗、容抗随之而变，电路中的电流也随 f 而变。取电阻 R 上的电压 u_o 作为响应，当输入电压 u_i 的幅值维持不变时，在不同频率的信号激励下，测出 U_O 的值，然后以 f 为横坐标，以 U_O/U_i 为纵坐标（因 U_i 不变，故也可直接以 U_O 为纵坐标），绘出光滑的曲线，此即为幅频特性曲线，亦称谐振曲线，如图 7.3.19 所示。

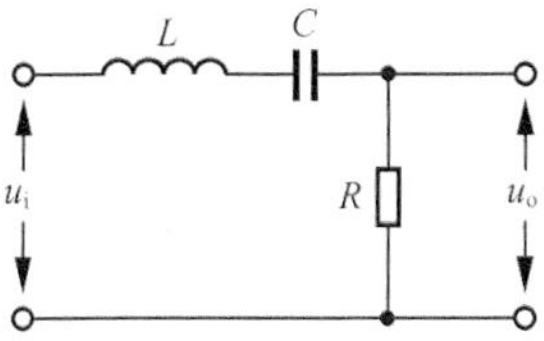

图 7.3.18　RLC 串联电路

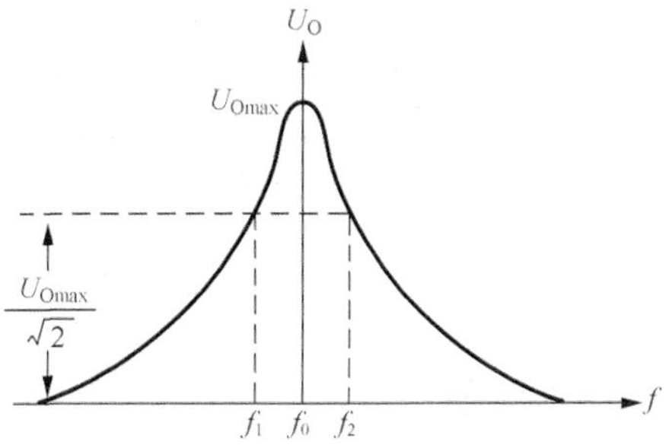

图 7.3.19　串联谐振曲线

② 在 $f=f_0=\dfrac{1}{2\pi\sqrt{LC}}$ 处，即幅频特性曲线尖峰所在的频率点称为谐振频率。此时 $X_L=X_C$，电路呈纯电阻性，电路阻抗的模为最小。在输入电压 U_i 为定值时，电路中的电流达到最大值，且与输入电压 u_i 同相位。从理论上讲，此时 $U_i=U_R=U_O$，$U_L=U_c=QU_i$，式中的 Q 称为电路的品质因数。

③ 电路品质因数 Q 值的两种测量方法。

一是根据公式 $Q=\dfrac{U_L}{U_o}=\dfrac{U_C}{U_o}$ 测定，U_C 与 U_L 分别为谐振时电容器 C 和电感线圈 L 上的电压；另一方法是通过测量谐振曲线的通频带宽度 $\Delta f=f_2-f_1$，再根据 $Q=\dfrac{f_0}{f_2-f_1}$ 求出 Q 值。式中 f_0 为谐振频率；f_2 和 f_1 是失谐时，即输出电压的幅度下降到最大值的 $1/\sqrt{2}$（=0.707）倍时的上、下截止频率。Q 值越大，曲线越尖锐，通频带越窄，电路的选择性越好。在恒压源供电时，电路的品质因数、选择性与通频带只决定于电路本身的参数，而与信号源无关。

（3）实验设备

实验设备如表 7.3.19 所示。

表 7.3.19　　所需实验设备

序号	名　称	型号与规格	数　量	备　注
1	函数信号发生器及频率计		1	
2	交流毫伏表	0～600V	1	自备
3	双踪示波器		1	自备
4	谐振电路实验电路板	R=200Ω，1kΩ C=0.01μF，0.1μF， L=30mH		DGJ-03

（4）实验内容

① 按图 7.3.20 所示组成监视、测量电路。先选用 C_1=0.01μF、R_1=200Ω。调节函数信号发生器的输出幅度细调旋钮，使得用示波器监测的信号源输出电压 U_i=3V（峰峰值）。

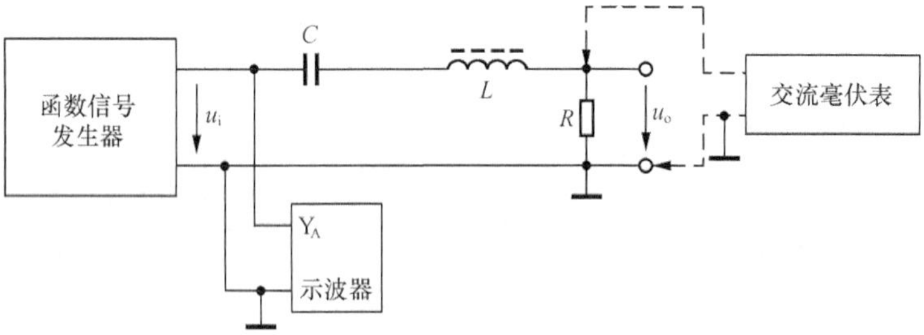

图 7.3.20　串联谐振实验

② 测出电路的谐振频率 f_0，其方法是：将交流毫伏表并联在 R（200Ω）两端测量 Uo，以谐振频率计算值为参考点，在其附近调节信号源的频率由小逐渐变大或由大逐渐变小（即调节频率计的粗、中、细按键来增大或减小频率），当毫伏表测出 Uo 的读数为最大时，读得频率计上的频率值即为电路的谐振频率 f_0。

此时电路处于谐振状态，保持信号源的输出电压峰峰值为 3V 不变，用毫伏表测量 Uomax、U_L、U_C之值（因为谐振时 $U_L=U_C=QU_i$，所以测完 Uomax 后再测 U_L、U_C时应及时增大毫伏表的量程）。

③ 改变信号源的频率（令 $f > f_o$），使得毫伏表测出的 $U\text{o}=U\text{omax}\times 1/\sqrt{2}$，此时读得频率计上的频率值即为上截止频率 f_2；再减小信号源的频率（令 $f < f_o$），又使得毫伏表测出的 $U\text{o}=U\text{omax}\times 1/\sqrt{2}$，此时读得频率计上的频率值即为下截止频率 f_1。

④ 在谐振频率 f_0 两侧改变信号源的频率，按频率递增或递减 1kHz，依次各取 6 个频率测量点，用毫伏表逐点测出 U_O，U_L，U_C 的值（注意要保持信号源的输出电压峰峰值为 3V 不变），将数据记入表 7.3.20。

⑤ 将电阻改为 R_2=1kΩ，重复实验内容 2～4 的测量过程，将数据记入表 7.3.21。

表 7.3.20

f（kHz）							f_0=						
U_O（V）													
U_L（V）													
U_C（V）													
U_i=3V（峰峰值），　L=30mH，　C_1=0.01μF，　R_1=200Ω，　f_2-f_1=　　，　Q=													

表 7.3.21

f（kHz）							f_0=						
U_O（V）													
U_L（V）													
U_C（V）													
U_i=3 V（峰峰值），　L=30mH，　C_1=0.01μF，　R_2=1kΩ，　f_2-f_1=　　，　Q=													

⑥ 选 L=30mH，C_2=0.1μF，R_1=200Ω，重复实验内容 2～4 的测量过程，记入数据表格（自制表格）。

（5）实验注意事项

① 测试频率点的选择应在靠近谐振频率附近多取几个点。在变换信号源的频率后进行测试时，应调整信号源输出幅度（用示波器监测输出幅度），使其维持峰峰值为 3 V 不变。

② 测量 U_C 和 U_L 数值前，应将毫伏表的量程改大，以免实际电压超过所选的量程值，损坏毫伏表。在测量 U_L 与 U_C 时毫伏表的“＋”端应接 C 与 L 的公共点，其接地端应分别触及 L 和 C 的近地端 N_2 和 N_1。

（6）预习思考题

① 根据实验线路板给出的元件参数值，估算电路的谐振频率 f_0。

② 改变电路的哪些参数可以使电路发生谐振，电路中 R 的数值是否影响谐振频率值？

③ 如何判别电路是否发生谐振？测试谐振点的方案有哪些？

④ 电路发生串联谐振时，为什么输入电压不能太大，如果信号源给出 2V 的电压，电路谐振时，用交流毫伏表测 U_L 和 U_C，应该选择用多大的量限？

⑤ 要提高 RLC 串联电路的品质因数 Q 值，电路参数应如何改变？

⑥ 本实验在谐振时，对应的 U_L 与 U_C 是否相等？如有差异，原因何在？

（7）实验报告

① 根据测量数据，绘出不同 Q 值时三条幅频特性曲线，即

$$U_O=f(f),\ U_L=f(f),\ U_C=f(f)$$

② 计算出通频带 $\Delta f=f_2-f_1$ 与 Q 值，说明不同 R 值时对电路通频带与品质因数的影响。

③ 对两种不同的测 Q 值的方法进行比较，分析误差原因。

④ 谐振时，比较输出电压 U_O 与输入电压 U_i 是否相等？试分析原因。

6．RC 选频网络特性测试

（1）实验目的

① 熟悉文氏电桥电路的结构特点及其应用。

② 学会用交流毫伏表和示波器测试文氏桥电路的幅频特性和相频特性。

（2）原理说明

文氏电桥电路是一个 RC 的串、并联电路，如图 7.3.21 所示。该电路结构简单，被广泛地用于低频振荡电路中作为选频环节，可以获得很高纯度的正弦波电压。

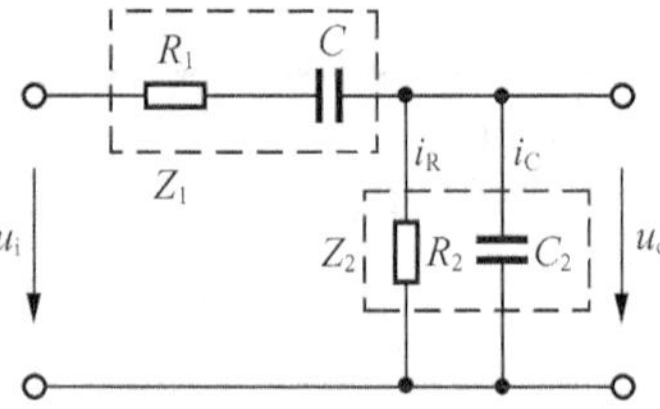

图 7.3.21 RC 串、并联选频网络实验

① 用函数信号发生器的正弦波输出信号作为图 7.3.21 的激励信号 u_i，并保持 U_i 值不变的情况下，改变输入信号的频率 f，用交流毫伏表或示波器测出输出端相应于各个频率点下的输出电压 U_o 值，将这些数据画在以频率 f 为横轴，U_o 为纵轴的坐标纸上，用一条光滑的曲线连接这些点，该曲线就是上述电路的幅频特性曲线。

文氏桥路的一个特点是其输出电压幅度不仅会随输入信号的频率而变，而且还会出现一个与输入电压同相位的最大值，如图 7.3.22 所示。

由电路分析得知，该网络的传递函数为

$$\beta=\frac{1}{3+\mathrm{j}(\omega RC-1/\omega RC)}$$

当角频率 $\omega=\omega_0=\dfrac{1}{RC}$ 时，$|\beta|=\dfrac{U_o}{U_i}=\dfrac{1}{3}$，此时 u_o 与 u_i 同相。由图 7.3.22 可知 RC 串并联电路具有带通特性。

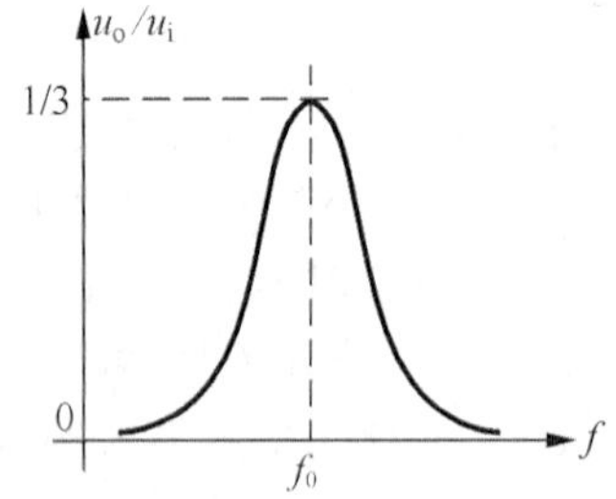

图 7.3.22 幅频特性

② 将上述电路的输入和输出分别接到双踪示波器的 CH1 和 CH2 两个输入端，改变输入正弦信号的频率，观测相应的输入和输出波形间的时延 τ 及信号的周期 T，则两波形间的相位差为 $\varphi=\dfrac{\tau}{T}\times360°=\varphi_o-\varphi_i$（输出相位与输入相位之差）。

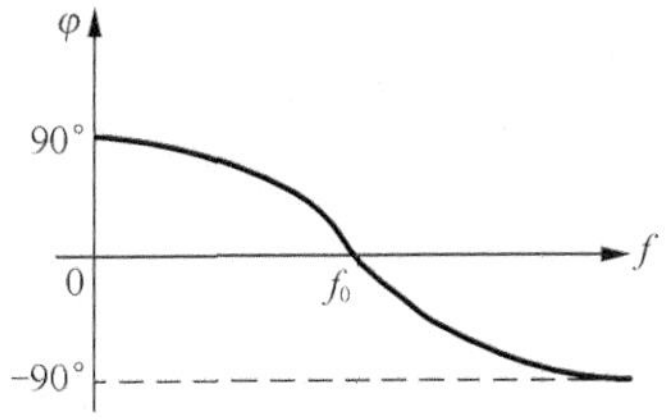

图 7.3.23　相频特性

将各个不同频率下的相位差 φ 画在以 f 为横轴，φ 为纵轴的坐标纸上，用光滑的曲线将这些点连接起来，即是被测电路的相频特性曲线，如图 7.3.23 所示。

由电路分析理论得知，当 $\omega=\omega_0=\dfrac{1}{RC}$，即 $f=f_0=\dfrac{1}{2\pi RC}$ 时，$\varphi=0$，即 u_o 与 u_i 同相位。

（3）实验设备

实验设备如表 7.3.22 所示。

表 7.3.22　所需实验设备

序号	名　称	型号与规格	数　量	备　注
1	函数信号发生器及频率计		1	
2	双踪示波器		1	自备
3	交流毫伏表	0～600V	1	自备
4	RC 选频网络实验电路板		1	DGJ-03

（4）实验内容与步骤

① 测量 RC 串、并联电路的幅频特性。

a．利用 DGJ-03 挂箱上的“RC 串、并联选频网络”实验电路板，组成如图 7.3.24 所示的电路。取 R=1kΩ，C=0.1 μF。

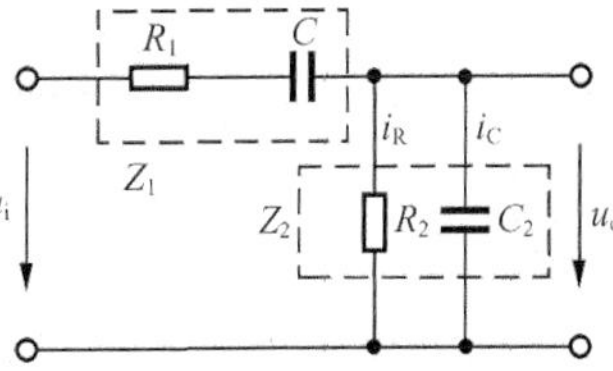

图 7.3.24　RC 串、并联选频网络实验

b．调节函数信号发生器输出正弦波信号，输出电压为 3V（由交流毫伏表测出），将其接入图 7.3.24 的输入端作为激励信号 u_i。

c．改变信号源的频率 f（由频率计读出），并保持 U_i=3V 不变，用交流毫伏表测量输出电压 U_O，将数据记入表 7.3.23。

注意

可先测量 β=1/3 时的频率点 f_0 对应的 U_O，然后再在 f_0 两侧按频率递增或递减，依次各取 6 个频率点测量 U_O。

d．取 R=200Ω，C=2.2 μF，重复上述测量，将数据记入表 7.3.23。

表 7.3.23

R=1kΩ，C=0.1μF	f（kHz）	
	U_0（V）	
R=200Ω，C=2.2μF	f（kHz）	
	U_0（V）	

② 测量 RC 串、并联电路的相频特性。

将图 7.3.19 的输入 u_i 和输出 u_O 分别接至双踪示波器的 CH1 和 CH2 两个输入端，改变输入正弦波信号的频率，测量不同频率点时，相应的输入与输出波形间的时延 τ 及信号周期 T，将数据记入表 7.3.24。两波形间的相位差为：$\varphi = \varphi_o - \varphi_i = \frac{\tau}{T} \times 360°$

上式中：T=（被测波形 1 个周期在示波器 X 轴上占有的大格数）×（示波器“扫描速度”旋钮的量程值）

τ=（两个被测波形在示波器 X 轴上差距的大格数）×（示波器“扫描速度”旋钮的量程值）

表 7.3.24

R=1kΩ，C=0.1μF	F（kHz）	
	T（ms）	
	τ（ms）	
	φ	
R=200Ω，C=2.2μF	F（kHz）	
	T（ms）	
	τ（ms）	
	φ	

（5）实验注意事项

① 由于信号源内阻的影响，输出幅度会随信号频率变化。因此，在调节信号源输出频率时，应同时用毫伏表监测信号源输出幅度，使实验电路的输入电压保持 U_i=3V 不变。

② 在观测输入 U_i 与输出 U_O 波形间的时延 τ 及信号的周期 T 时，应以示波器的横轴为基准，将输入 U_i 与输出 U_O 波形的正半周与负半周的幅度调至对称。

（6）预习思考题

根据电路参数，分别估算文氏桥电路两组参数时的固有频率 f_0。

（7）实验报告

① 根据实验数据，绘制文氏桥电路的幅频特性和相频特性曲线。找出 f_0 并与理论计算值比较，分析误差原因。

② 讨论实验结果。

附录 1 示波器原理

1. 示波器的基本结构

示波器的种类很多，但它们都包含下列基本组成部分，如附图 1.1 所示。

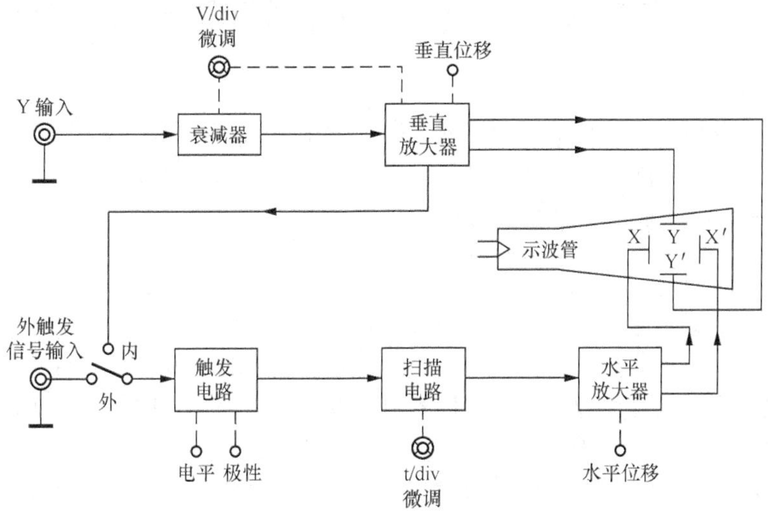

附图 1.1　示波器的基本结构框图

（1）主机

主机包括示波管及其所需的各种直流供电电路，在面板上的控制旋钮有：辉度、聚焦、水平位移、垂直位移等。

（2）垂直通道

垂直通道主要用来控制电子束按被测信号的幅值大小在垂直方向上的偏移。

它包括 Y 轴衰减器，Y 轴放大器和配用的高频探头。通常示波管的偏转灵敏度比较低，因此在一般情况下，被测信号往往需要通过 Y 轴放大器放大后加到垂直偏转板上，才能在屏幕上显示出一定幅度的波形。Y 轴放大器的作用提高了示波管 Y 轴偏转灵敏度。为了保证 Y 轴放大不失真，加到 Y 轴放大器的信号不宜太大，但是实际的被测信号幅度往往在很大范围内变化，此 Y 轴放大器前还必须加一 Y 轴衰减器，以适应观察不同幅度的被测信号。示波器面板上设有“Y 轴衰减器”（通常称“Y 轴灵敏度选择”开关）和“Y 轴增益微调”旋钮，分别调节 Y 轴衰减器的衰减量和 Y 轴放大器的增益。

对 Y 轴放大器的要求是：增益大，频响好，输入阻抗高。

为了避免杂散信号的干扰，被测信号一般都通过同轴电缆或带有探头的同轴电缆加到示波器 Y 轴输入端。但必须注意，被测信号通过探头，幅值将衰减（或不衰减），其衰减比为 10∶1（或 1∶1）。

（3）水平通道

水平通道主要是控制电子束按时间值在水平方向上偏移。主要由扫描发生器、水平放大器、触发电路组成。

① 扫描发生器

扫描发生器又叫锯齿波发生器，用来产生频率调节范围宽的锯齿波，作为 X 轴偏转板的扫描电压。锯齿波的频率（或周期）调节是由“扫描速率选择”开关和“扫速微调”旋钮控制的。使用时，调节“扫速选择”开关和“扫速微调”旋钮，使其扫描周期为被测信号周期的整数倍，保证屏幕上显示稳定的波形。

② 水平放大器

其作用与垂直放大器一样，将扫描发生器产生的锯齿波放大到 X 轴偏转板所需的数值。

③ 触发电路

用于产生触发信号以实现触发扫描的电路。为了扩展示波器应用范围，一般示波器上都设有触发源控制开关、触发电平与极性控制旋钮和触发方式选择开关等。

2. 示波器的二踪显示

（1）二踪显示原理

示波器的二踪显示是依靠电子开关的控制作用来实现的。

电子开关由“显示方式”开关控制，共有五种工作状态，即 Y_1、Y_2、Y_1+Y_2、交替、断续。当开关置于“交替”或“断续”位置时，荧光屏上便可同时显示两个波形。当开关置于“交替”位置时，电子开关的转换频率受扫描系统控制，工作过程如附图 1.2 所示。即电子开关首先接通 Y_2 通道，进行第一次扫描，显示由 Y_2 通道送入的被测信号的波形；然后电子开关接通 Y_1 通道，进行第二次扫描，显示由 Y_1 通道送入的被测信号的波形；接着再接通 Y_2 通道……这样便轮流地对 Y_2 和 Y_1 两通道送入的信号进行扫描、显示，由于电子开关转换速度较快，每次扫描的回扫线在荧光屏上又不显示出来，借助于荧光屏的余辉作用和人眼的视觉暂留特性，使用者便能在荧光屏上同时观察到两个清晰的波形。这种工作方式适宜于观察频率较高的输入信号场合。

当开关置于“断续”位置时，相当于将一次扫描分成许多个相等的时间间隔。在第一次扫描的第一个时间间隔内显示 Y_2 信号波形的某一段；在第二个时间间隔内显示 Y_1 信号波形的某一段；以后各个时间间隔轮流地显示 Y_2、Y_1 两信号波形的其余段，经过若干次断续转换，使荧光屏上显示出两个由光点组成的完整波形如附图 1.3（a）所示。由于转换的频率很高，光点靠得很近，其间隙用肉眼几乎分辨不出，再利用消隐的方法使两通道间转换过程的过渡线不显示出来,见附图 1.3（b），因而同样可达到同时清晰地显示两个波形的目的。这种工作方式适合于输入信号频率较低时使用。

（2）触发扫描

在普通示波器中，X 轴的扫描总是连续进行的，称为“连续扫描”。为了能更好地观测各种脉冲波形，在脉冲示波器中，通常采用“触发扫描”。采用这种扫描方式时，扫描发生

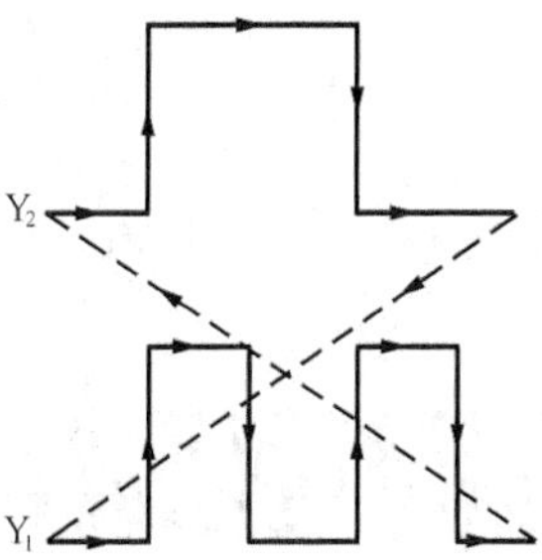

附图 1.2　交替方式显示波形

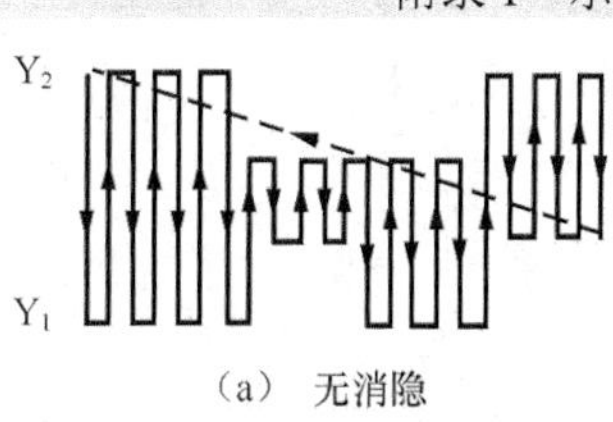

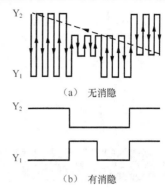

附图 1.3　断续方式显示波形

器将工作在待触发状态。它仅在外加触发信号作用下，时基信号才开始扫描，否则便不扫描。这个外加触发信号通过触发选择开关分别取自“内触发”（Y 轴的输入信号经由内触发放大器输出触发信号），也可取自“外触发”输入端的外接同步信号。其基本原理是利用这些触发脉冲信号的上升沿或下降沿来触发扫描发生器，产生锯齿波扫描电压，然后经 X 轴放大后送 X 轴偏转板进行光点扫描。适当地调节“扫描速率”开关和“电平”调节旋钮，能方便地在荧光屏上显示具有合适宽度的被测信号波形。

附录 2

用万用表对常用电子元器件检测

用万用表可以对晶体二极管、三极管、电阻、电容等进行粗测。万用表电阻挡等值电路如附图 2.1 所示，其中的 R_o 为等效电阻，E_O 为表内电池，当万用表处于 R×1、R×100、R×1K 挡时，一般，E_o=1.5V，而处于 R×10K 档时，E_O=15V。测试电阻时要记住，红表笔接在表内电池负端（表笔插孔标“+”号），而黑表笔接在正端（表笔插孔标以“－”号）。

1．晶体二极管管脚极性、质量的判别

晶体二极管由一个 PN 结组成，具有单向导电性，其正向电阻小（一般为几百欧）而反向电阻大（一般为几十千欧至几百千欧），利用此点可进行判别。

（1）管脚极性判别

将万用表拨到 R×100（或 R×1K）的欧姆挡，把二极管的两只管脚分别接到万用表的两根测试笔上，如附图 2.2 所示。如果测出的电阻较小（约几百欧），则与万用表黑表笔相接的一端是正极，另一端就是负极。相反，如果测出的电阻较大（约百千欧），那么与万用表黑表笔相连接的一端是负极，另一端就是正极。

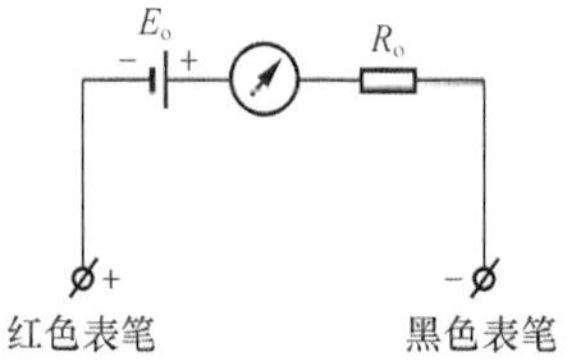

附图 2.1　万用表电阻挡等值电路

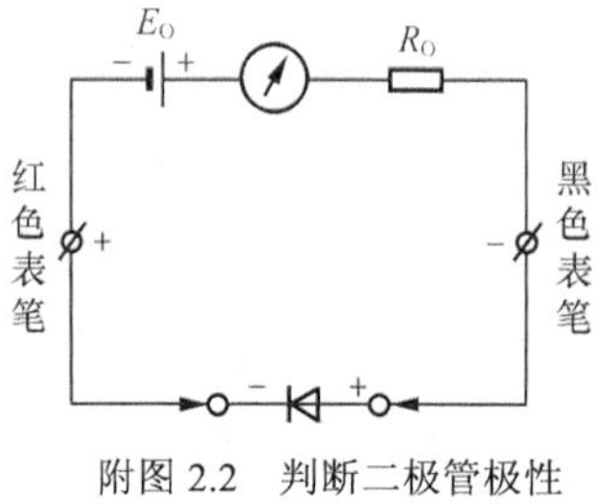

附图 2.2　判断二极管极性

（2）判别二极管质量的好坏

一个二极管的正、反向电阻差别越大，其性能就越好。如果双向阻值都较小，说明二极管质量差，不能使用；如果双向阻值都为无穷大，则说明该二极管已经断路。如双向阻值均为零，说明二极管已被击穿。

利用数字万用表的二极管挡也可判别正、负极，此时红表笔（插在“V·Ω”插孔）带正电，黑表笔（插在“COM”插孔）带负电。用两支表笔分别接触二极管两个电极，若显示值在 1V 以下，说明管子处于正向导通状态，红表笔接的是正极，黑表笔接的是负极。若显示溢出符号“1”，表明管子处于反向截止状态，黑表笔接的是正极，红表笔接的是负极。

2．晶体三极管管脚、质量判别

可以把晶体三极管的结构看作是两个背靠背的 PN 结，对 NPN 型来说基极是两个 PN 结的公共阳极，对 PNP 型管来说基极是两个 PN 结的公共阴极，分别如附图 2.3 所示。

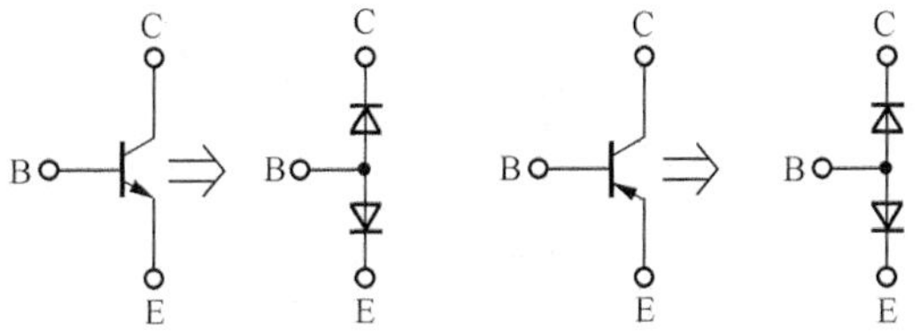

（a） NPN 型　　（b） PNP 型

附图 2.3　晶体三极管结构示意图

（1）管型与基极的判别

万用表置电阻挡，量程选 1K 挡（或 R×100），将万用表任一表笔先接触某一个电极，假定的公共极，另一表笔分别接触其他两个电极，当两次测得的电阻均很小（或均很大），则前者所接电极就是基极，如两次测得的阻值一大、一小，相差很多，则前者假定的基极有错，应更换其他电极重测。

根据上述方法，可以找出公共极，该公共极就是基极 B，若公共极是阳极，该管属 NPN 型管，反之则是 PNP 型管。

（2）发射极与集电极的判别

为使三极管具有电流放大作用，发射结需加正偏置，集电结加反偏置，如附图 2.4 所示。

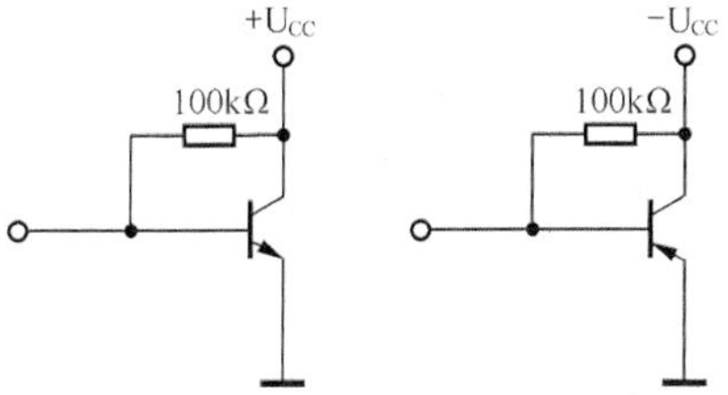

（a） NPN 型　　（b） PNP 型

图附 2.4　晶体三极管的偏置情况

当三极管基极 B 确定后，便可判别集电极 C 和发射极 E，同时还可以大致了解穿透电流 I_{CEO} 和电流放大系数 β 的大小。

以 PNP 型管为例，若用红表笔（对应表内电池的负极）接集电极 C，黑表笔接 E 极，（相当 C、E 极间电源正确接法），如附图 2.5 所示，这时万用表指针摆动很小，它所指示的电阻值反映管子穿透电流 I_{CEO} 的大小（电阻值大，表示 I_{CEO} 小）。如果在 C、B 间跨接一只 R_B=100kΩ 的电阻，此时万用表指针将有较大摆动，它指示的电阻值较小，反映了集电极电流 $I_C=I_{CEO}+\beta I_B$ 的大小。且电阻值减小愈多表示 β 愈大。如果 C、E 极接反（相当于 C、E 间电源极性反接）则三极管处于倒置工作状态，此时电流放大系数很小（一般<1）于是万用表指针摆动很小。因此，比较 C、E 极两种不同电源极性接法，便可判断 C 极和 E 极了。同时还可大致了解穿透电流 I_{CEO} 和电流放大系数 β 的大小，如万用表上有 h_{FE} 插孔，可

利用 h_{FE} 来测量电流放大系数 β。

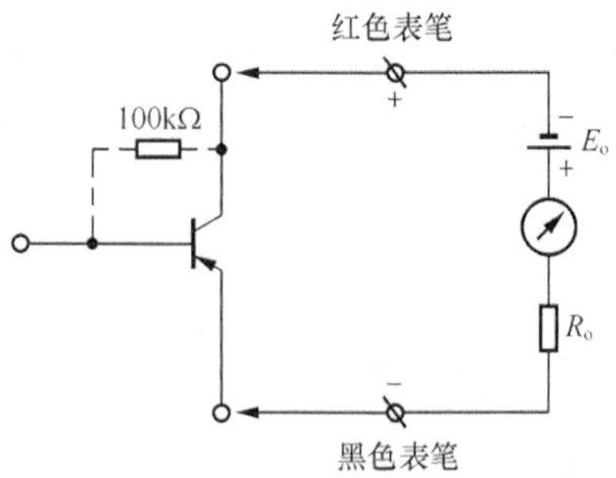

附图 2.5　晶体三极管集电极 C、发射极 E 的判别

3. 检查整流桥堆的质量

整流桥堆是把四只硅整流二极管接成桥式电路，再用环氧树脂（或绝缘塑料）封装而成的半导体器件。桥堆有交流输入端（A、B）和直流输出端（C、D），如附图 2.6 所示。采用判定二极管的方法可以检查桥堆的质量。从附图 2.6 中可看出，交流输入端 A-B 之间总会有一只二极管处于截止状态使 A-B 间总电阻趋向于无穷大。直流输出端 D、C 间的正向压降则等于两只硅二极管的压降之和。因此，用数字万用表的二极管挡测 A、B 的正、反向电压时均显示溢出，而测 D、C 时显示大约 1V，即可证明桥堆内部无短路现象。如果有一只二极管已经击穿短路，那么测 A、B 的正、反向电压时，必定有一次显示 0.5V 左右。

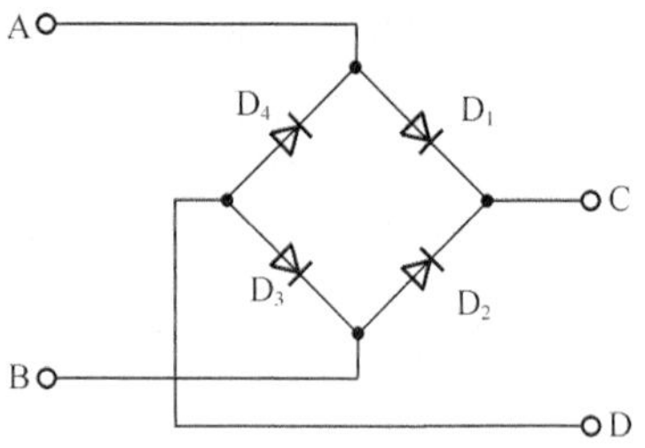

附图 2.6　整流桥堆管脚及质量判别

4. 电容的测量

电容的测量一般应借助于专门的测试仪器，通常用电桥。而用万用表仅能粗略地检查一下电解电容是否失效或漏电情况。

测量电路如附图 2.7 所示。

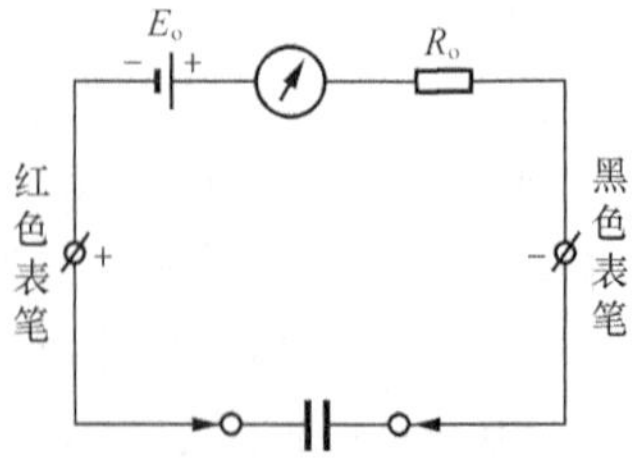

附图 2.7　电容的测量

测量前应先将电解电容的两个引出线短接一下，使其上所充的电荷释放。然后将万用表置于 1K 挡，并将电解电容的正、负极分别与万用表的黑表笔、红表笔接触。在正常情况下，可以看到表头指针先是产生较大偏转（向零欧姆处），以后逐渐向起始零位（高阻值处）返回。这反映了电容器的充电过程，指针的偏转反映了电容器充电电流的变化情况。

一般来说，表头指针偏转愈大，返回速度愈慢，则说明电容器的容量愈大。若指针返回到接近零位（高阻值），说明电容器漏电阻很大，指针所指示电阻值，即为该电容器的漏电阻。对于合格的电解电容器而言，该阻值通常在 500kΩ 以上。电解电容在失效时（电解液干涸，容量大幅度下降）表头指针就偏转很小，甚至不偏转。已被击穿的电容器，其阻值接近于零。

对于容量较小的电容器（云母、瓷质电容等），原则上也可以用上述方法进行检查，但由于电容量较小，表头指针偏转也很小，返回速度又很快，实际上难以对它们的电容量和性能进行鉴别，仅能检查它们是否短路或断路。这时应选用 R×10K 挡测量。

附录 3

电阻器的标称值及精度色环标志法

色环标志法是用不同颜色的色环在电阻器表面标称阻值和允许偏差。

1．两位有效数字的色环标志法

普通电阻器用四条色环表示标称阻值和允许偏差，其中三条表示阻值，一条表示偏差，如附图 3.1 所示。

2．三位有效数字的色环标志法

精密电阻器用五条色环表示标称阻值和允许偏差，如附图 3.2 所示。

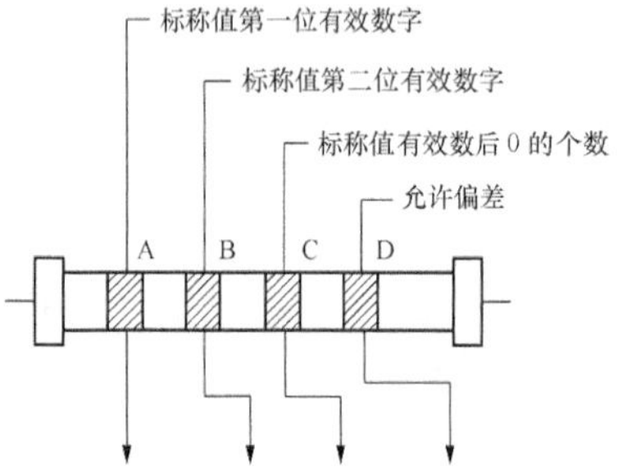

颜色	第一有效数	第二有效数	倍率	允许偏差
黑	0	0	10^0	
棕	1	1	10^1	
红	2	2	10^2	
橙	3	3	10^3	
黄	4	4	10^4	
绿	5	5	10^5	
蓝	6	6	10^6	
紫	7	7	10^7	
灰	8	8	10^8	
白	9	9	10^9	+50% −20%
金			10^{-1}	±5%
银			10^{-2}	±10%
无色				±20%

附图 3.1　两位有效数字的阻值色环标志法

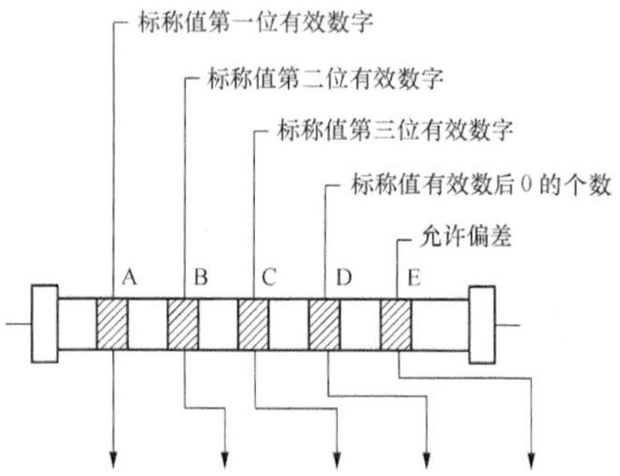

颜色	第一有效数	第二有效数	第三有效数	倍率	允许偏差
黑	0	0	0	10^0	
棕	1	1	1	10^1	±1%
红	2	2	2	10^2	±2%
橙	3	3	3	10^3	
黄	4	4	4	10^4	
绿	5	5	5	10^5	±0.5%
蓝	6	6	6	10^6	±0.25%
紫	7	7	7	10^7	±0.1%
灰	8	8	8	10^8	
白	9	9	9	10^9	
金				10^{-1}	
银				10^{-2}	

附图 3.2　三位有效数字的阻值色环标志法

例如，附图 3.3（a）中，色环 A 为红色，B 为黄色，C 为棕色，D 为金色，则该电阻标称值为 $24\times10^{1}=240\Omega$，精度为±5%；附图 3.3（b）中，色环 A 为蓝色，B 为灰色，C 为黑色，D 为橙色，E 为紫色，则该电阻标称值为 $680\times10^{3}=680k\Omega$，精度为±0.1%。

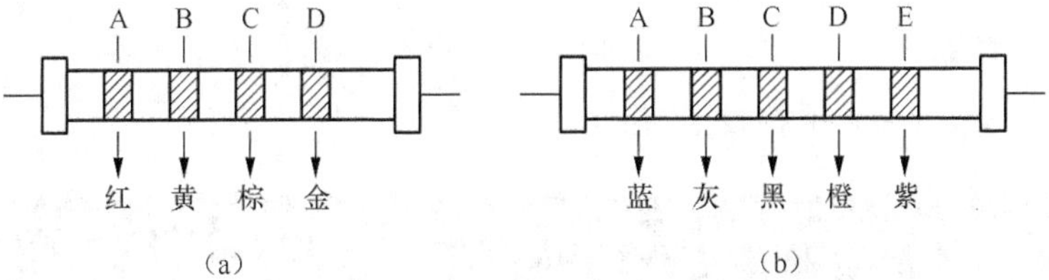

附图 3.3　色环标志法示例

附录 4

三相交流电路的基本知识

世界各国的电力系统普遍采用三相制供电，三相制在发电、输电和用电等方面较单相制有很多优点。三相电源一般是由三个同频率、等振幅、相位互差 120° 的对称正弦电压源所构成的。日常生活中使用的单相电源，实际上是三相电源中的一组。三相电路是由三相电源和三相负载所组成的电路整体的总称。

1. 三相电路的基本概念

三相电路就是由三相电源供电的正弦稳态电路。三相电源通常是发电厂的三相发电机。三相发电机与一般的交流发电机一样，是利用电磁感应原理制造成的。特殊的是三相发电机有三个绕组，三个绕组相互错开 120° 的角度放置，其感应电压是同频、相位互差 120° 的正弦电压。三个绕组有星形和三角形两种连接形式。三相发电机的相量模型如附图 4.1 所示，图中 $\dot{U}_a$、$\dot{U}_b$、$\dot{U}_c$ 分别为三个绕组的感应电压。

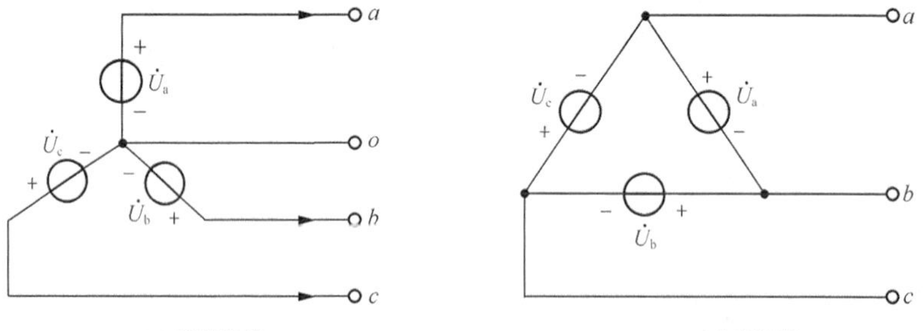

（a）星型连接　　（b）三角形连接

附图 4.1　三相电压源

由于三相发电机的结构特点，$\dot{U}_a$、$\dot{U}_b$、$\dot{U}_c$ 是同频、等幅、相位上相差 120° 的一组三相电压，称为**对称三相电压**。设它们的有效值为 U_p，以 $\dot{U}_a$ 为参考相量，则 $\dot{U}_a$、$\dot{U}_b$、$\dot{U}_c$ 为

$$\dot{U}_a = U_p e^{j0^\circ},\quad \dot{U}_b = U_p e^{-j120^\circ},\quad \dot{U}_c = U_p e^{j120^\circ}$$

又以 ω 表示其角频率，它们的函数式为

$$u_a = \sqrt{2}U_p \cos\omega t$$

$$u_b = \sqrt{2}U_p \cos\left(\omega t - 120^\circ\right)$$

$$u_c = \sqrt{2}U_p \cos\left(\omega t + 120^\circ\right)$$

波形图与相量图如附图 4.2 所示。

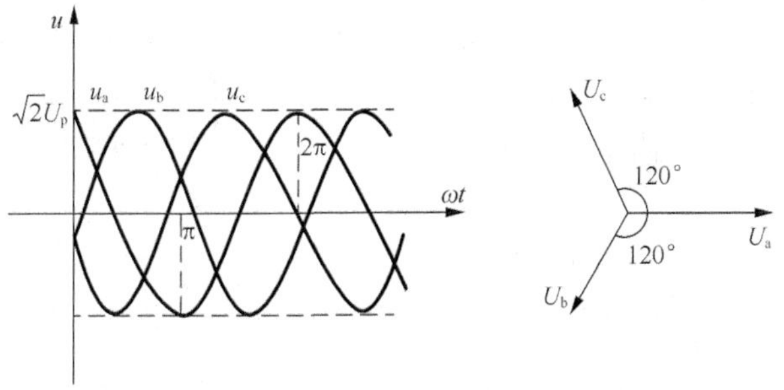

（a）波形图　　（b）相量图

附图 4.2　对称三相电压的波形图和相量图

三相电压源的三相电压u_a、u_b、u_c达到最大值的先后顺序称为相序。由波形图可知u_a达到最大值之后是u_b达到最大值，再后是u_c，接下去又是u_a，又是u_b，……。这个相序可记为$a \to b \to c$或$b \to c \to a$，也可记为$c \to a \to b$。从附图 4.1 知，星形连接的三相电压源有 4 个端子，三角形连接的三相电压源只有 3 个端子。端子 a、b、c 为端点。端点 o 称为中心，也称零点（因为在实际上 o 点是接地的，电位为零）。端点引出线称为端线或火线，中点引出线称为中线或地线。三角形连接的三相电压源只能引出 3 根火线到负载，称为三相三线制。星形连接的三相电压源则可引出 4 根线（3 根火线，1 根中线）到负载，称为三相四线制。在特殊条件下不接中线，也称是三相三线制。火线之间的电压称为线电压，有 3 个。按相序取参考方向，3 个线电压为$\dot{U}_{ab}$，$\dot{U}_{bc}$和$\dot{U}_{ca}$。火线与中线之间的电压称为相电压，也有 3 个，即$\dot{U}_a$、$\dot{U}_b$、$\dot{U}_c$。显然，三角形连接只有 3 个线电压，星形连接有 3 个线电压，还有 3 个相电压。

星形连接的三相电压源中，3 个线电压为

$$\dot{U}_{ab} = \dot{U}_a - \dot{U}_b = \left(1 - \angle -120^\circ\right)\dot{U}_a = \sqrt{3}\dot{U}_a \angle 30^\circ$$

$$\dot{U}_{bc} = \dot{U}_b - \dot{U}_c = \sqrt{3}\dot{U}_b \angle 30^\circ$$

$$\dot{U}_{ca} = \dot{U}_c - \dot{U}_a = \sqrt{3}\dot{U}_c \angle 30^\circ$$

可知，3 个线电压也是一组对称三相电压，其有效值（用U_l表示）是相电压有效值的$\sqrt{3}$倍，即

$$U_l = \sqrt{3}U_p$$

对于其相位，$\dot{U}_{ab}$、$\dot{U}_{bc}$、$\dot{U}_{ca}$分别超前$\dot{U}_a$、$\dot{U}_b$、$\dot{U}_c$ 30°。

三相电源能提供U_l和U_p两种数值不同的电压，供用户选择。

2．三相电路的连接形式

三相电压源接上三相负载，就构成了三相电路。三相负载是 3 个负载的特定组合。例如三相电动机，它就有 3 个绕组，是一个完整的三相负载。有些负载如电灯、电烙铁等，虽然

每个负载只需接一相电源，但是把它们互相组合起来也能构成三相负载。

三相负载的组合方式，也有星形方式和三角形方式两种，如附图 4.3 所示。

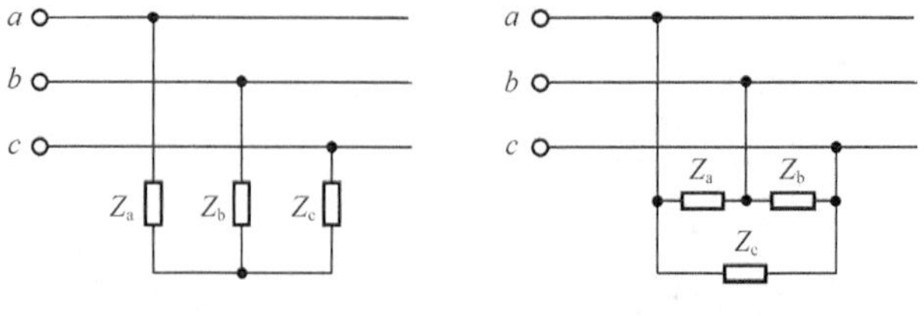

（a）星形组合　　（b）三角形组合

附图 4.3　三相负载的星形组合与三角形组合

当 $Z_a = Z_b = Z_c$ 时，为对称三相负载，否则为不对称三相负载。由于三相电源是对称的，只需三相负载对称，就是对称三相电路，否则就是不对称三相电路。三相电路由星形电源与星形负载连接就构成所谓 Y-Y 三相电路，类似地还有 Y-△、△-Y、△-△等形成的三相电路。这 4 种形式中，Y-Y 三相电路有四线制的，也有三线制的。其余 3 种形式的三相电路只能是三线制。

3．三相电路的计算

由于星形连接与三角形连接可以进行等效互换，对于多种形式的三相电路分析，只抓住一种形式进行分析就足够了。如附图 4.4 所示，是对称星形负载与对称三角形负载间的等效互换，等效条件也列在图中。

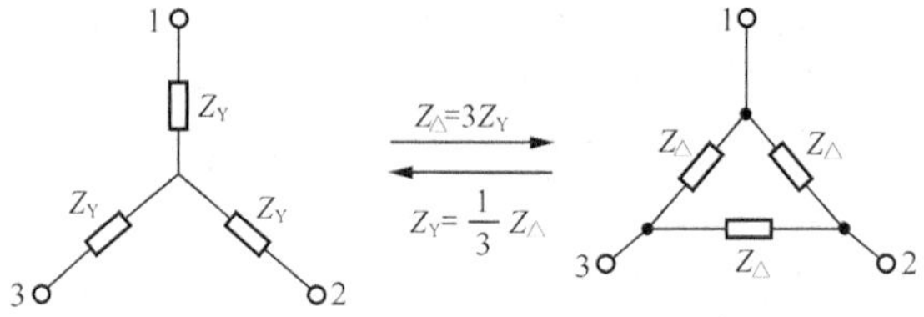

附图 4.4　对称三相负载的 Y-△等效

如附图 4.5 所示，是对称星形电源与对称三角形电源间的等效互换，其等效条件为

Y→△时，$U_1 = \sqrt{3}U_p$，$\varphi_{12} = \varphi_2 + 30^\circ$

△→Y 时，$U_p = \frac{1}{\sqrt{3}}U_1$，$\varphi_1 = \varphi_{12} - 30^\circ$

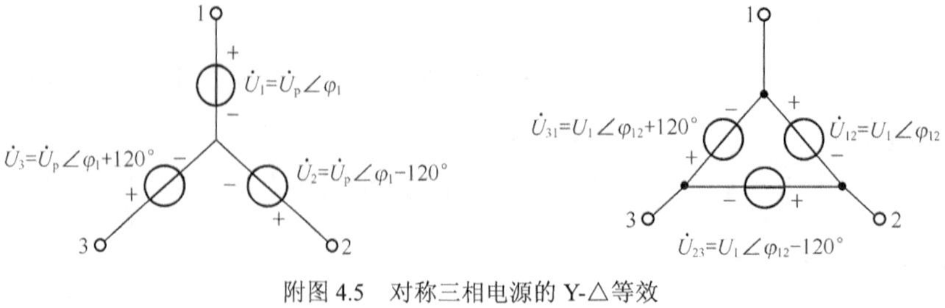

附图 4.5　对称三相电源的 Y-△等效

利用等效变换，四种三线制的三相电路，总可以等效变换为其中任一种。考虑到四线制

三相电路，选择 Y-Y 为典型电路作分析。

（1）一般分析

三相四线制电路如附图 4.6 所示。其中，Z_1 为火线阻抗，Z_0 为中线阻抗，选定线电流 $\dot{I}_a$、$\dot{I}_b$、$\dot{I}_c$ 的参考方向从电源到负载，中线电流 $\dot{I}_0$ 的参考方向从负载到电源。三相电路仍是正弦稳态电路，可用任何一种方程法分析。如用节点法，可求得

$$\dot{U}_{O'O}=\frac{\dfrac{\dot{U}_a}{Z_1+Z_a}+\dfrac{\dot{U}_b}{Z_1+Z_b}+\dfrac{\dot{U}_c}{Z_1+Z_c}}{\dfrac{1}{Z_1+Z_c}+\dfrac{1}{Z_1+Z_b}+\dfrac{1}{Z_1+Z_c}+\dfrac{1}{Z_o}} \tag{4.1}$$

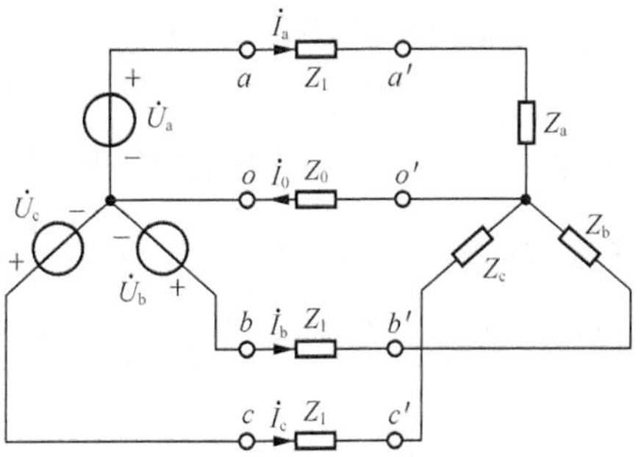

附图 4.6　三相四线线制电路

各火线阻抗、负载阻抗上的电压为

$$\dot{U}_{ao'}=\dot{U}_a-\dot{U}_{o'o}，\quad \dot{U}_{bo'}=\dot{U}_b-\dot{U}_{o'o}，\quad \dot{U}_{co'}=\dot{U}_c-\dot{U}_{o'o} \tag{4.2}$$

各线电流为

$$\dot{I}_a=\frac{\dot{U}_{ao'}}{Z_1+Z_a}，\quad \dot{I}_b=\frac{\dot{U}_{bo'}}{Z_1+Z_b}，\quad \dot{I}_c=\frac{\dot{U}_{co'}}{Z_1+Z_c} \tag{4.3}$$

中线电流为

$$\dot{I}_0=\dot{I}_a+\dot{I}_b+\dot{I}_c$$

（2）对称三相电路的特点

① 对称星形负载

由于 $Z_a=Z_b=Z_c=Z_Y$，式（4.1）变为

$$U_{o'o}=\frac{\dfrac{\left(\dot{U}_a+\dot{U}_b+\dot{U}_c\right)}{Z_1+Z_Y}}{\dfrac{3}{Z_1+Z_Y}+\dfrac{1}{Z_0}}=0$$

而式（4.2）变为

$$\dot{U}_{ao'}=\dot{U}_a，\quad \dot{U}_{bo'}=\dot{U}_b，\quad \dot{U}_{co'}=\dot{U}_c$$

是一组对称三相电压。各线电流即式（4.3）成为

$$\dot{I}_a = \frac{\dot{U}_a}{Z_1 + Z_Y}, \quad \dot{I}_b = \frac{\dot{U}_b}{Z_1 + Z_Y}, \quad \dot{I}_c = \frac{\dot{U}_c}{Z_1 + Z_Y}$$

是一组对称三相电流。中线电流应为零，即

$$\dot{I}_0 = \dot{I}_a + \dot{I}_b + \dot{I}_c = 0$$

负载端线电压

$$\dot{U}_{a'b'} = \dot{U}_{a'o'} - \dot{U}_{b'o'}, \quad \dot{U}_{b'c'} = \dot{U}_{b'o'} - \dot{U}_{c'o'}, \quad \dot{U}_{c'a'} = \dot{U}_{c'o'} - \dot{U}_{a'o'}$$

必为一组对称三相电压，而且线电压大小是相电压大小的$\sqrt{3}$倍，$\dot{U}_{a'b'}$、$\dot{U}_{b'c'}$、$\dot{U}_{c'a'}$分别超前$\dot{U}_{ao'}$、$\dot{U}_{bo'}$、$\dot{U}_{co'}$ 30°。

由于$\dot{I}_0 = 0$，因此对称星形负载可以不用中线而成为三线制。

② 对称三角形负载

$Z_{12} = Z_{23} = Z_{31} = Z_\triangle$等效变换得$Z_Y = \frac{1}{3}Z_\triangle$，如附图4.7所示。

在等效电路中，前面已有结论，$\dot{I}_a$，$\dot{I}_b$，$\dot{I}_c$是一组对称三相电流，$\dot{U}_{a'b'}$，$\dot{U}_{b'c'}$，$\dot{U}_{c'a'}$是一组对称三相电压。因此在对称三角形负载中，线电流$\dot{I}_a$、$\dot{I}_b$、$\dot{I}_c$和相电流$\dot{I}_1$、$\dot{I}_2$、$\dot{I}_3$都是对称的三相电流。由于

$$\begin{cases} \dot{I}_a = \dot{I}_1 - \dot{I}_3 = \left(1 - \angle 120^\circ\right)\dot{I}_1 = \sqrt{3}\dot{I}_1\angle -30^\circ \\ \dot{I}_b = \dot{I}_2 - \dot{I}_1 = \sqrt{3}\dot{I}_2\angle -30^\circ \\ \dot{I}_c = \dot{I}_3 - \dot{I}_2 = \sqrt{3}\dot{I}_3\angle -30^\circ \end{cases}$$

可作出如附图4.8所示的电流相量图。可见线电流的大小是相电流的$\sqrt{3}$倍，线电流$\dot{I}_a$、$\dot{I}_b$、$\dot{I}_c$分别滞后相电流$\dot{I}_1$、$\dot{I}_2$、$\dot{I}_3$ 30°。

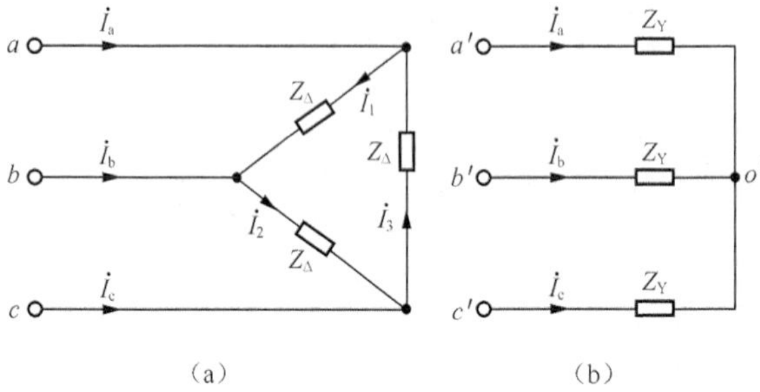

附图4.7　对称△负载及其等效变换

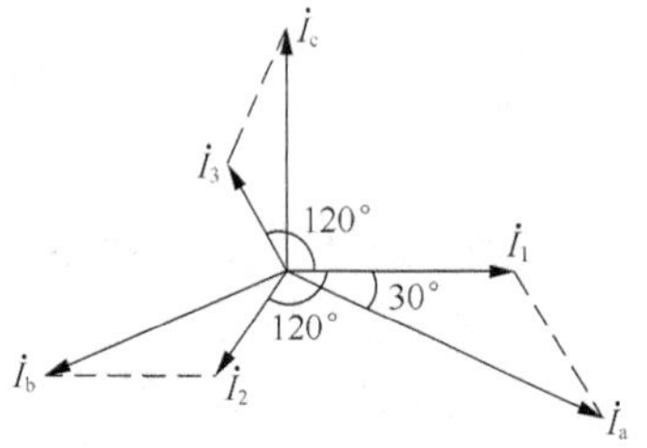

附图4.8　对称△负载电流相量图

4．中线的重要作用

这是一个很有实际意义的问题。日常采用Y-Y的不对称三相电路，都有中线，而且不准在中线上安装开关或保险丝。下边来说明这样做的道理。

附图4.9所示的三相电源本序为$A \to B \to C$，相电压$U_p = 220V$；三相负载，A相接一个额定值为$P_{1e} = 100W$，$U_{1e} = 220V$的纯电阻负载Z_1，B相接一个额定值为$P_{2e} = 25W$，

$U_{2e}=220V$ 的纯电阻负载 Z_2，C 相开路。

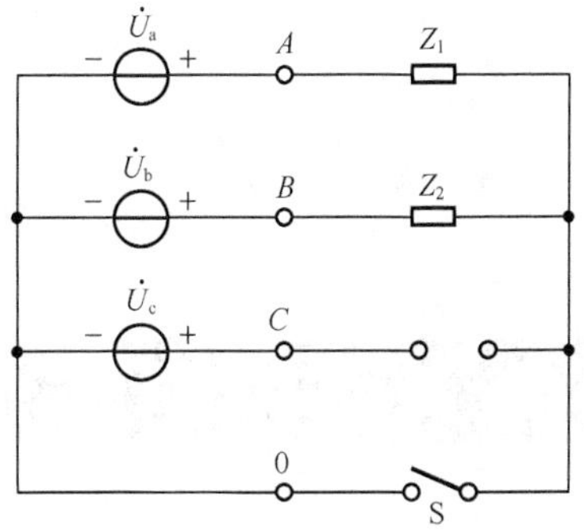

附图 4.9　中线的作用

在有中线（即开关 S 接通）时，Z_1、Z_2 承受的电压值都是 220V，符合额定要求，能正常工作。在没有中线（即开关 S 断开）时，Z_1、Z_2 串联，承受电压 $U_{AB}=220\sqrt{3}=380V$。根据负载额定值可求得各自的阻抗。

$$Z_1=R_1=\frac{U_{1e}^2}{P_{1e}}=\frac{220^2}{100}=484(\Omega)$$

$$Z_2=R_2=\frac{U_{2e}^2}{P_{2e}}=\frac{220^2}{25}=1936(\Omega)$$

于是 Z_1，Z_2 各承受电压值为

$$U_1=\frac{R_1}{R_1+R_2}U_{AB}=\frac{484}{484+1936}\times380=76(V)$$

$$U_2=\frac{R_2}{R_1+R_2}U_{AB}=\frac{1936}{484+1936}\times380=304(V)$$

显然，$U_1<U_{1e}$，负载 Z_1 工作不正常；$U_2>U_{2e}$，负载 Z_2 可能烧坏。可见，中线可以保证各相供电独立，不会造成相互影响。

附录5

常见信号及其频谱函数

序号	信号名称	时间函数 $f(t)$	波形图	频谱函数 $F(\omega)$	频谱图
1	单位冲激	$\delta(t)$	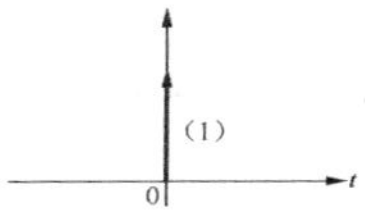	1	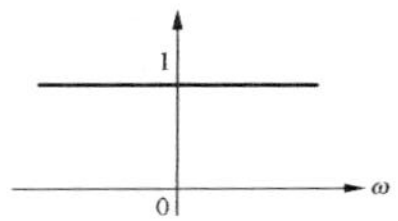
2	直流信号	E	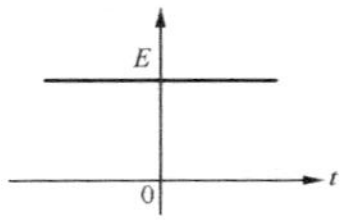	$2\pi E\delta(\omega)$	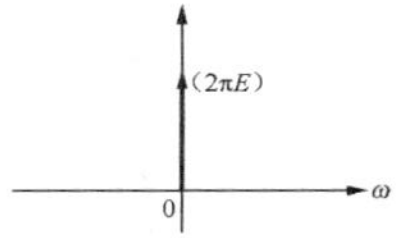
3	单位阶跃	$\varepsilon(t)$	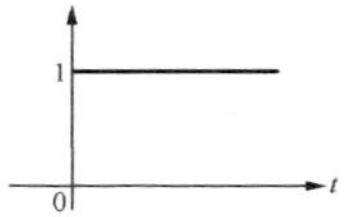	$\pi\delta(\omega)+\frac{1}{j\omega}$	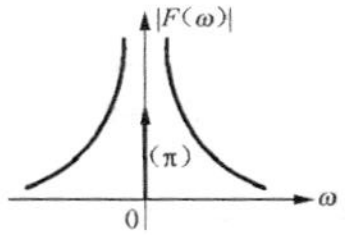
4	正负号信号	$\mathrm{sgn}(t)$	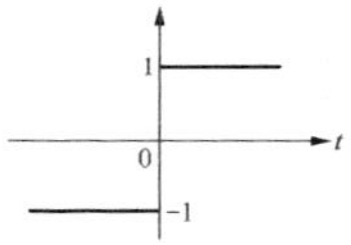	$\frac{2}{j\omega}$	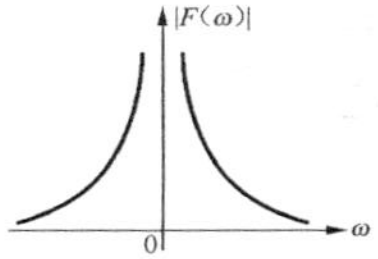
5	单边指数衰减信号	$e^{-at}\varepsilon(t)$　$(a>0)$	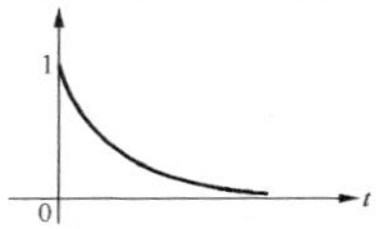	$\frac{1}{a+j\omega}$	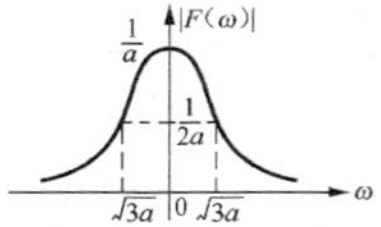
6	矩形脉冲	$\begin{cases}E & \left(\lvert t\rvert<\frac{\tau}{2}\right)\\ 0 & \left(\lvert t\rvert>\frac{\tau}{2}\right)\end{cases}$	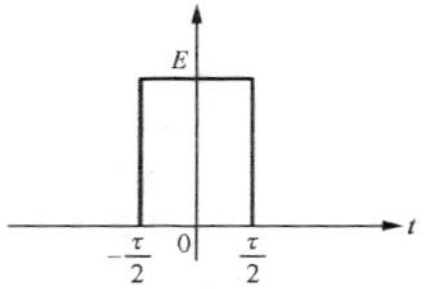	$E\tau Sa\left(\frac{\omega\tau}{2}\right)$	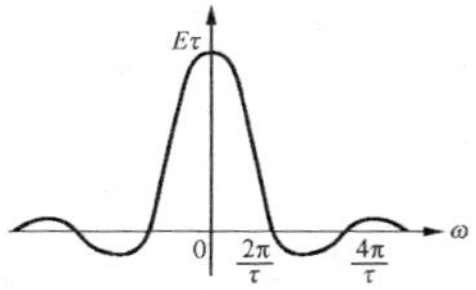
7	三角脉冲	$\begin{cases}E\left(1-\frac{\lvert t\rvert}{\tau}\right) & (\lvert t\rvert<\tau)\\ 0 & (\lvert t\rvert>\tau)\end{cases}$	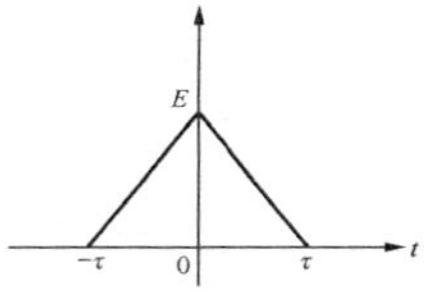	$E\tau Sa^2\left(\frac{\omega\tau}{2}\right)$	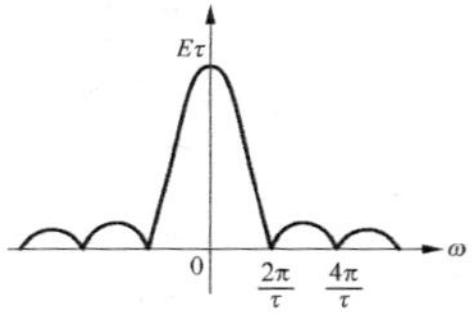

续表

序号	信号名称	时间函数 $f(t)$	波形图	频谱函数 $F(\omega)$	频谱图
8	抽样脉冲	$Sa(\omega_c t)=\frac{\sin\omega_c t}{\omega_c t}$	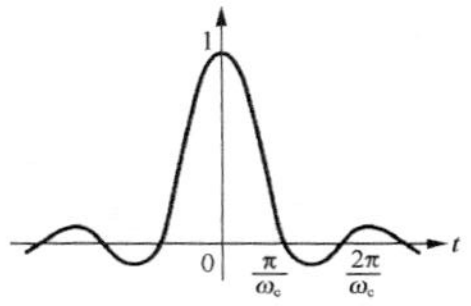	$\begin{cases}\frac{\pi}{\omega_c} & (\lvert\omega\rvert<\omega_c)\\ 0 & (\lvert\omega\rvert>\omega_c)\end{cases}$	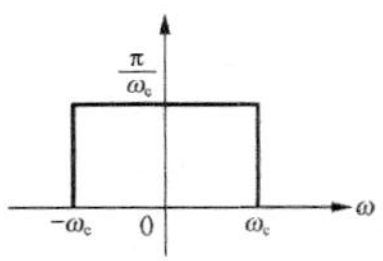
9	矩形调幅信号	$\cos\omega_0 t\left[\varepsilon\left(t+\frac{\tau}{2}\right)-\varepsilon\left(t-\frac{\tau}{2}\right)\right]$	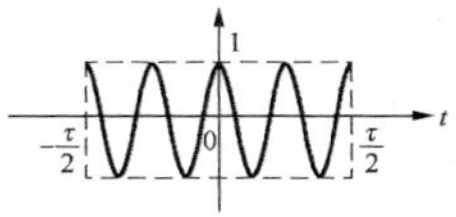	$\frac{\tau}{2}\left[Sa\frac{(\omega+\omega_0)\tau}{2}+Sa\frac{(\omega-\omega_0)\tau}{2}\right]$	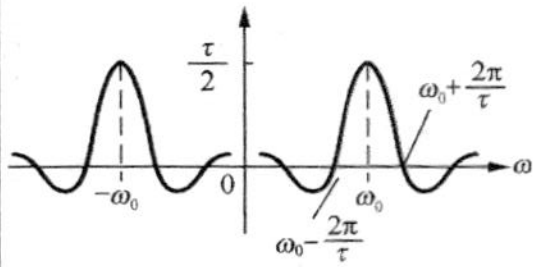
10	斜变信号	$t\varepsilon(t)$	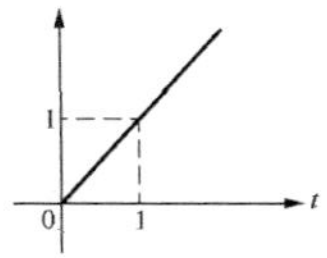	$\mathrm{j}\pi\delta'(\omega)-\frac{1}{\omega^2}$	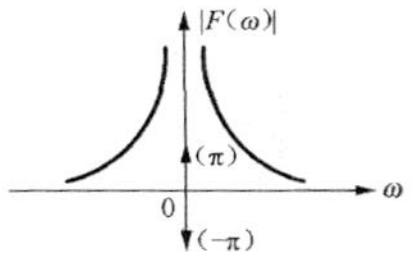
11	冲激序列	$\sum_{n=-\infty}^{\infty}\delta(t-nT)$	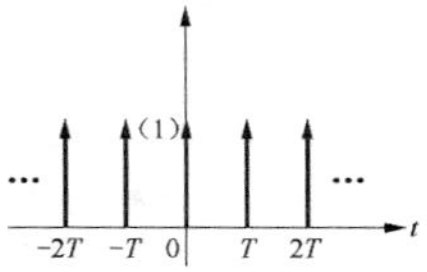	$\omega_1\sum_{n=-\infty}^{\infty}\delta(\omega-n\omega_1)\left(\omega_1=\frac{2\pi}{T}\right)$	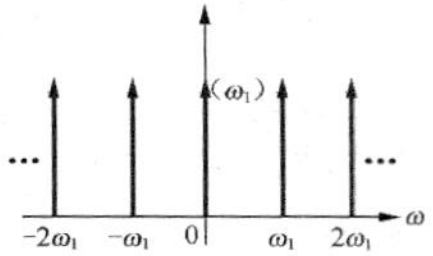
12	余弦信号	$E\cos\omega_0 t$	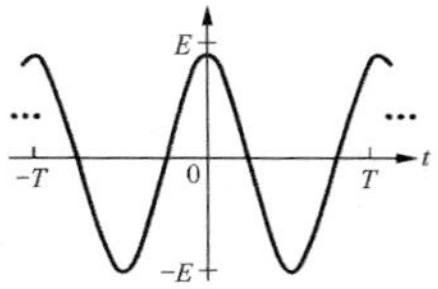	$E\pi[\delta(\omega+\omega_0)+\delta(\omega-\omega_0)]$	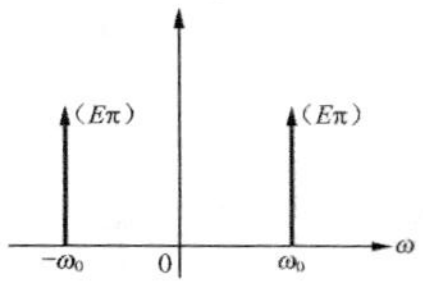
13	正弦信号	$E\sin\omega_0 t$	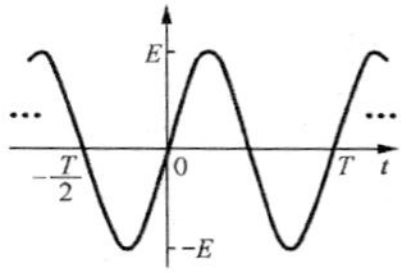	$\mathrm{j}E\pi[\delta(\omega+\omega_0)-\delta(\omega-\omega_0)]$	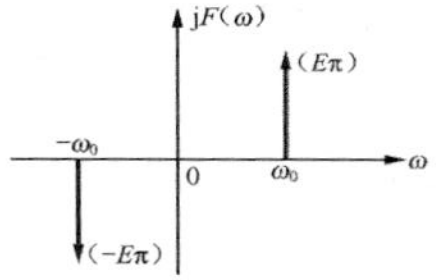

参 考 文 献

[1] 康巨珍，康小明．电路原理．北京：国防工业出版社，2006.
[2] 陈长兴．电路分析基础．北京：国防工业出版社，2006.
[3] 李瀚荪．电路分析．北京：中央广播电视大学出版社，1990.
[4] 邱关源．电路．北京：高等教育出版社，2004.
[5] 沈元隆，刘陈．电路分析基础．北京：人民邮电出版社，2009.
[6] 史学军，于舒娟．电路分析习题解答．北京：人民邮电出版社，2009.
[7] 郑秀珍．电路与信号分析．北京：人民邮电出版社，2007.
[8] 刘南平，白明，翟秀艳．电路分析．北京：人民邮电出版社，2006.
[9] 孟桥，等．信号与线性系统．北京：高等教育出版社，2011.
[10] 吴承甲，陈毓琮．电路基础．北京：人民邮电出版社，1998.